21世纪高等学校计算机专业实用规划教材

Android 从入门到精通

◎千锋教育高教产品研发部 / 编著

清華大学出版社
北京

内 容 简 介

作为 Android 应用开发书籍，本书既适合 Android 初学者，也适合虽具备一定 Android 开发经验但需要加深知识理解的读者。本书共 15 章，主要内容包括 Android 常用 UI 组件介绍、Android 事件处理机制、Android 四大组件、Android 中的动画、Android 网络应用、Android APP 项目实战等几大部分，全书由浅入深地详细介绍了 Android 的每个开发细节。本书内容翔实，示例丰富，案例典型。编者按照"既重理论更重实践"的编写思路为读者提供满足实战需求的 Android 开发知识内容。读者所需要学习的，正是本书描述的。

本书可作为高等院校本、专科计算机相关专业的 Android 入门教材，也可作为计算机编程爱好者的自学参考书。

图书在版编目（CIP）数据

Android 从入门到精通 / 千锋教育高教产品研发部编著. —北京：清华大学出版社，2019（2019.8 重印）
（21 世纪高等学校计算机专业实用规划教材）
ISBN 978-7-302-51804-4

Ⅰ.①A…　Ⅱ.①千…　Ⅲ.①移动终端—应用程序—程序设计—高等学校—教材　Ⅳ.①TN929.53

中国版本图书馆 CIP 数据核字（2018）第 269522 号

责任编辑： 闫红梅　薛　阳
封面设计： 胡耀文
责任校对： 焦丽丽
责任印制： 李红英

出版发行： 清华大学出版社
网　　址： http://www.tup.com.cn, http://www.wqbook.com
地　　址： 北京清华大学学研大厦 A 座　　**邮　　编：** 100084
社 总 机： 010-62770175　　**邮　　购：** 010-62786544
投稿与读者服务： 010-62776969，c-service@tup.tsinghua.edu.cn
质 量 反 馈： 010-62772015，zhiliang@tup.tsinghua.edu.cn
课 件 下 载： http://www.tup.com.cn，010-62795954
印 装 者： 三河市龙大印装有限公司
经　　销： 全国新华书店
开　　本： 185mm×260mm　　**印　张：** 25　　**字　　数：** 577 千字
版　　次： 2019 年 2 月第 1 版　　**印　　次：** 2019 年 8 月第 3 次印刷
印　　数： 2001～3000
定　　价： 69.00 元

产品编号：078612-01

编委会

序 preface

为什么要写这样一本书

当今世界是知识爆炸的世界，科学技术与信息技术急速地发展，新型技术层出不穷。但教科书却不能将这些知识内容随时编入，致使教科书的知识内容显得陈旧不实用。在初学者还不会编写代码的情况下，就开始讲解算法，这样只会吓跑初学者，让初学者难以入门。

IT 行业，不仅仅需要理论知识，还需要技术过硬、综合能力强的实用型人才。所以，高校毕业生求职面临的第一道门槛就是技能与经验的考验。学校往往注重学生的理论知识，忽略对学生的实践能力培养，因而导致学生无法将理论知识应用到实际工作中。

如何解决这一问题

为了解决这一问题，本书倡导快乐学习、实战就业。在语言描述上力求准确、通俗、易懂，在章节编排上力求循序渐进，在语法阐述时尽量避免术语和公式，从项目开发的实际需要入手，将理论知识与实际应用相结合。目标就是让初学者能够快速成长为初级程序员，并拥有一定的项目开发经验，从而在职场中拥有一个高起点。

千锋教育

前言 Foreword

在瞬息万变的 IT 时代，一群怀揣梦想的人创办了千锋教育，投身到 IT 培训行业。七年来，一批批有志青年加入千锋教育，为了梦想笃定前行。千锋教育秉承“用良心做教育”的理念，为培养“顶级 IT 精英”而付出一切努力，为什么会有这样的梦想，我们先来听一听用人企业和求职者的心声：

“现在符合企业需求的 IT 技术人才非常紧缺，这方面的优秀人才我们会像珍宝一样对待，可为什么至今没有合格的人才出现？”

“面试的时候，用人企业问能做什么，这个项目如何来实现，需要多长的时间，我们当时都蒙了回答不上来。”

“这已经是面试过的第十家公司了，如果在不行的话，是不是要考虑转行了，难道大学里的四年都白学了？”

“这已经是参加面试的 N 个求职者了，为什么都是计算机专业毕业，当问到项目如何实现时，却怎么连思路都没有呢？”

……

这些心声并不是个别现象，而是中国社会反映出的一种普遍现象。高校的 IT 教育与企业的真实需求存在脱节，如果高校的相关课程仍然不进行更新的话，毕业生将面临难以就业的困境，很多用人单位表示，高校毕业生表面上知识丰富，但在学校所学的知识绝大多数在实际工作中用之甚少，甚至完全用不上。针对上述存在的问题，国务院也作出了关于加快发展现代职业教育的决定，千锋教育所做的事情就是配合高校达成产学合作。

千锋教育致力于打造 IT 职业教育全产业链人才服务平台，在全国拥有数十家分校，数百名讲师，坚持以教学为本的方针，采用面对面教学，传授企业实用技能。教学大纲紧跟企业需求，拥有全国一体化就业体系。千锋的价值观即“做真实的自己，用良心做教育”。

针对高校教师的服务

(1) 千锋教育基于近七年来的教育培训经验，精心设计了包含

“教材+授课资源+考试系统+测试题+辅助案例”的教学资源包，节约教师的备课时间，缓解教师的教学压力，显著提高教学质量。

（2）本书配套代码视频，网址为 http://www.codingke.com/。

（3）本书配备了千锋教育优秀讲师录制的教学视频，按本书知识结构体系部署到了教学辅助平台（扣丁学堂）上，这些教学视频可以作为教学资源使用，也可以作为备课参考。

高校教师如需索要配套教学资源，请关注（扣丁学堂）师资服务平台，扫描下方二维码关注微信公众平台获取。

扣丁学堂

针对高校学生的服务

（1）学 IT 有疑问，就找千问千知，它是一个有问必答的 IT 社区，平台上的专业答疑辅导老师承诺工作时间 3 小时内答复读者学习中遇到的专业问题。读者也可以通过扫描下方的二维码，关注千问千知微信公众平台，浏览其他学习者在学习中分享的问题和收获。

千问千知

（2）学习太枯燥，想了解其他学校的伙伴都是怎样学习的吗？可以加入“扣丁俱乐部”。“扣丁俱乐部”是千锋教育联合各大高校发起的公益计划，专门面向对 IT 感兴趣的大学生提供免费的学习资源和问答服务，已有超过 30 多万名学习者从中获益。

就业难，难就业，千锋教育让就业不再难！

关于本书

本书可作为高等院校本、专科计算机相关专业的 Android 入门教材。此外，本书还包含了千锋教育 Android 基础全部的课程内容，是一本适合广大计算机编程爱好者的优秀读物。

得红包

添加小千 QQ 号或微信号 2133320438，不仅可以获取本书配套源代码及习题答案，还可能获得小千随时发放的“助学金红包”。

致谢

千锋教育高教产品研发部在近一年时间里参阅了大量 Android 基础教材和图书，通过反复的修改最终完成了本书。另外，多名院校老师也参与了本书的部分编写与指导工作，除此之外，千锋教育 500 多名学员也参与了本书的试读工作，他们站在初学者的角度对本书提出了许多宝贵的修改意见，在此一并表示衷心的感谢。

意见反馈

在本书的编写过程中，虽然力求完美，但不足之处在所难免，欢迎各界专家和读者朋友们给予宝贵意见，联系方式： huyaowen@1000phone.com。

千锋教育　高教产品研发部
2018 年 8 月 于北京

目录

学习Coding知识

获取配套教学资源包

考试系统 在线作业 云课堂 教学PPT 教学设计 ……

成就Coding梦想

在线视频：http://www.codingke.com/

配套源码：微信2570726663

Q Q 2570726663

学IT有疑问，就找千问千知！

第1章 chapter 1

Android 应用和开发环境

本章学习目标

- 了解 Android 的发展和历史。
- 掌握 Android 的系统架构。
- 掌握如何搭建 Android 开发环境。
- 掌握 Android 应用的目录结构。
- 掌握第一个 Android 应用的编写和运行。
- 掌握 Android 应用的基础组件。

Android 开发平台具有高效、稳定的特点，通过本章的学习，读者可以深入了解 Android 开发的特点，认识 Android 平台开发及运行的特性。

1.1 Android 的历史和发展

1.1.1 Android 的起源

2003 年，以 Andy Rubin（Android 之父）为首的创业者成立了 Android 公司，致力于研发一种新型的数码相机系统。不过，由于受市场前景所限，公司快速转向智能手机平台，试图与诺基亚 Symbian 及微软的 Windows Mobile 竞争。然而，资金逐渐成为一个问题，最终谷歌公司于 2005 年收购了 Android 公司，Andy Rubin 开始率领团队开发基于 Linux 的移动操作系统，绿色机器人形象和预览版本则在 2007 年诞生。

1.1.2 Android 的发展与前景

如果大家去过位于美国加利福尼亚州山景城的谷歌公司总部，一定会被大楼草坪上的绿色机器人和各种甜点雕塑所吸引，这便是 Android 系统的吉祥物和各个版本代号。显然，在 2005 年收购 Android，可能是谷歌公司最正确的投资之一。

时至今日，Android 已经是家喻户晓的移动平台，也是谷歌公司最为重要的业务之一。有趣的是，几乎每一个 Android 版本代号，都是一种美味的甜点，这也让原本冷冰冰的操作系统更具人文气息。

读者看到表 1.1 时，其中数据很可能已经发生了变化，因为 Android 平台的更新速度相当快，相信实际生活中使用 Android 手机的用户都有同感。而 Android 平台之所以发展迅速，与其自身优势是分不开的，其开源性、硬件丰富性以及开发便捷性，注定其未来前景大好，发展迅速。

表 1.1 Android 发展史

时　间	版　本	API Level
2008 年 09 月 23 日	Android 1.0	1
2009 年 04 月 27 日	Android 1.5 Cupcake	3
2009 年 09 月 15 日	Android 1.6 Donut	4
2009 年 10 月 26 日	Android 2.0 Eclari	5
2010 年 12 月 07 日	Android 2.3.x Gingerbread	9
2011 年 02 月 02 日	Android 3.0 Honeycomb	11
2011 年 10 月 19 日	Android 4.0 Ice Cream Sandwich	14
2012 年 06 月 28 日	Android 4.1 Jelly Bean	16
2012 年 10 月 30 日	Android 4.2 Jelly Bean	17
2013 年 11 月 01 日	Android 4.4 KitKat	19
2014 年 10 月 16 日	Android 5.0 Lollipop	21
2015 年 02 月 05 日	Android 5.1 Lollipop	22
2015 年 10 月 05 日	Android 6.0 Marshmallow	23
2016 年 08 月 22 日	Android 7.0 Nougat	24
2016 年 10 月	Android 7.1 Nougat	25
2017 年 03 月 21 日	Android 8.0 Oreo	26

1.1.3 Android 的系统架构

Android 系统的底层建立在 Linux 系统之上，该平台由操作系统、中间件、用户界面和应用软件 4 层组成，它采用一种被称为软件叠层（Software Stack）的方式进行构建。这种软件叠层结构使得层与层之间相互分离，明确各层的分工。这种分工保证了层与层之间的低耦合，当下层的层内或层下发生改变时，上层应用层序无需任何改变，图 1.1 为 Android 系统的体系结构。

1．应用程序层

Android 系统包含一系列的应用程序（Application），如电子邮件客户端、SMS 程序、日历、联系人等。这些都是手机系统里自带的系统 APP，也是本书要讲解的主要内容：编写 Android 系统上的应用程序。

2．应用程序框架

本书要讲解的内容是开发 Android 系统的 APP，而在实际开发时，APP 开发是面向底层的应用程序框架（Application Framework）进行的。这一层提供了大量 API 供开发者使用，这些 API 在后面将逐步学习到，这里不再阐述。

应用程序框架除了可作为应用程序开发的基础之外，也是软件复用的重要手段，任何已开发完成的 APP 都可发布它的功能模块——只要遵守了 Framework 的约定，那么其他应用程序就可使用这个功能模块。

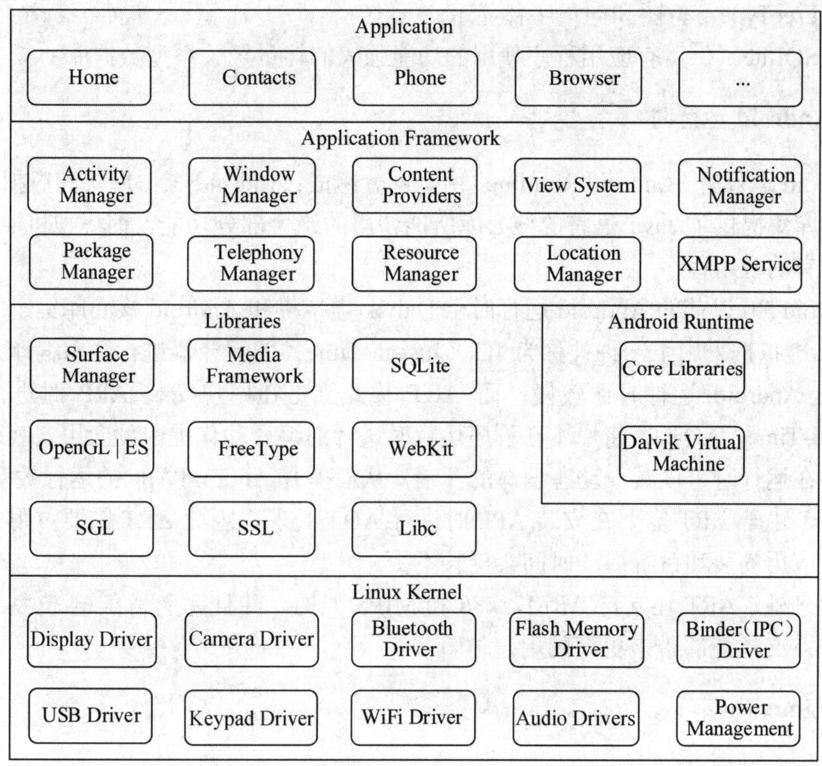

图 1.1　Android 系统的体系结构

3．函数库

Android 包含一套被不同组件所使用的 C/C++库的集合。一般来说，Android 应用开发者不能直接调用这套 C/C++库集，但可以通过它上面的应用程序框架 Framework 来调用这些库。下面列出一些核心库。

（1）系统 C 库：一个从 BSD（Berkeley Software Distribution）系统派生出来的标准 C 系统库（libc），并且专门为嵌入式 Linux 设备调整过。

（2）媒体库：基于 PacketVideo 的 OpenCORE，这套媒体库支持播放和录制许多流行的音频和视频格式，甚至可以查看静态图片。

（3）Surface Manager：管理对显示子系统的访问，并可以对多个应用程序的 2D 和 3D 图层提供无缝整合。

（4）LibWebCore：一个全新的 Web 浏览器引擎，该引擎对 Android 浏览器提供支持，也为 WebView 提供支持，WebView 完全可以嵌入到开发者自己的应用程序中。后面的章节会对 WebView 进行介绍。

（5）SGL：底层的 2D 图形引擎。

（6）3D libraries：基于 OpenGL ES API 实现的 3D 系统，这套 3D 库既可以使用硬件 3D 加速（如果硬件支持），也可以使用高度优化的软件 3D 加速。

（7）FreeType：位图和向量字体显示。

（8）SQLite：供所有应用程序使用的功能强大的轻量级关系型数据库。

4．Android 运行时

Android 运行时（Android Runtime）由两部分组成：Android 核心库集和虚拟机 ART。其中核心库集提供了 Java 语言的核心库所能使用的绝大部分功能，而虚拟机 ART 则负责运行所有的应用程序。

Android 5.0 以前的 Android 运行时由 Dalvik 虚拟机和 Android 核心库集组成，但由于 Dalvik 虚拟机采用了一种被称为 JIT（Just-in-Time）的解释器进行动态编译并执行，因此导致 Android 运行时比较慢；而 ART 模式则是在用户安装 APP 时进行预编译（Ahead-of-Time，AOT），将原本在程序运行时进行的编译动作提前到应用安装时，这样使得程序在运行时可以减少动态编译的开销，从而提升 Android App 的运行效率。

但是，由于 ART 需要在安装 APP 时进行 AOT 处理，因此 ART 需要占用更多的存储空间，应用安装和系统启动时间会延长不少。

除此之外，ART 还支持 ARM、x86 和 MIPS 架构，并且完全兼容 64 位系统，因此 Android 5.0 必然能够带来更好的用户体验。

5．Linux 内核

Android 系统建立在 Linux 2.6 之上，Linux 内核（Linux Kernel）提供了安全性、内存管理、进程管理、网络协议栈和驱动模型等核心系统服务。除此之外，它也是系统硬件和软件叠层之间的抽象层。

1.2 搭建 Android 开发环境

"工欲善其事，必先利其器"，选择一款好的开发工具能很大幅度地提升开发效率。Android 平台官方推荐的开发工具当属 Android Studio，本节将详细讲解 Android 开发环境的搭建方法以及 Android Studio 的安装步骤。

1.2.1 需要的工具

由于 Android 程序是使用 Java 语言编写的，所以建议大家看本书之前，先熟悉一下 Java 的基础语法和特性。下面介绍搭建 Android 开发环境时需要用到的几个工具。

- JDK。JDK 全称是 Java Development Kit，是 Java 语言的软件开发工具包，它包

括了 Java 的运行环境、工具集合、基础类库等内容。

- Android SDK。Android SDK 是谷歌公司提供的安卓开发工具包，此包专门为安卓开发提供，包含了大量 Android 相关的 API 供开发者开发使用。
- Android Studio。这款开发工具是 2013 年由谷歌公司官方推出的，经过几年的发展，其稳定性也大大增强，可以说已经完全取代了之前使用插件的形式在 Eclipse 上开发安卓应用的形式。本书中所有的代码都是在 Android Studio 上开发的。

Android Studio 中已经有集成了 JDK 和 SDK 的版本，不过还是建议大家 JDK 部分亲自动手安装，因为学习 Android 开发必须要有 Java 基础，而安装 JDK 也是学习 Java 必须经历的过程。

1.2.2 搭建开发环境

（1）下载和安装 JDK8。之所以要下载 JDK8，是因为现在 Android Studio 的最新版本要求必须是 JDK8 版本，否则编译 Android 项目时会报错。JDK8 的下载地址为 http://www.oracle.com/technetwork/java/javase/downloads/jdk8-downloads-2133151.html，直接访问该地址就可以下载，该地址打开后如图 1.2 所示。

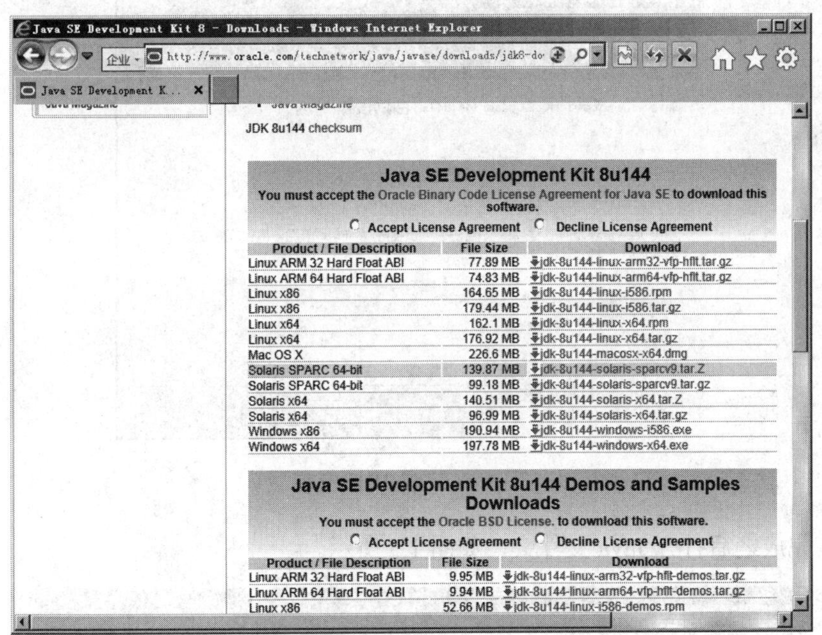

图 1.2 下载 JDK 地址

如果使用的计算机是 32 位 Windows 操作系统，应选择 Windows x86 版本。下载完成之后双击下载的文件开始安装，安装开始界面如图 1.3 所示。

可以把 JDK 统一放在 Java 文件夹中，通过【更改】按钮就可以实现。注意安装路径中不要有中文，最好也不要有空格或特殊符号。路径确定之后，单击【下一步】按钮，开始安装 JDK。安装完成后会进入安装完成界面，如图 1.4 所示。单击【关闭】按钮，关闭当前界面，完成 JDK 的安装。

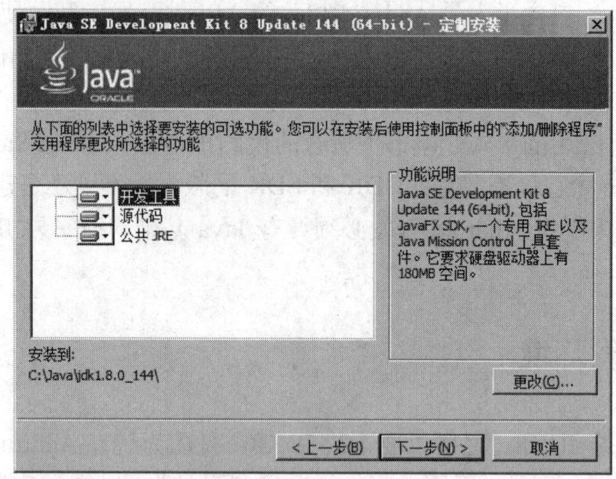

图 1.3　安装 JDK

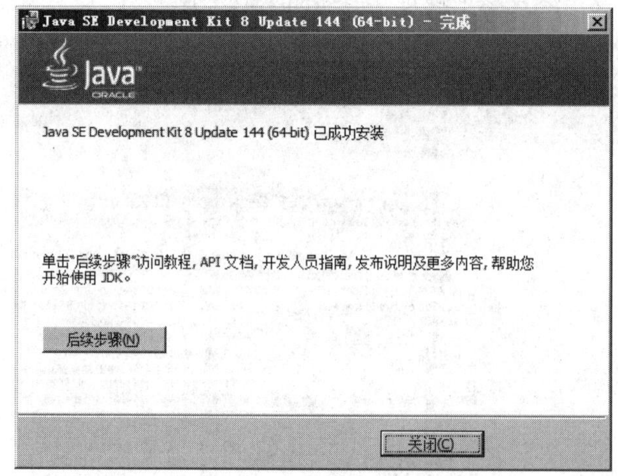

图 1.4　完成 JDK 安装

安装完成之后打开 Java 文件夹，如图 1.5 所示。

图 1.5　完成 JDK 安装后的 Java 文件夹

（2）配置环境变量。右击【我的电脑】→【属性】选项，进入显示系统基本信息的系统窗口，如图 1.6 所示。

图 1.6 系统基本信息

单击【高级系统设置】，打开【系统属性】对话框，如图 1.7 所示。

单击【环境变量】按钮，打开【环境变量】对话框，如图 1.8 所示。

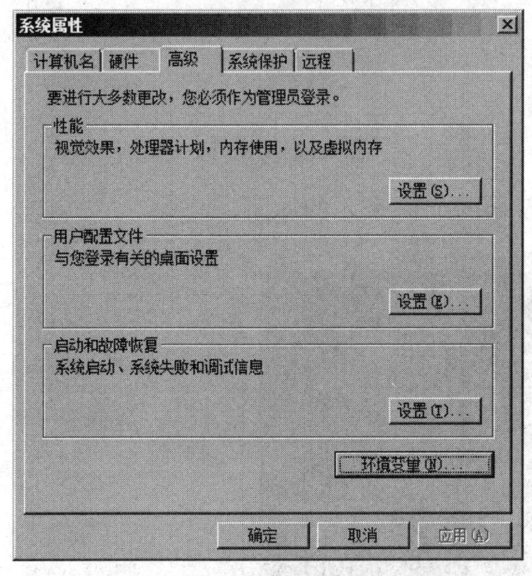

图 1.7 【系统属性】对话框

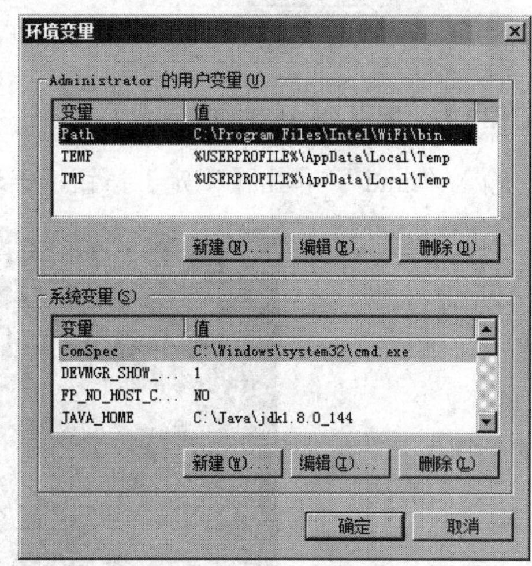

图 1.8 【环境变量】对话框

在【系统变量】下面单击【新建】按钮，在弹出的【新建系统变量】对话框中，在【变量名】输入框中输入“JAVA_HOME”，在【变量值】输入框中输入之前安装的 JDK 目录，本例的安装目录是“C:\Java\jdk1.8.0_144”，填写完之后如图 1.9 所示。单击【确定】按钮，完成 JAVA_HOME 环境变量的配置。

在【系统变量】中寻找 Path 变量，选中双击，出现【编辑系统变量】对话框，如图 1.10 所示。

图 1.9 配置 JAVA_HOME

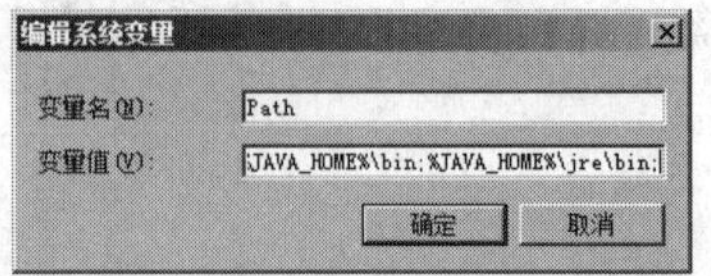

图 1.10 【编辑系统变量】对话框

在变量值后输入“%JAVA_HOME%\bin;%JAVA_HOME%\jre\bin;”，注意如果前面没有“;”，要先输入英文状态下的“;”，之后再输入上述值，完成之后单击【确定】按钮。接下来在【系统变量】中新建 CLASSPATH 变量，步骤和新建 JAVA_HOME 时一样。不同的是，在变量值中输入“.;%JAVA_HOME%\lib;%JAVA_HOME%\lib\tools.jar”，注意最前面有一个英文状态下的句号“.”。如图 1.11 所示，单击【确定】按钮，完成系统变量的配置。

安装配置完成之后需测试 JDK 是否安装成功。首先在键盘上按住 Windows+R 组合键，会出现如图 1.12 所示的界面。

图 1.11 配置 CLASSPATH 变量

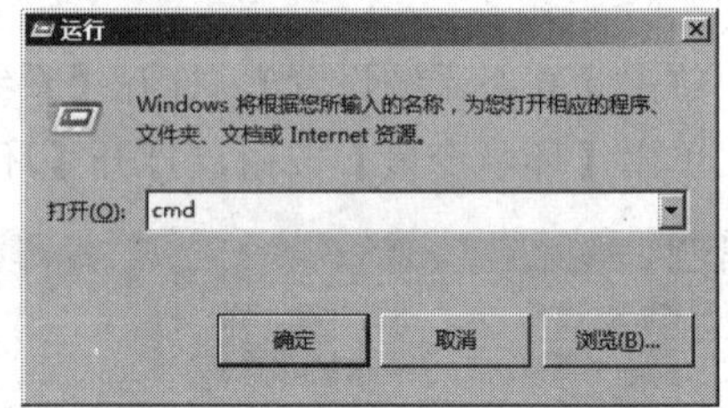

图 1.12 【运行】界面

输入“cmd”，单击【确定】按钮，出现如图 1.13 所示的界面。

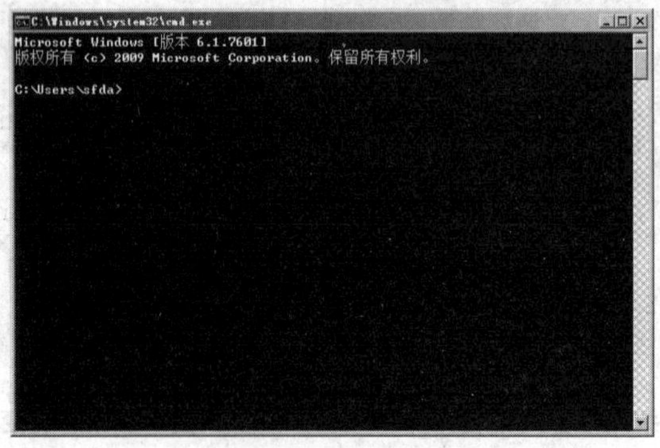

图 1.13 命令行窗口

输入“java -version”，按 Enter 键，如果出现如图 1.14 所示的界面内容则表示安装成功，否则安装失败。

图 1.14　执行 java -version 命令

1.2.3　Android Studio 的安装

Android Studio 可以在 Android 官网上下载，具体下载地址是 https://developer.android.com/studio/index.html。在页面找到 Android Studio 并下载完成后，双击 .exe 文件开始安装，安装过程很简单，连续单击 Next 按钮即可。开始安装界面如图 1.15 所示。

单击 Next 按钮开始安装，接下来选择安装组件时建议全选安装，如图 1.16 所示。

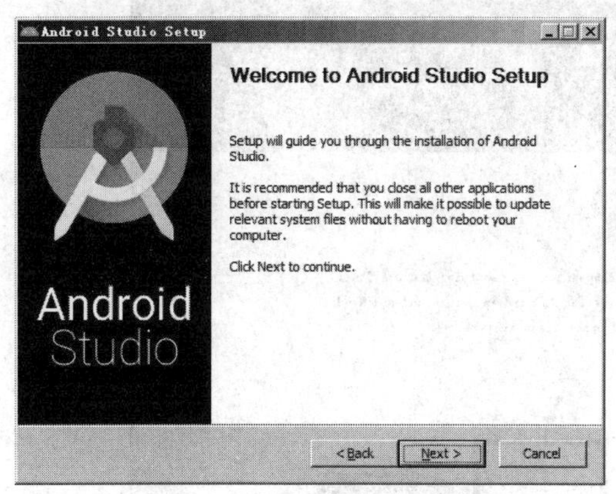

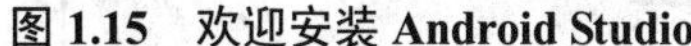

图 1.15　欢迎安装 Android Studio

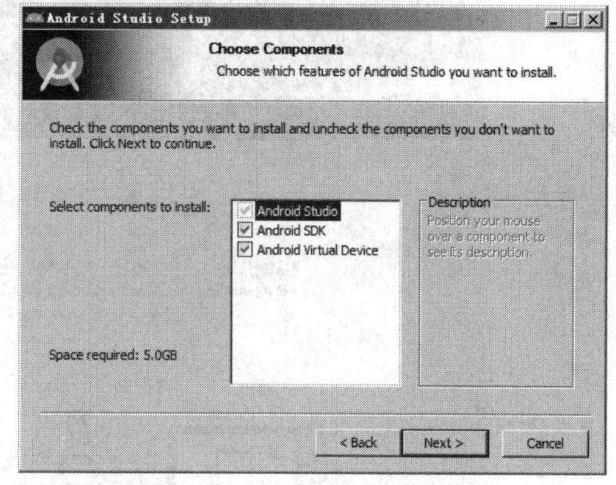

图 1.16　选择安装组件

单击 Next 按钮，进入选择安装 Android Studio 的安装地址以及 Android SDK 的安装地址，根据计算机的实际情况选择即可，如图 1.17 所示。

之后的步骤全部保持默认选项即可，安装完成之后如图 1.18 所示。

单击 Finish 按钮，若勾选了 Start Android Studio 选项则会直接打开 Android Studio。首次启动 Android Studio 会提醒用户选择是否导入之前 Android Studio 版本的配置，如图 1.19 所示。因为是首次安装，故选择不导入即可。

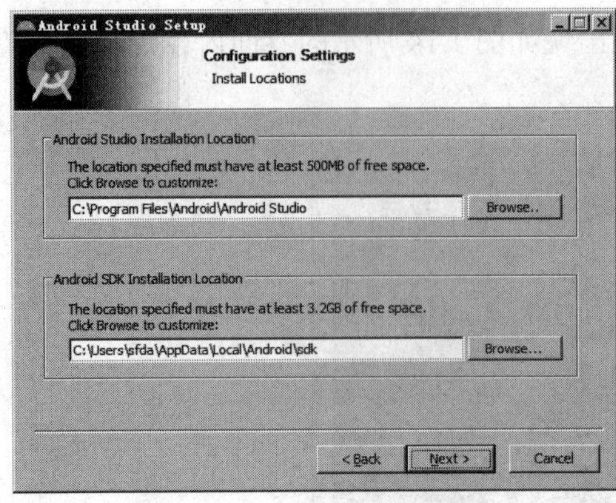

图 1.17 选择安装地址

图 1.18 安装完成

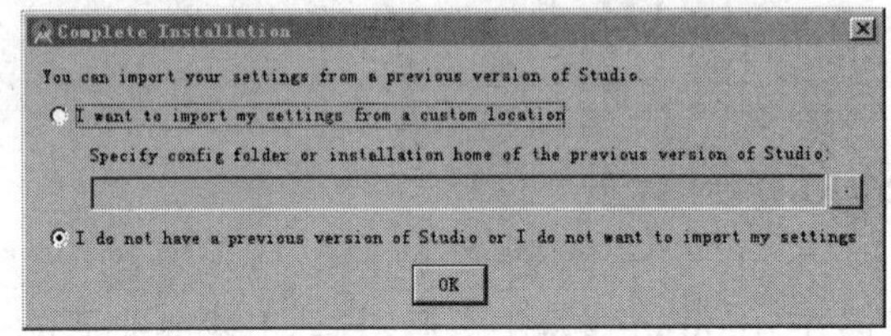

图 1.19 选择不导入配置

单击 OK 按钮，进入欢迎页面，如图 1.20 所示。

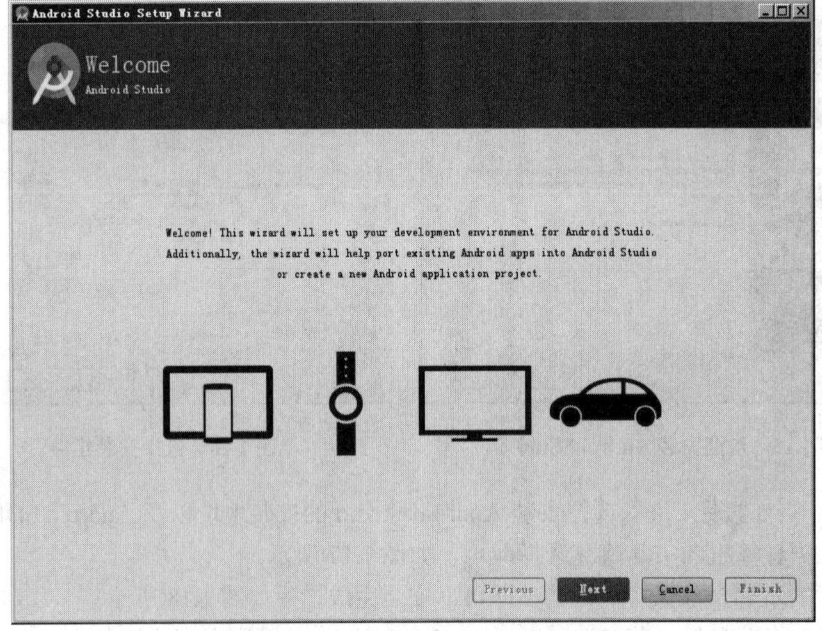

图 1.20 欢迎页面

单击 Next 按钮进入选择安装类型页面，如图 1.21 所示。

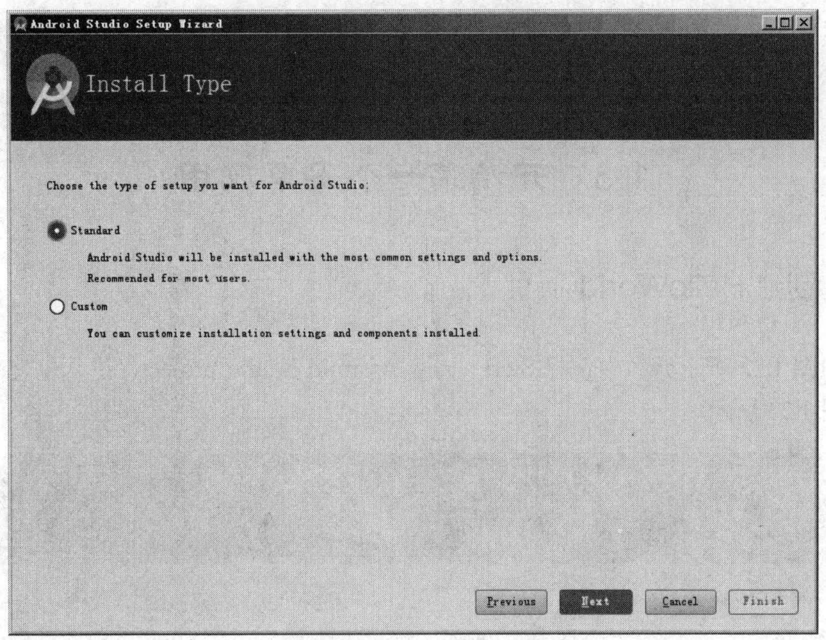

图 1.21 选择安装类型

在这个页面选择 Android Studio 的安装类型，有 Standard 和 Custom 两种选择。Standard 表示一切都使用默认的配置，比较方便；Custom 则表示可以根据用户的特殊要求进行自定义。由于是首次安装，选择 Standard 类型即可。单击 Next 按钮完成选择。

选择完成之后 Android Studio 即安装完成。之后 Studio 会尝试联网下载一些更新，等待更新完成之后单击 Finish 按钮就会进入如图 1.22 所示的界面。

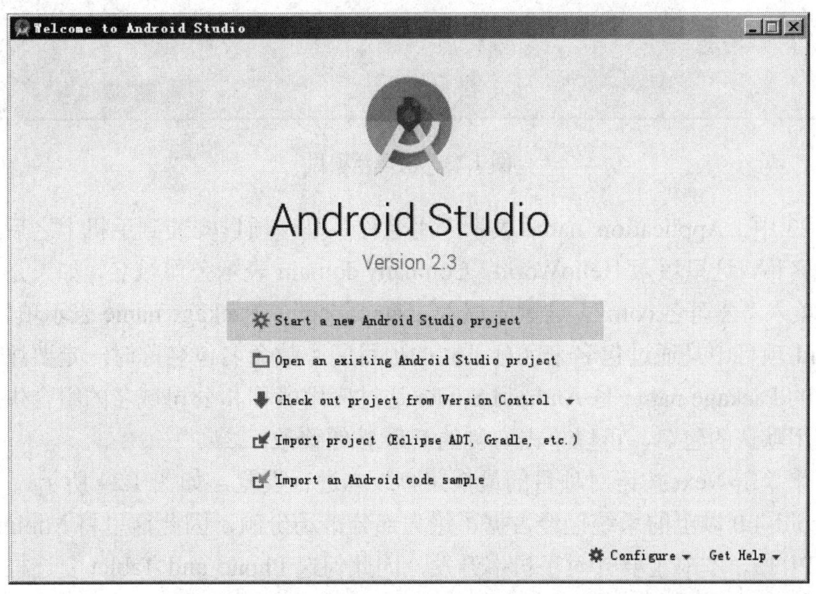

图 1.22 Android Studio 选择操作页面

到目前为止，Android 开发环境就已经全部搭建完成了。接下来就开始创建第一个 Android 应用。

1.3 开始第一个安卓应用

1.3.1 创建 HelloWorld 项目

在如图 1.22 所示界面中选择 Start a new Android Studio project，进入创建新项目界面，如图 1.23 所示。

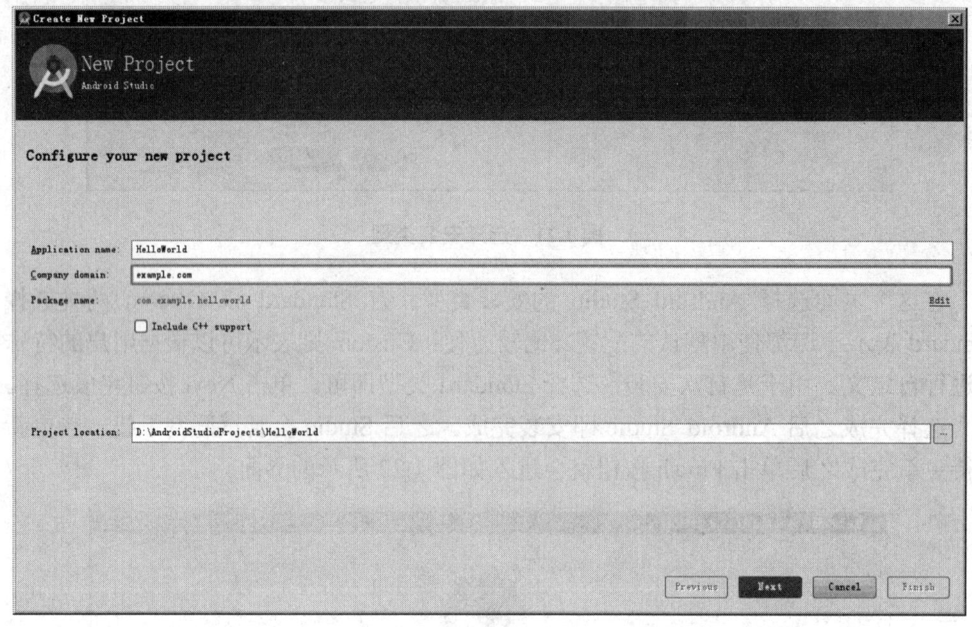

图 1.23　创建新项目

图 1.23 中，Application name 表示应用名称，是该项目安装到手机上之后显示在图标下面的名称，这里填入 HelloWorld。Company domain 表示公司域名，如果是公司的项目，建议填入“公司名.com”，这里先填入 example.com。Package name 表示项目的包名，在 Android 项目中是通过包名来区分不同的项目的，故命名包名称时一定要注意其唯一性。默认的 Package name 是 Android Studio 通过应用名称和公司域名的组合生成的，如果不想使用默认的包名，可以单击右侧的 Edit 按钮修改。

接下来单击 Next 按钮对项目的最低兼容版本进行设置，如图 1.24 所示。

Android 4.0 以上的系统已经占据了绝大部分市场份额，因此这里将 Minimum SDK 指定为 API 15。本书主要针对手机端开发，因此勾选 Phone and Tablet 复选框。接着单击 Next 按钮跳转到创建 Activity 页面，如图 1.25 所示。

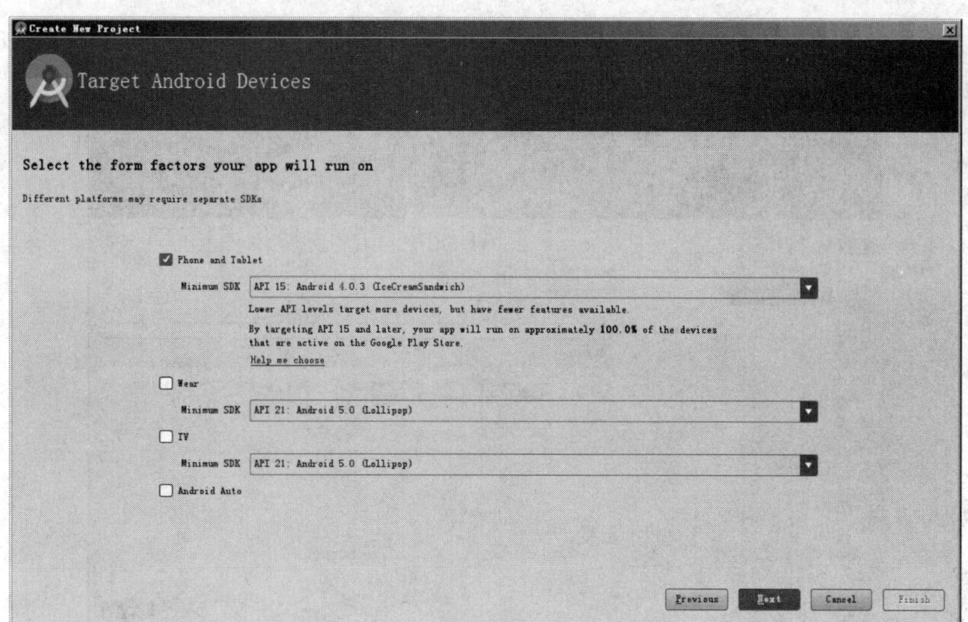

图 1.24　设置项目的最低兼容版本

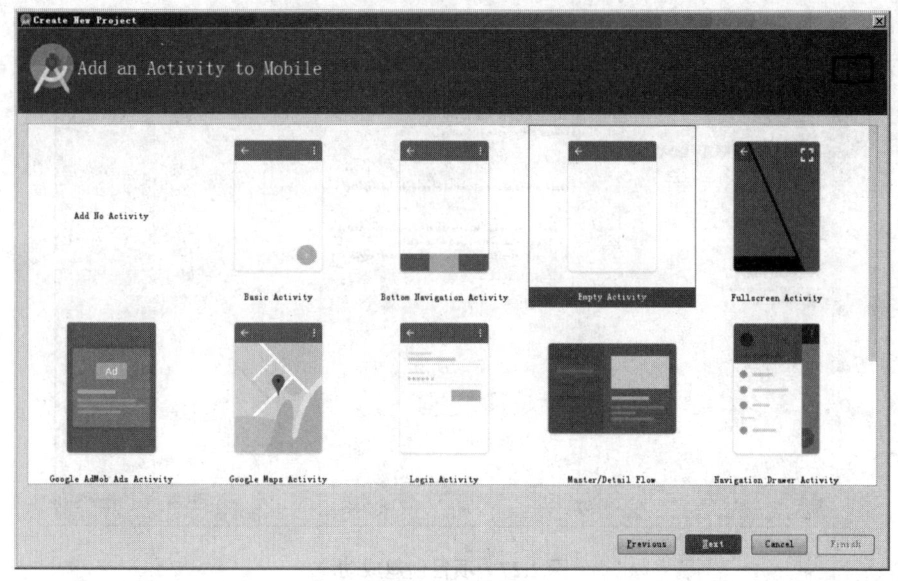

图 1.25　选择模板

如果安装的是 Android 2.3 及以上的版本，可供选择的模板较多，大家在实际项目中可根据需要自行选择。在这里选择 Empty Activity 来创建一个空的 Activity。选择之后单击 Next 按钮，进入该 Activity 以及其对应的 layout 页面命名界面，如图 1.26 所示。

界面中 Activity Name 根据驼峰命名规范自行填写，这里填入 HelloWorldActivity，Android Studio 自动填入 Layout Name，如果不想用默认的命名，可以自行修改。命名填写完成之后单击 Finish 按钮。等待 Android Studio 创建好项目，至此，第一个 Android 应用创建完成，如图 1.27 所示。

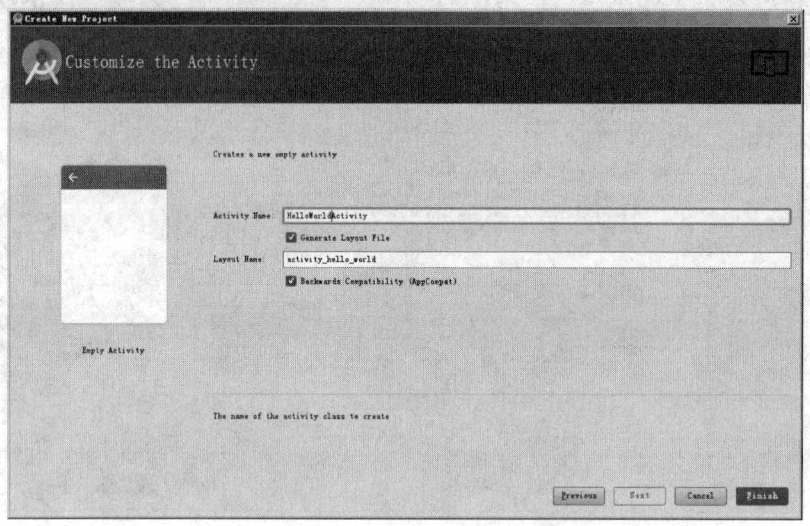

图 1.26　给 Activity 与对应的 Layout 命名

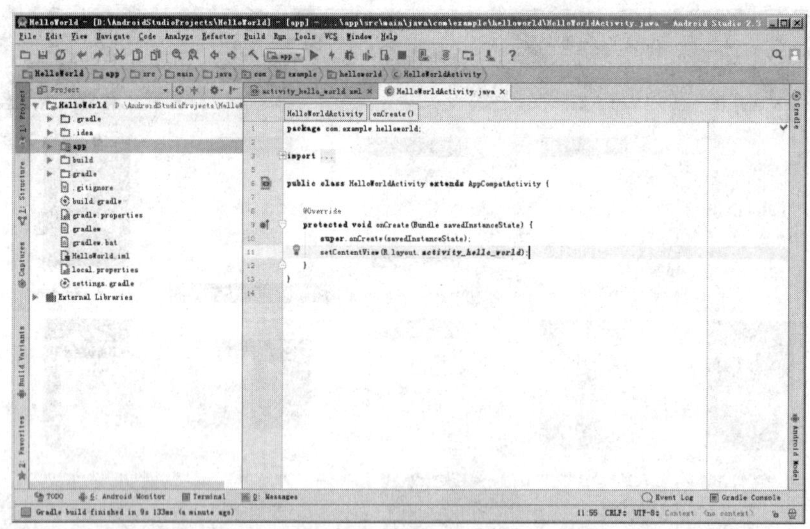

图 1.27　项目创建成功

1.3.2　启动 Android 模拟器

大家应该发现了，从第一个项目开始创建到创建完成，一行代码也没有编写。这是因为创建项目时，Android Studio 自动生成了很多东西，大大简化了工作重复度。但是要运行一个项目就必须要有一个载体，可以是一部手机，也可以是 Android 模拟器。现在就来使用 Android 模拟器来运行程序。

首先创建一个 Android 模拟器，观察 Android Studio 顶部工具栏图标，单击 AVD Manager 图标，会出现创建和启动模拟器界面，如图 1.28 所示。

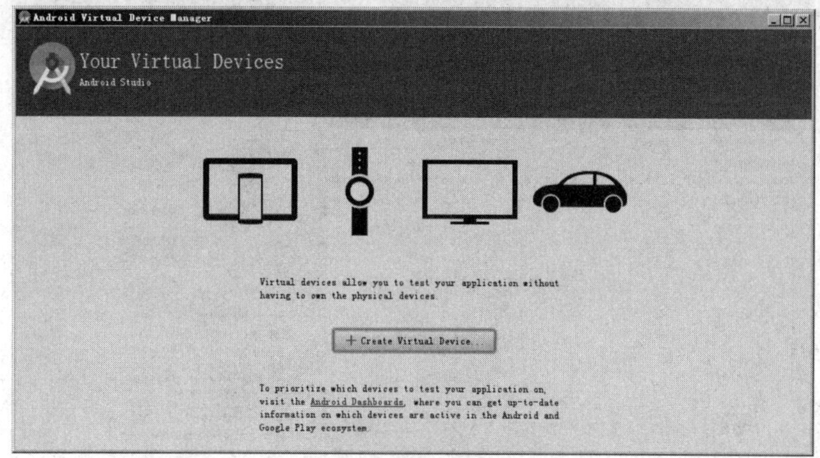

图 1.28　创建模拟器

由于是第一次创建，所以模拟器列表为空，单击 Create Virtual Device 按钮开始创建模拟器，如图 1.29 所示。

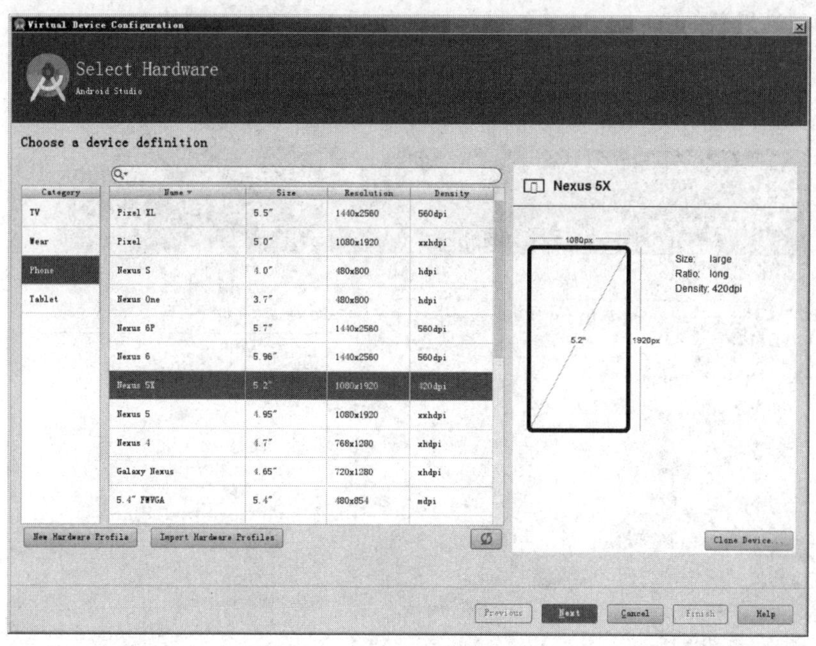

图 1.29　选择创建的模拟器设备

可以看到有很多设备可供选择，在最左边一栏选择 Phone，默认选择 Nexus 5X 这台设备的模拟器，不做更改，直接单击 Next 按钮，开始选择模拟器的系统版本，如图 1.30

所示。

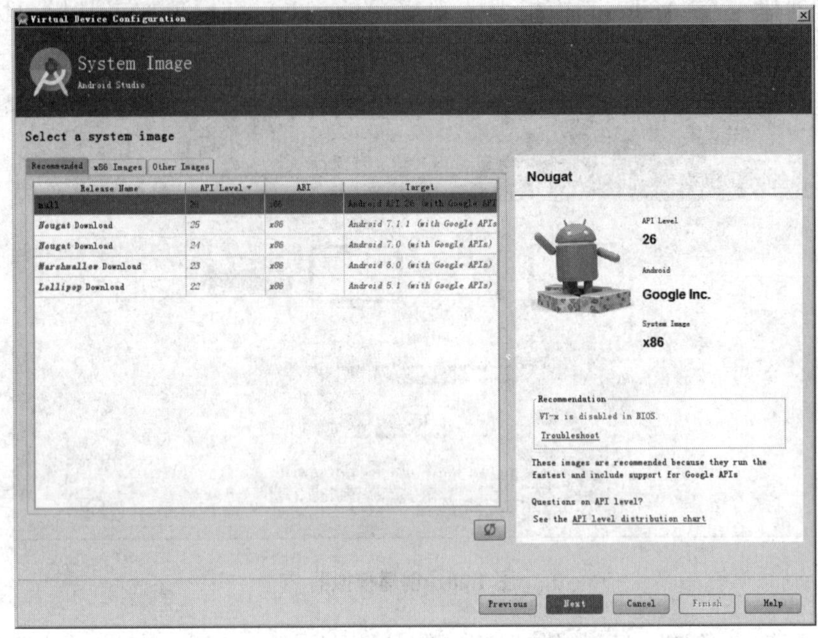

图 1.30 选择模拟器的操作系统版本

这里试试最新的 Android 8。如果选择其他版本，单击左侧的 Download 下载相应的版本安装即可。单击 Next 按钮确认模拟器的配置，如果没有特殊要求就保持默认设置即可，如图 1.31 所示。

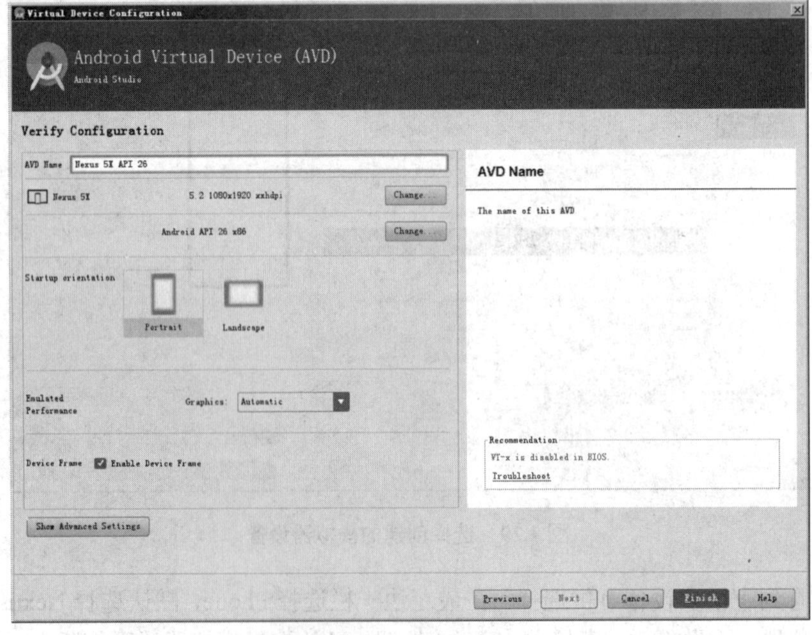

图 1.31 确认模拟器配置

单击 Finish 按钮完成模拟器的创建，可以看到模拟器列表中有了一个模拟器设备，如图 1.32 所示。

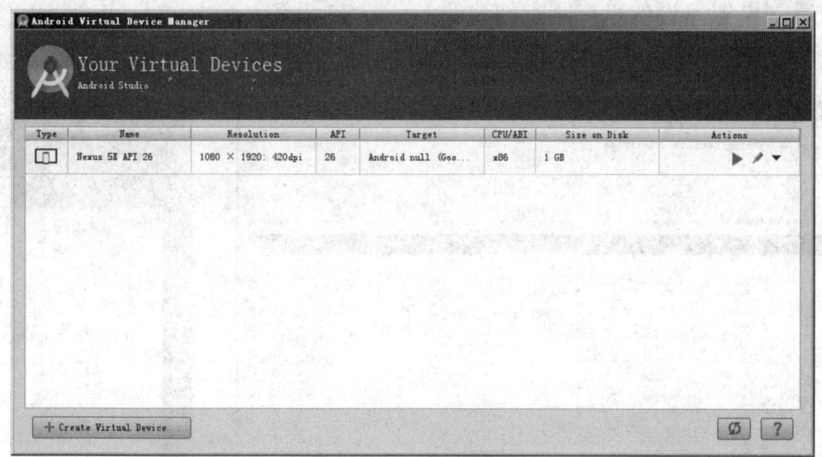

图 1.32　模拟器列表

单击右侧的绿色三角形启动按钮，开始启动模拟器。模拟器就像真实的手机一样，有一个开机过程，开机之后的界面如图 1.33 所示。

图 1.33　模拟器启动之后

接下来就用它运行第一个 Android 项目 HelloWorld。

1.3.3　运行第一个 Android 应用

运行 Android 的模拟器已经创建完成，现在就开始在模拟器上运行 HelloWorld 应用。

观察 Android Studio 顶部的工具栏图标，与启动模拟器时一样有一个绿色三角形运行按钮，单击运行按钮，会弹出一个选择运行设备的对话框，如图 1.34 所示。

可以看到模拟器设备里有刚刚创建的 Nexus S5 设备，选中单击 OK 按钮，等待模拟器响应完毕，HelloWorld 就会运行到模拟器上，结果如图 1.35 所示。

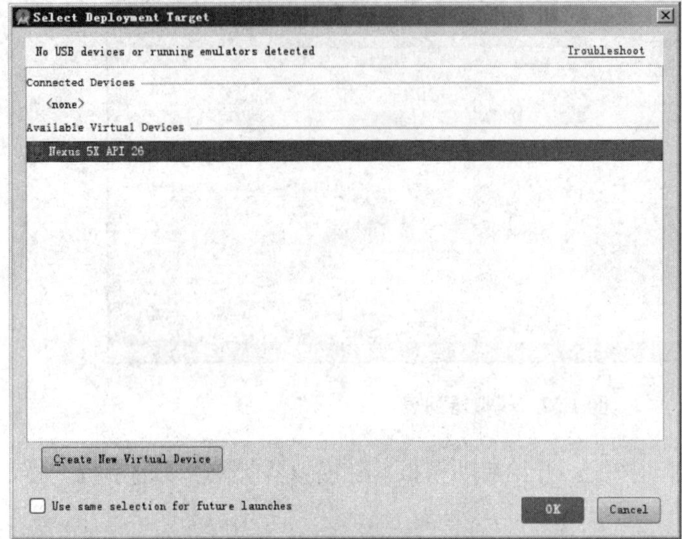

图 1.34　模拟器列表

图 1.35　运行 HelloWorld

HelloWorld 项目已经成功运行出来。下面来仔细分析一下这个项目。

1.3.4　Android 应用结构分析

回到 Android Studio 当中，展开 HelloWorld 项目，如图 1.36 所示。

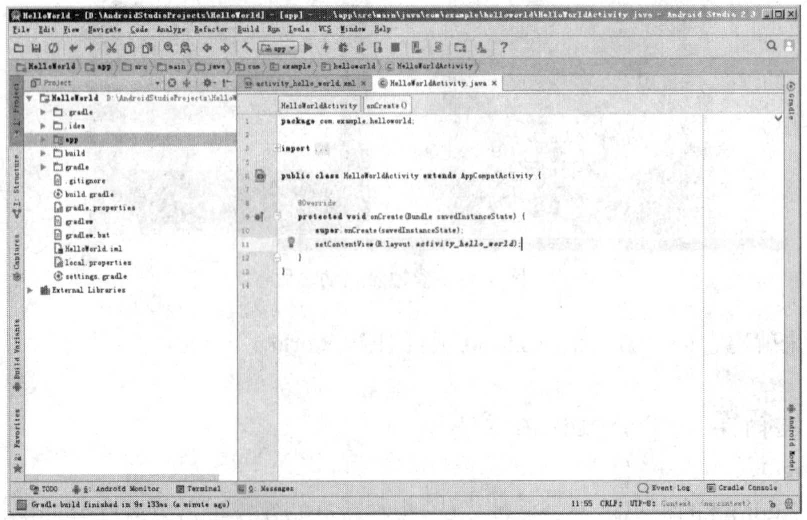

图 1.36　左侧的 Android 目录结构

这个项目结构已经转换到了 Project 完整结构中，Android Studio 的默认结构是 Android 结构。Android 结构是 Android Studio 自动简化之后的结构，对于初次使用该 IDE 的读者来说比较难理解。现在来观察 Project 下的项目结构。

1．.gradle 和.idea

这两个目录无须关心，这是 Android Studio 自动生成的文件，开发者不要去手动更改这些文件。

2．app

项目中的代码和资源等内容几乎都放在这个目录下，在实际编写代码时也都是在这个目录下进行的，随后将会单独对这个目录进行详细讲解。

3．build

此目录也不必去关心，里面主要放置一些编译时生成的文件，开发者也不要手动去更改该目录下的文件。

4．gradle

这个目录下包含了 gradle wrapper 的配置文件，使用 gradle wrapper 的方式不需要提前将 gradle 下载好，而是会自动根据本地的缓存情况决定是否需要联网下载 gradle。Android Studio 默认没有启用 gradle wrapper 的方式，若需要打开，可以通过 Android Studio 导航栏→File→Settings 命令打开，如图 1.37 所示。

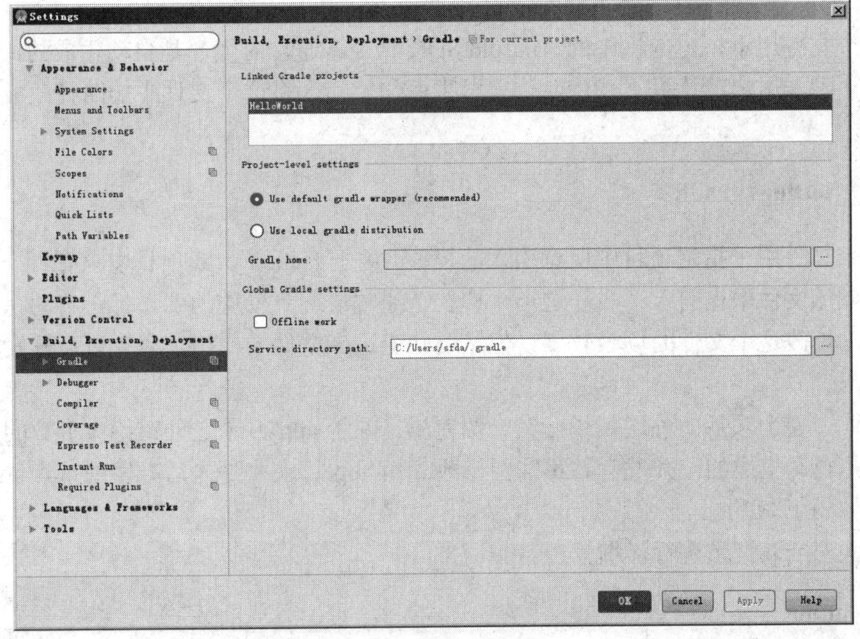

图 1.37　gradle 所在位置

5．.gitignore

此文件是用来将指定的目录或文件排除在版本控制之外，关于版本控制会在之后的目录中介绍。

6．build.gradle

这是项目全局的 gradle 构建脚本，一般此文件中的内容是不需要修改的。稍后详细分析 gradle 脚本中的内容。

7．gradle.properties

这个文件是全局的 gradle 配置文件，在这里配置的属性将会影响到全局的项目中所有的 gradle 编译脚本。

8．gradlew 和 gradlew.bat

这两个文件是用来在命令行界面中执行 gradle 命令的，其中 gradlew 是在 Linux 或 Mac 系统中使用的，gradlew.bat 是在 Windows 系统中使用的。

9．HelloWorld.iml

iml 文件是所有 IntelliJ IDEA 项目中都会自动生成的一个文件（Android Studio 是基于 IntelliJ IDEA 开发的），开发者也不用修改这个文件中的任何内容。

10．local.properties

这个文件用于指定本机中的 Android SDK 路径，通常内容都是自动生成的，并不需要修改。除非用户计算机上 SDK 位置发生变化，那么将这个文件中的路径改成新的路径即可。

11．settings.gradle

这个文件用于指定项目中所有引入的模块。由于 HelloWorld 项目中只有一个 app 模块，因此该文件中也引入了 app 这一个模块。通常情况下模块的引入都是自动完成的，需要手动修改这个文件的场景较少，但是要知道这个文件的作用，避免以后开发中遇到此种情况。

至此，整个项目的外层目录已经介绍完毕。除了 app 目录之外，绝大多数的文件和目录都是自动生成的，开发者并不需要修改。而 app 目录才是之后开发的重点目录，将它展开如图 1.38 所示。

下面对 app 目录进行详细分析。

1．build

这个目录和外层的 build 目录类似，都是包含一些编译时自动生成的文件，不过它里面的内容更复杂一些，这里不需要关心它。

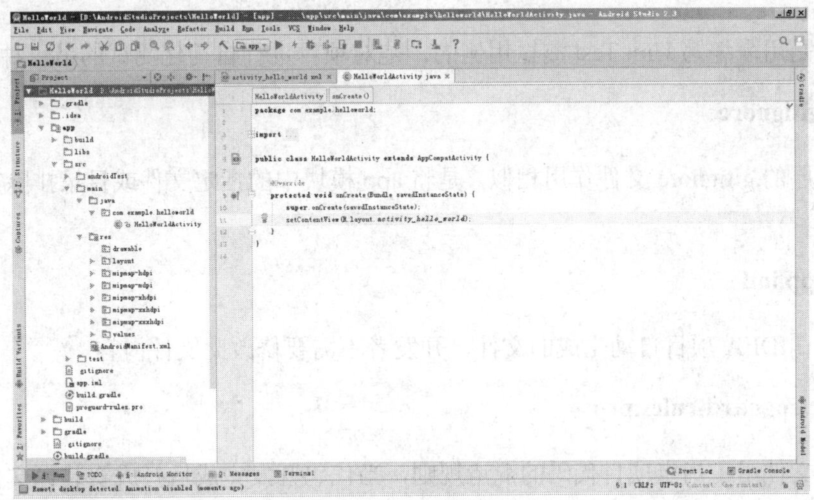

图 1.38 展开的 app 目录

2．libs

如果项目中使用了第三方 jar 包，就需要把第三方 jar 包放在 libs 目录下，放在这个目录下的 jar 都会被自动添加到构建路径中去。

3．androidTest

此处用来编写 Android Test 测试用例，可以对项目进行一些自动化测试。

4．java

毫无疑问，java 目录是用来放置 Java 代码的地方，展开该目录，可以看到之前创建的 HelloWorldActivity 文件。

5．res

这个目录下的内容有点多。简单来说，开发中使用到的所有图片、布局、字符串等都要放在这个目录下。从图 1.38 可以看出，此目录下还有很多目录，图片放在 mipmap 目录下，布局放在 layout 目录下，字符串放在 values 目录下，所以整个 res 目录虽然子目录很多，但是各有分工，不会被弄得乱七八糟。

6．AndroidManifest.xml

这是整个 Android 项目的配置文件，项目中使用到的四大组件都需要在这个目录下进行注册，另外还可以在这个文件中给项目应用添加权限声明。这个文件会经常用到，稍后的内容中会详细讲解。

7. test

此处是用来编写 Unit Test 测试用例的，是对项目进行自动化测试的另一种方式。

8. .gitignore

与外层的.gitignore 文件作用相似，是将 app 模块中的指定文件或目录排除在版本控制之外。

9. app.iml

IntelliJ IDEA 项目自动生成的文件，开发者不需要修改此文件内容。

10. proguard-rules.pro

这个文件用于指定项目代码的混淆规则，当代码开发完成后打成安装包文件，如果不希望代码被别人破解，通常会将代码进行混淆，从而让破解者难以阅读。

到这里基本上整个项目的目录结构就介绍完了，大家肯定有很多地方一知半解，毕竟这些都是理论知识，没有经过一段时间的动手开发是比较难理解的。不过不用担心，这并不会影响后面的阅读。

现在已经将 HelloWorld 项目的目录结构以及基本的执行过程分析完毕，下面来讲解前面遗留的两个小问题，一个是 Project 目录下的 build.gradle 文件，一个是 Manifest.xml 文件。

首先看 Project 目录下的 build.gradle 文件。不同于 Eclipse，Android Studio 是采用 Gradle 来构建项目的。它使用了一种基于 Groovy 的领域特定语言（Domain Specific Language，DSL）来声明项目设置，摒弃了传统基于 XML（如 Ant 和 Maven）的各种繁琐配置。在图 1.38 展开的 app 目录图中，可以看到两个 build.gradle 文件，一个是 Project 下的外层文件，一个在 app 目录下。这两个文件对构建 Android 项目起到了至关重要的作用，下面来对这两个文件进行详细分析。

先看最外层目录下的 build.gradle 文件，代码如下：

```
buildscript {
    repositories {
        jcenter()
    }
    dependencies {
        classpath 'com.android.tools.build:gradle:2.3.0'
        // NOTE: Do not place your application dependencies here;
        // in the individual module build.gradle files
    }
}
allprojects {
    repositories {
```

```
        jcenter()
    }
}
```

这些代码都是自动生成的，现在来看最关键的部分。

首先，两处 repositories 的闭包中都声明了 jcenter()配置，它是一个代码托管仓库，很多 Android 的开源项目都会选择将代码托管到 jcenter，声明了这行配置之后，就可以在项目中轻松引用任何 jcenter 中的开源项目了。

接下来，dependencies 闭包中使用 classpath 声明了一个 Gradle 插件。为什么要声明这个插件呢？因为 Gradle 并不是专门为构建 Android 项目而开发，Java、C++等许多项目都可以用 Gradle 来构建。因此如果想通过 Gradle 来构建 Android 项目，就需要使用这个插件。最后面的几个数字是 Gradle 的版本号，本书使用的插件版本是 2.3.0。

通常情况下，Project 目录下的 build.gradle 文件只有在添加全局的项目构建配置时才会修改。接下来看 app 目录下的 build.gradle 文件，先看 HelloWorld 项目中该文件的代码：

```
apply plugin: 'com.android.application'
android {
    compileSdkVersion 26
    buildToolsVersion "26.0.2"
    defaultConfig {
        applicationId "com.example.helloworld"
        minSdkVersion 15
        targetSdkVersion 26
        versionCode 1
        versionName "1.0"
        testInstrumentationRunner
        "android.support.test.runner.AndroidJUnitRunner"
    }
    buildTypes {
        release {
            minifyEnabled false
            proguardFiles getDefaultProguardFile('proguard-android.txt'),
            'proguard-rules.pro'
        }
    }
}
dependencies {
    compile fileTree(dir: 'libs', include: ['*.jar'])
    compile 'com.android.support:appcompat-v7:26.+'
    compile 'com.android.support.constraint:constraint-layout:1.0.2'
    testCompile 'junit:junit:4.12'
}
```

这个文件稍显复杂，需要仔细分析。首先第一行用到了一个插件，这里的插件一般有两种值可供选择，一个是 com.android.application，表示这是一个应用程序模块。一个是 com.android.library，表示这是一个库模块。应用程序模块和库模块的最大区别在于，一个是可以直接运行的，一个只能作为代码库依附于别的应用模块来运行。

接下来是一个大的 Android 闭包，在这个闭包中可以配置项目构建的各种属性。其中，compileSdkVersion 指定项目的编译版本，这里指定成 26 表示使用 Android 8.0 的 SDK 编译。buildToolsVersion 指定项目构建工具的版本，目前最新的版本是 26.0.2。

Android 闭包中又嵌套了一个 defaultConfig 闭包，下面来分析这个闭包。ApplicationId 用于指定项目的包名，需要修改时直接在这里修改即可。minSdkVersion 指定了项目最低兼容的 Android 系统版本，这里指定 15 表示最低兼容到 Android 4.0 系统。targetSdkVersion 指定的值表示在该目标版本上已经做了充分的测试，系统将为该应用程序启用该版本的最新特性和功能。例如 Android 6.0 引用了运行时权限这个功能，如果将 targetSdkVersion 指定为 23 或者以上的版本，那么系统将会为程序启用运行时权限这个功能。剩下的两个属性比较简单，但同时也很重要，versionCode 是指项目的版本号，versionName 用于指定项目的版本名。这两个属性在生成 apk 文件时非常重要，以后用到的时候会讲解。

最后是 dependencies 闭包。这个闭包的功能非常强大，它可以指定当前项目所有的依赖关系。通常 Android Studio 有三种依赖方式：本地依赖、库依赖和远程依赖。本地依赖可以对本地的 Jar 包或目录添加依赖关系，库依赖可以对项目中的库模块添加依赖关系，远程依赖则可以对 jcenter 上的开源项目添加依赖。观察一下 dependencies 闭包中的配置，第一行的 compile fileTree 就是一个本地依赖声明，它表示将 libs 下的所有.jar 后缀的文件都添加到项目的构建路径当中。而 compile 则是远程依赖声明，第二行和第三行分别声明了一个插件，其中 com.android.support 是域名部分，用于与其他公司的库作区分。Gradle 在构建项目的时候会首先检查本地有没有这个库的缓存，如果没有就会自动联网下载，然后再添加到项目的构建路径当中。剩下的 testCompile 用于声明测试用例库，暂时用不到，先忽略掉。

接下来详细讲解 HelloWorld 项目是如何运行起来的。首先打开 HelloWorld 项目中的 Manifest.xml 文件，打开之后可以看到如下代码：

```
<activity android:name=".HelloWorldActivity">
    <intent-filter>
        <action android:name="android.intent.action.MAIN" />
        <category android:name="android.intent.category.LAUNCHER" />
    </intent-filter>
</activity>
```

这段代码表示在 Manifest.xml 文件中对 HelloWorldActivity 进行注册，没有注册的 Activity 是不能使用的。其中 intent-filter 中的两行代码非常重要，它们表示 HelloWorldActivity 是这个项目的主 Activity，启动这个 HelloWorld 项目时首先启动 HelloWorldActivity。Activity 是 Android 四大组件之一。

打开 HelloWorldActivity 的代码，代码很简单，具体如下：

```
public class HelloWorldActivity extends AppCompatActivity {
    @Override
    protected void onCreate(Bundle savedInstanceState) {
        super.onCreate(savedInstanceState);
        setContentView(R.layout.activity_hello_world);
    }
}
```

首先注意到，HelloWorldActivity 继承自 AppCompatActivity，这是一种向下兼容的 Activity，可以将 Activity 在各个版本增加的特性和功能最低兼容到系统 Android 2.1。读者必须知道，开发中所有自定义的 Activity 都必须继承自 Activity 或者 Activity 的子类才能拥有 Activity 的特性，此代码中 AppCompatActivity 是 Activity 的子类。往下看可以看到有一个 onCreate 方法，这个方法是 Activity 创建时必须执行的方法，而在此方法中并没有看到 Hello World 字样，那么在模拟器中看到的 Hello World 来自哪里呢？

其实 Android 程序的设计讲究逻辑层与视图层分离，在 Activity 中一般不直接编写界面，而是在布局文件 layout 中编写，那在 Activity 中怎么与 layout 相联系呢？通过 setContentView()方法。在上面代码中可以看到，setContentView 引入了一个叫做 activity_hello_world 的 layout 文件，那么可以猜测，Hello World 字样一定来自这个布局文件。按住 Ctrl+鼠标左键可以直接打开该布局文件，这里顺便提一下，Android Studio 有许多快捷键供开发者使用，在后续的开发练习中可以多多练习使用快捷键，这样可以大大提升开发效率。

打开 activity_hello_world 布局文件之后看到以下代码：

```
<LinearLayout
    xmlns:android="http://schemas.android.com/apk/res/android"
    xmlns:app="http://schemas.android.com/apk/res-auto"
    xmlns:tools="http://schemas.android.com/tools"
    android:layout_width="match_parent"
    android:layout_height="match_parent"
    android:gravity="center"
    tools:context="com.example.helloworld.HelloWorldActivity">
    <TextView
        android:layout_width="wrap_content"
        android:layout_height="wrap_content"
        android:text="Hello World!"/>
</LinearLayout>
```

在控件 TextView 里面看到有 Hello World!，这就是显示在模拟器界面的 Hello World!。

1.4 Android 应用的基本组件介绍

Android 应用程序通常由一个或多个基本组件组成，之前创建 Hello World 项目时就用到了 Activity 组件。其实 Android 基本组件还包括 Service、BroadcastReceiver、ContentProvider 等组件，这四大组件也是日后做安卓开发时经常用到的。本节大家先对这些组件有一个大致的认识，后面的内容中会对这些组件做详细介绍。

1.4.1 Activity 和 View

Activity 是 Android 应用中负责与用户交互的组件，凡是在应用中看到的界面，都会在 Activity 中显示。前面提过，Activity 通过 setContentView（View）方法显示指定的组件。

View 组件是所有 UI 组件和容器控件的基类，它是 App 中用户能看到的部分。View 组件放在容器组件中，或是使用 Activity 将其显示出来。如果需要通过某个 Activity 把指定 View 显示出来，调用 Activity 的 setContentView()方法即可。

若一个 Activity 中没有调用 setContentView()方法来显示指定的 View，那么该页面将会显示一个空窗口。

Activity 还包含了一个 setTheme（int resid）方法，它用来设置对应的 Activity 的主题风格。例如不希望该 Activity 显示 ActionBar，或以 dialog 形式显示等，都可以通过该方法来设置。

1.4.2 Service

Service 与 Activity 相比，可以把 Service 看作是没有 View 的 Activity，事实上 Service 也没有可以设置显示 View 的方法。因为不用显示 View，也就不需要与用户交互，故它一般在后台运行，用户是看不到它的。

1.4.3 BroadcastReceiver

BroadcastReceiver 翻译过来就是广播接收器，事实上它在 Android 中的作用也是广播。从代码实现的角度来看，BroadcastReceiver 非常类似于事件编程中的监听器，但两者的区别在于，普通事件监听器监听的事件源是程序中的对象，而广播接收器监听的事件源是 Android 应用中的其他组件。

实现 BroadcastReceiver 的方式很简单，开发者只要编写继承 BroadcastReceiver 的类，并重写 onReceiver()方法就可以了。但是这只是接收器，那接收的消息从哪里来呢？当其他组件通过 sendBroadcast()、sendStickyBroadcast()或 sendOrderedBroadcast()方法发送广播消息时，如果接收广播的组件中实现的 BroadcastReceiver 子类有对应的 Action（通过 IntentFilter 的 setAction 设置），那么就可以在 onReceiver()方法中接收该消息。

实现 BroadcastReceiver 子类之后，需要在 AndroidManifest.xml 中注册才能使用该广播。那么 BroadcastReceiver 如何注册呢？有以下两种注册方式：

（1）在 Java 代码中通过 Context.registerReceiver()方法注册；

（2）在 AndroidManifest.xml 中通过<receiver…/>元素完成注册。

这里只是让大家对 BroadcastReceiver 有一个大致的了解，在后面的章节中会详细介绍。

1.4.4 ContentProvider

在 Android 平台中，ContentProvider 是一种跨进程间通信。例如当发送短信时，需要在联系人应用中读取指定联系人的数据，这时就需要两个应用程序之间进行数据交换。而 ContentProvider 提供了这种数据交换的标准。

当开发者实现 ContentProvider 时，需要实现如下抽象方法：

（1）insert（Uri，ContentValues）：向 ContentProvider 插入数据。

（2）delete（Uri，ContentValues）：删除 ContentProvider 中指定的数据。

（3）update（Uri，ContentValues，String，String[]）：更新 ContentProvider 指定的数据。

（4）query（Uri，String[]，String，String[]，String）：查询数据。

通常与 ContentProvider 结合使用的是 ContentResolver，一个应用程序使用 ContentProvider 暴露自己的数据，而另一个应用程序则通过 ContentResolver 来访问程序。

1.4.5 Intent 和 IntentFilter

这两个并不是 Android 应用的组件，但它对 Android 应用的作用非常大——它是 Android 应用内不同组件之间通信的载体。当一个 Android 应用内需要有不同组件之间的跳转，例如一个 Activity 跳转到另一个 Activity，或者 Activity 跳转到 Service 时，甚至发送和接收广播时，都需要用到 Intent。

Intent 封装了大量关于目标组件的信息，可以利用它启动 Activity、Service 或者 BroadcastReceiver。一般称 Intent 为“意图”，意图可以分为以下两类。

（1）显式 Intent：明确指定需要启动或者触发的组件的类名。

（2）隐式 Intent：指定需要启动或者触发的组件应满足怎样的条件。

对于显式 Intent，Android 系统无须对该 Intent 做出任何解析，系统直接找到指定的目标组件，启动或者触发它即可。

而对于隐式 Intent，Android 需要解析出它的条件，然后再在系统中查找与之匹配的目标组件。若找到符合条件的组件，就启动或触发它们。

那么 Android 系统如何判断是隐式 Intent 还是显式 Intent 呢？就是通过 IntentFilter 来实现的。被调用的组件通过 IntentFilter 声明自己满足的隐式条件，使系统可以拿来判断是否启动这个组件。关于这个知识点的详细内容，在后面的内容中会详细介绍。

1.5 本章小结

本章主要介绍了 Android 平台开发的一些基础知识，从发展历史和前景开始，主要讲解了 Android 的系统架构，开发环境的搭建，HelloWorld 项目以及基本的组件介绍，学习完本章内容，希望读者能够自己动手搭建好 Android 的开发环境并利用模拟器运行出自己的第一个 Android 项目。

1.6 习　　题

1．填空题

（1）使用 Android Studio 开发 Android 项目时，环境的搭建需要________工具。

（2）在 Android 平台中，系统架构分为________层，具体分别为________。

（3）在 Android 开发中，编写代码是在 Android Studio 的________目录下。

（4）若 Activity 想要展示指定的 View，可使用________方法。

（5）如果开发中要用到广播接收器，需继承________类，并且复写________方法。

2．选择题

（1）下列开发工具中不属于 Android 应用的是（　　）。

A．JDK　　B．Android SDK

C．Android Studio　　D．codeblock

（2）下列选项中，属于 Android 开发要使用的语言是（　　）。

A．Java 语言　　B．C 语言

C．C++语言　　D．swift 语言

（3）下列选项中，属于 Android 应用程序的下一层的是（　　）。

A．Applications　　B．Framework

C．Library　　D．Linux

（4）下列不属于 Android 四大组件的是（　　）。

A．Activity　　B．Service

C．ContentProvider　　D．Intent

3．思考题

（1）简述搭建 Android 开发环境时为什么要先安装 JDK（如果 Android Studio 没有集成 JDK）。

（2）简述 Android 四大组件以及各自的作用。

4．编程题

编写程序显示信息“梅花香自苦寒来”。

第2章 chapter 2

Android 应用的界面编程

本章学习目标

- 掌握 Android 界面的几种布局方式。
- 掌握常用的几种 UI 组件。
- 掌握两种重要的 Adapter 用法。

Android 平台提供了大量功能丰富的 UI 组件，开发人员只需要通过界面编程把这些 UI 组件组合在一起，就可以开发出优秀的图形用户界面。

2.1 界面编程和视图

2.1.1 视图组件和容器组件

Android 应用的绝大多数 UI 组件都放在 Android.widget 包及其子包、Android.view 包及其子包中。值得注意的是，Android 中所有的组件都是继承了 View 类，View 组件代表一个空白的矩形区域。View 类还有一个重要的子类 ViewGroup，但 ViewGoup 类经常作为其他组件的容器使用。

Android 的所有 UI 组件都建立在 View、ViewGroup 基础之上，它们的组织结构如图 2.1 所示。

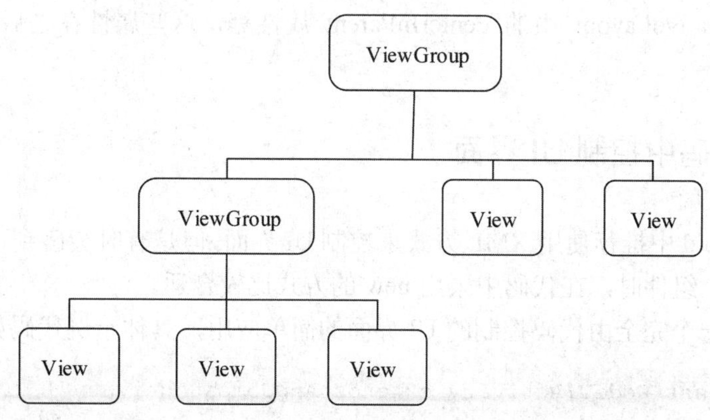

图 2.1　图形用户界面的组件层次

在第 1 章中提到，Android 讲究逻辑层和视图层分离，开发中一般不在 Activity 中直接编写界面，而是在布局文件中编写。Android 中所有组件都提供了两种方式来控制组件的运行：

- 在 XML 布局文件（即前面说的 layout 文件）中通过 XML 属性进行控制。
- 在 Java 代码（一般是指 Activity）中通过调用方法进行控制。

不管使用哪种方式，其本质和显示出来的效果是一样的。对于 View 类而言，由于它是所有 UI 组件的基类，所以它包含的 XML 属性和方法是所有 UI 组件都可以使用的。而 ViewGroup 类虽然继承了 View 类，但由于它是抽象类，因此实际使用中通常只是用 ViewGroup 的子类作为容器。下面来详细讲解两种控制 UI 组件的方式。

2.1.2 使用 XML 布局文件控制 UI 界面

Android 推荐使用这种方式来控制视图，因为这样不仅简单直接，而且将视图控制逻辑从 Java 代码中分离出来，单独在 XML 文件中控制，更好地体现了 MVC 原则。

在第 1 章介绍项目的结构目录时，布局文件是放在 app\src\main\res\layout 文件夹下面，然后通过 Java 代码中 setContentView()方法在 Activity 中显示该视图的。

在实际开发中，当遇到有很多 UI 组件时（实际上这种情况很常见），各个组件会通过 android:id 属性给每个组件设置一个唯一的标识。当需要在代码中访问指定的组件时（例如设置单击事件），就可以通过 id 值，利用方法 findViewById（R.id.id 值）来访问。

在设置 UI 组件时有两个属性值最常用：android:layout_height、android:layout_width，这两个属性支持以下两种属性值。

（1）match_parent：指定子组件的高度和宽度与父组件的高度和宽度相同（实际还有填充的空白距离）。

（2）wrap_content：指定组件的大小恰好能包裹它的内容。

Android 机制决定了 UI 组件的大小不仅受它实际宽度和高度的控制，还受它所在布局的高度和宽度控制，所以在设置组件的宽高时还要考虑布局的宽高。

其实在 XML 文件中编写界面还有很多的属性，例如 gravity、LinearLayout 中的 orientation、RelativeLayout 中的 centerInParent 属性等，这些属性在之后的内容中都会讲到。

2.1.3 在代码中控制 UI 界面

虽然 Android 中推荐使用 XML 方式来控制 UI 界面，但是有时会碰到一些特殊情况，例如只需要一个组件时，在代码中采用 new 的方式比较合适。

下面来看一个完全由代码控制的 UI 界面的简单应用，具体示例代码如下：

```
public class CodeUIActivity extends AppCompatActivity {
    @Override
    protected void onCreate(Bundle savedInstanceState) {
```

```
        super.onCreate(savedInstanceState);
        //创建一个线性布局管理器
        LinearLayout linearLayout = new LinearLayout(this);
        //设置 CodeUIActivity 显示创建的线性布局
        setContentView(linearLayout);
        //设置线性布局的方向
        linearLayout.setOrientation(LinearLayout.VERTICAL);
        linearLayout.setGravity(Gravity.CENTER);
        //创建一个 TextView
        final TextView textView = new TextView(this);
        textView.setGravity(Gravity.CENTER);
        //创建一个按钮
        Button button = new Button(this);
        button.setText(R.string.button1);
        button.setLayoutParams(new ViewGroup.LayoutParams(
                ViewGroup.LayoutParams.WRAP_CONTENT,
                ViewGroup.LayoutParams.WRAP_CONTENT));
        //向布局中添加创建的 TextView
        linearLayout.addView(textView);
        linearLayout.addView(button);
        //为按钮绑定一个事件监听器
        button.setOnClickListener(new View.OnClickListener() {
            @Override
            public void onClick(View v) {
                textView.setText(R.string.hello_world);
            }
        });
    }
}
```

上面代码中使用到的三个组件 linearLayout、textView、button 都是使用关键字 new 创建的，setContentView()方法加载创建出来的 LinearLayout 作为布局“容器”，再通过 LinearLayout 类的 addView()方法把 TextView 和 Button 添加进“容器”，这样就组成如图 2.2 所示界面。

可以看出每创建一个组件都会传入一个 this 参数，这是由于创建 UI 组件时需要传入一个 Context 类型的参数，Context 代表访问 Android 应用环境的全局信息的 API。让 UI 组件持有一个 Context 参数，可以让这些 UI 组件通过该参数来获取 Android 应用环境的全局信息。

Context 本身是一个抽象类，Android 应用中的 Activity 和 Service 都继承了 Context，因此 Activity 和 Service 都可直接作为 Context 使用。

从上述代码可以看出，完全在代码中控制 UI 界面不仅需要调用方法来设置 UI 组件的行为，而且还不利于高层的耦合，因此代码也显得十分臃肿。而利用 XML 方式控制

UI 界面时，开发者只需要在 XML 布局文件中使用标签即可创建 UI 组件，而且只要使用属性值就可以控制 UI 组件的行为。

图 2.2 通过代码控制的图形界面

两者相比较，XML 的优势一目了然。因此，Android 不推荐使用代码控制 UI 界面。

2.1.4 自定义 UI 组件

View 组件在布局中是一个矩形的空白区域，没有任何内容。而 UI 组件之所以有内容，是因为继承了 View 组件之后在其提供的空白区域上重新绘制外观。这就是 Android 的 UI 组件的实现原理。

利用 UI 组件的实现原理，完全可以开发出一些特殊的 UI 组件，这些自定义 UI 组件创建时需要定义一个继承 View 类的子类，然后重写 View 类的一个或多个方法。通常需要被重写的方法如表 2.1 所示。

表 2.1 自定义 UI 组件需要重写的方法

重 写 方 法	说　明
构造方法	当 Java 代码中创建了一个 View 实例或者 XML 布局文件加载并构建界面时将需要调用该构造器
onFinishInflate()	从 XML 布局文件中加载指定组件并利用它来构建界面时，该回调方法被调用
onMeasure(int, int)	检测 View 组件及其所包含的所有子组件的大小

续表

重 写 方 法	说 明
onLayout(boolean, int, int, int, int)	当该组件需要分配其子组件的位置、大小时，该方法会被调用
onDraw(Canvas)	当该组件将要绘制它的内容时回调该方法进行绘制
onSizeChanged(int, int, int, int)	当该组件的大小被改变时回调该方法
onTouchEvent(MotionEvent)	当触摸屏幕时触发该方法
onKeyDown(int, KeyEvent)	某个键被按下时触发该方法（同理还有 onKeyUp()）
onTrackballEvent(MotionEvent)	当发生轨迹球事件时触发该事件
onFocusChanged(boolean gainFocus, int direction, Rect previouslyFoucsedRect)	当该组件焦点发生改变时触发该方法
onWindowFocusChanged(boolean)	当包含该组件的窗口失去或得到焦点时触发该方法
onAttachedToWindow()	当把该组件放入某窗口时触发该方法
onDetachedFromWindow()	当把该组件从某个窗口上分离时触发
onWindowVisibilityChanged(int)	包含该组件的窗口的可见性发生改变时触发该方法

自定义 View 时，有三个方法很重要，分别是 onMeasure()、onLayout()和 onDraw()方法。这三个方法在实际开发中会经常用到，希望大家仔细研读和练习。

接下来演示一个自定义 UI 组件的例子，让小球跟随手指在屏幕上的滑动而滑动。如例 2-1 所示。

【例 2-1】 BallView.java 自定义 UI 组件文件。

```
public class BallView extends View {
    public float currentX = 60;
    public float currentY = 60;
    //定义并创建画笔
    Paint paint = new Paint();
    public BallView(Context context) {
        super(context);
    }
    public BallView(Context context, @Nullable AttributeSet attrs) {
        super(context, attrs);
    }
    @Override
    protected void onDraw(Canvas canvas) {
        super.onDraw(canvas);
        //设置画笔的颜色
        paint.setColor(Color.RED);
        //画一个圆
        canvas.drawCircle(currentX, currentY, 20, paint);
    }
    @Override
    public boolean onTouchEvent(MotionEvent event) {
        //修改 currentX, currentY 的值
```

```
            currentX = event.getX();
            currentY = event.getY();
            //通知当前组件绘制自己
            invalidate();
            //返回true表明该处理方法已经处理该事件
            return true;
        }
}
```

例 2-1 中自定义的 BallView 类继承了 View 类，并重写了 onDraw()和 onTouchEvent()方法。首先用 onDraw()方法在组件的指定位置绘制一个小圆（当作小球），然后用 onTouchEvent()方法处理该组件的触摸事件。当用户的手指在屏幕上移动时，会不断触发 onTouchEvent 方法，这样会将手指移动的坐标不断传入 BallView 组件，并通知该组件重绘自己。这样即可实现小球跟随手指移动的效果。

自定义组件完成之后，需要在 Java 代码 BallViewActivity.Java 中把该组件添加到容器中才可以看到想要的效果，代码如下：

BallViewActivity.java 文件

```
public class BallViewActivity extends AppCompatActivity {
    @Override
    protected void onCreate(Bundle savedInstanceState) {
        super.onCreate(savedInstanceState);
        setContentView(R.layout.activity_ball_view);
        LinearLayout rootView = (LinearLayout)
            findViewById(R.id.root_view);
        BallView ballView = new BallView(this);
        ballView.setMinimumWidth(300);
        ballView.setMinimumHeight(300);
        rootView.addView(ballView);
    }
}
```

运行之后看到效果如图 2.3 所示。

上面程序中先创建了 BallView 实例，然后再添加到容器 LinearLayout 中，这是用代码控制 UI 界面的方式。用 XML 布局文件的方式使用更简单，只需要在 XML 布局文件中直接引用即可，具体代码如下：

```
<LinearLayout
    xmlns:android="http://schemas.android.com/apk/res/android"
    xmlns:tools="http://schemas.android.com/tools"
    android:layout_width="match_parent"
    android:layout_height="match_parent"
    android:orientation="vertical"
    android:id="@+id/root_view"
    tools:context="com.example.helloworld.ballview.BallViewActivity">
```

```
    <com.example.helloworld.ballview.BallView
        android:layout_width="match_parent"
        android:layout_height="match_parent" />
</LinearLayout>
```

图 2.3　运行效果

因为已经在 XML 布局文件中添加了自定义组件，所以 BallViewActivity 中的代码可以简化成如下：

```
public class BallViewActivity extends AppCompatActivity {
    @Override
    protected void onCreate(Bundle savedInstanceState) {
        super.onCreate(savedInstanceState);
        setContentView(R.layout.activity_ball_view);
    }
}
```

显然，这种方式比在代码中控制界面更方便。

2.2　布局管理器

2.2.1　什么是布局

布局是一种可用于放置很多控件的容器，它可以按照一定的规律调整内部控件的位置，从而编写出精美的界面。当然，布局的内部除了放置控件外，也可以放置布局，通过多层布局的嵌套，能够实现一些比较复杂的界面，布局和控件的关系如图 2.4 所示。

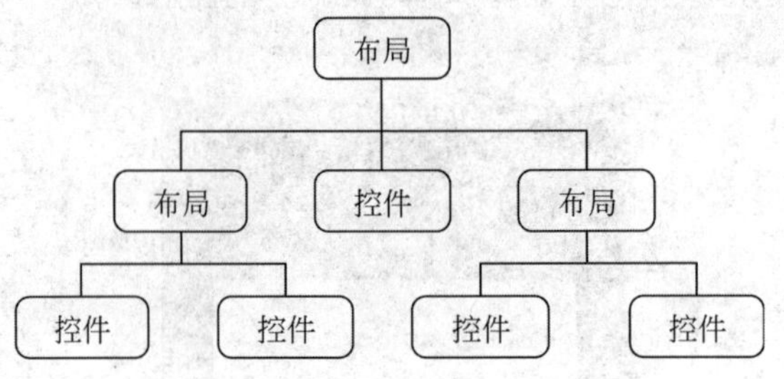

图 2.4　布局和控件的关系

为了更好地管理界面中的组件，Android 提供了布局管理器，通过布局管理器，Android 应用的图形用户界面具备了良好的平台无关性。这就让各个控件可以有条不紊地摆放在界面上，从而极大地提升用户体验。

本节将为大家介绍 LinearLayout（线性布局）、FrameLayout（帧布局）、RelativeLayout（相对布局）、AbsoluteLayout（绝对布局）、TableLayout（表格布局）、GridLayout（网格布局）六大基本布局以及它们常用的属性，并且结合不同布局的各自特点给出自身特有的属性（重复的属性不会列出），这六大基本布局与 View 类的关系如图 2.5 所示。

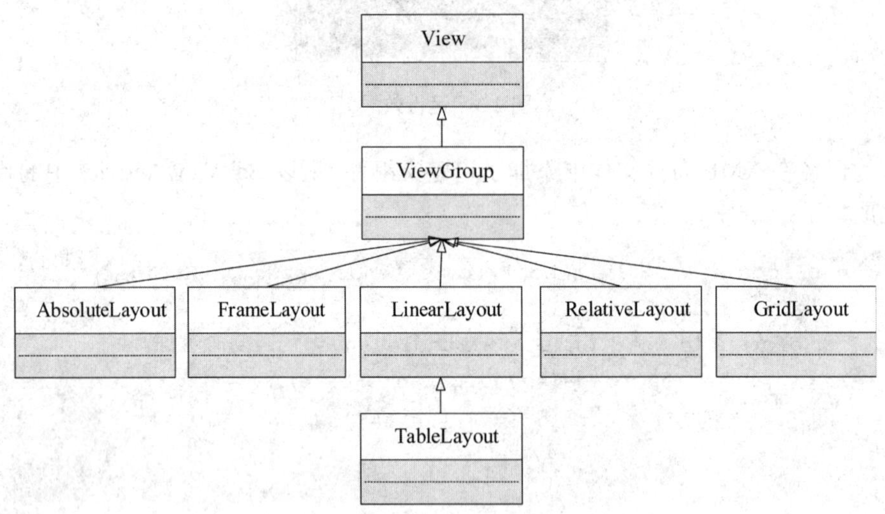

图 2.5　基本布局与 View 类的关系

2.2.2　线性布局

线性布局（LinearLayout）是一种常用的布局，这个布局会将它所包含的控件在线性方向上依次排列，通过 android:orientation 属性设置控件排列方向，水平方向为 horizontal，垂直方向为 vertical。线性布局不会自动换行，当组件按顺序排列到屏幕边缘时，之后的组件将不会显示。下面展示一个 LinearLayout 示例，如例 2-2 所示。

【例 2-2】 LinearLayout 中控制 Button 按钮的位置。

```
<?xml version="1.0" encoding="utf-8"?>
<LinearLayout
    xmlns:android="http://schemas.android.com/apk/res/android"
    xmlns:tools="http://schemas.android.com/tools"
    android:layout_width="match_parent"
    android:layout_height="match_parent"
    android:orientation="vertical"
    android:gravity="right|center_vertical">
    <Button
        android:id="@+id/bn1"
        android:layout_width="wrap_content"
        android:layout_height="wrap_content"
        android:text="@string/button1"/>
   <!--省略中间三个 Button-->
   …
    <Button
        android:id="@+id/bn5"
        android:layout_width="wrap_content"
        android:layout_height="wrap_content"
        android:text="@string/button5"/>
</LinearLayout>
```

运行结果如图 2.6 所示。

上面的布局界面很简单，只是定义了一个简单的线性布局，并且在线性布局中定义了 5 个按钮，定义方向为垂直 vertical，使用 gravity 属性使所有组件垂直居中并且靠右。

如果把 gravity 属性改为 android:gravity="bottom|center_horizontal"，也就是所有组件对齐到容器底部并且水平居中，再次运行，结果如图 2.7 所示。

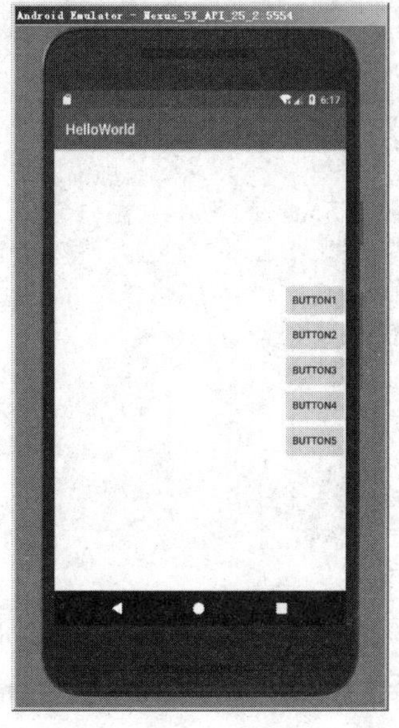

图 2.6　垂直布局，垂直居中、水平居右

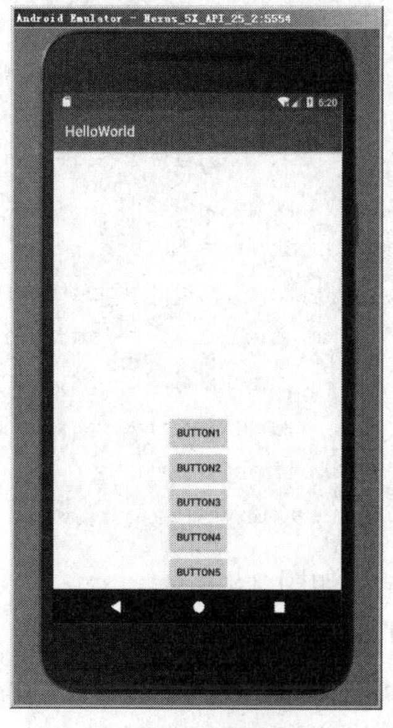

图 2.7　垂直布局，底部、水平居中

那么如果把该线性布局的方向改为 horizontal，并设置 gravity 为 top 值，会是什么效果呢？留给大家亲自操作。

现在介绍 LinearLayout 中常用的属性，如表 2.2 所示。

表 2.2　LinearLayout 常用属性

属　　性	说　　明
android:gravity	本元素所有子元素的重力方向
android:layout_gravity	本元素相对于父元素的重力方向
android:layout_weight	子元素对未占用空间水平或垂直分配权重值
android:orientation	线性布局以列或行来显示内部子元素
android:divider	设置垂直布局时两个控件之间的分隔条
android:baselineAligned	该属性为 false，将会阻止该布局管理器与它的子元素的基线对齐
android:measureWithLargestChild	当该属性设置为 true 时，所有带权重的子元素都会具有最大子元素的最小尺寸

可以看到，gravity 与 layout_gravity 的区别在于，gravity 是指本身元素显示在什么位置，layout_gravity 是指显示在父元素的什么位置。例如 Button 组件，gravity 属性表示 Button 上的字在 Button 上的位置，layout_gravity 则表示 Button 在父界面上的位置。

同时大家还应注意 layout_weight 这个属性，它表示子元素在布局中的权重。下面看一个示例代码：

```
1   <LinearLayout
2       xmlns:android="http://schemas.android.com/apk/res/android"
3       xmlns:tools="http://schemas.android.com/tools"
4       android:layout_width="match_parent"
5       android:layout_height="match_parent">
6       <LinearLayout
7           android:layout_width="0dp"
8           android:layout_height="match_parent"
9           android:layout_weight="1"
10          android:background="#2fc1ff">
11      </LinearLayout>
12      <LinearLayout
13          android:layout_width="0dp"
14          android:layout_height="match_parent"
15          android:layout_weight="2"
16          android:background="#f7242b">
17      </LinearLayout>
18  </LinearLayout>
```

运行结果如图 2.8 所示。

从以上内容即可看出，第 7 行，当 LinearLayout 的 orientation 属性为水平方向的 horizontal 时，设置控件的 width 为 0，然后第 9 行设置 layout_weight 的比重值即可，同理 vertical 时设置 height 为 0。

图 2.8 权重分配效果

2.2.3 表格布局

表格布局（TableLayout）继承于 LinearLayout，所以它依然是线性布局管理器，并且 LinearLayout 的所有属性都适用于 TableLayout。TableLayout 采用行、列的形式来管理 UI 组件，但并不需要声明行数和列数，而是通过添加 TableRow、其他组件来控制表格的行数和列数。

向 TableLayout 中添加 TableRow 就添加一个表格行，而 TableLayout 也是一个容器，所以也可以向 TableLayout 中添加组件，每添加一个组件该表格行就增加一列。如果直接向 TableLayout 中添加一个组件，那么这个组件就直接占用一行。

表 2.3 为设置 TableLayout 单元格的属性。

表 2.3 设置 TableLayout 单元格的属性

属　性	说　明
Shrinkable	如果某个列被设为这个属性，则表示该列的所有单元格的宽度可以被收缩，以保证该表格能适应父容器的宽度
Stretchable	如果某个列被设为 Stretchable，则该列的所有单元格可以被拉伸，以保证组件能够完全填满表格剩余空间
Collapsed	如果某个列被设为 Collapsed，那该列的所有单元格会被隐藏

下面来看 TableLayout 管理组件的布局实例。

【例 2-3】 TableLayout 实例。

```
<LinearLayout
```

```
    xmlns:android="http://schemas.android.com/apk/res/android"
    xmlns:tools="http://schemas.android.com/tools"
    android:layout_width="match_parent"
    android:layout_height="match_parent"
    android:orientation="vertical">
    <!--指定第二列允许收缩，第三列允许拉伸-->
    <TableLayout
        android:id="@+id/table1"
        android:layout_width="match_parent"
        android:layout_height="wrap_content"
        android:shrinkColumns="1"
        android:stretchColumns="2">
    </TableLayout>
    <!--指定第二列隐藏-->
    <TableLayout
        android:id="@+id/table2"
        android:layout_width="match_parent"
        android:layout_height="wrap_content"
        android:collapseColumns="1">
    </TableLayout>
    <!--指定第二列第三列允许被拉伸-->
    <TableLayout
        android:id="@+id/table4"
        android:layout_width="match_parent"
        android:layout_height="wrap_content"
        android:stretchColumns="1,2">
    </TableLayout>
</LinearLayout>
```

根据上面介绍的三个属性以及代码中的注释，shrinkColumns、stretchColumns 和 collapseColumns 应该很好理解，接下来为三个 TableLayout 添加组件。

第一个 TableLayout 中添加两行，第一行直接添加一个 Button，第二行添加一个 TableRaw，并在 TableRaw 中添加三个 Button，代码如下所示：

```
    <!--指定第二列允许收缩，第三列允许拉伸-->
    <TableLayout
        android:id="@+id/table1"
        android:layout_width="match_parent"
        android:layout_height="wrap_content"
        android:shrinkColumns="1"
        android:stretchColumns="2">
        <Button
            android:id="@+id/btn1"
            android:layout_width="wrap_content"
```

```
            android:layout_height="wrap_content"
            android:text="first"/>
        <TableRow>
            <Button
                android:id="@+id/btn2"
                android:layout_height="wrap_content"
                android:layout_width="wrap_content"
                android:text="普通按钮"/>
            <Button
                android:id="@+id/btn3"
                android:layout_height="wrap_content"
                android:layout_width="wrap_content"
                android:text="收缩的按钮"/>
            <Button
                android:id="@+id/btn4"
                android:layout_height="wrap_content"
                android:layout_width="wrap_content"
                android:text="拉伸的按钮"/>
        </TableRow>
    </TableLayout>
```

接下来在第二个 TableLayout 中添加和第一个 TableLayout 一样的内容，不同的是，为第二个表格添加了 android:collapseColumns="1"的属性值，这意味着第二行的中间按钮会被隐藏。

最后为第三个 TableLayout 添加三组组件，前两组和第一第二个 TableLayout 一样，第三组添加一个 TableRow，并为该 TableRaw 添加两个 Button 按钮，代码如下所示：

```
<TableLayout
        android:id="@+id/table4"
        android:layout_width="match_parent"
        android:layout_height="wrap_content"
        android:stretchColumns="1,2">
        <Button
            android:id="@+id/btn9"
            android:layout_width="wrap_content"
            android:layout_height="wrap_content"
            android:text="thrid"/>
        <TableRow>
            <Button
                android:id="@+id/btn10"
                android:layout_height="wrap_content"
                android:layout_width="wrap_content"
                android:text="普通按钮"/>
            <Button
```

```
            android:id="@+id/btn11"
            android:layout_height="wrap_content"
            android:layout_width="wrap_content"
            android:text="收缩的按钮"/>
        <Button
            android:id="@+id/btn12"
            android:layout_height="wrap_content"
            android:layout_width="wrap_content"
            android:text="拉伸的按钮"/>
    </TableRow>
    <TableRow>
        <Button
            android:id="@+id/btn13"
            android:layout_height="wrap_content"
            android:layout_width="wrap_content"
            android:text="普通按钮"/>
        <Button
            android:id="@+id/btn14"
            android:layout_height="wrap_content"
            android:layout_width="wrap_content"
            android:text="拉伸的按钮"/>
    </TableRow>
</TableLayout>
```

运行结果如图 2.9 所示。

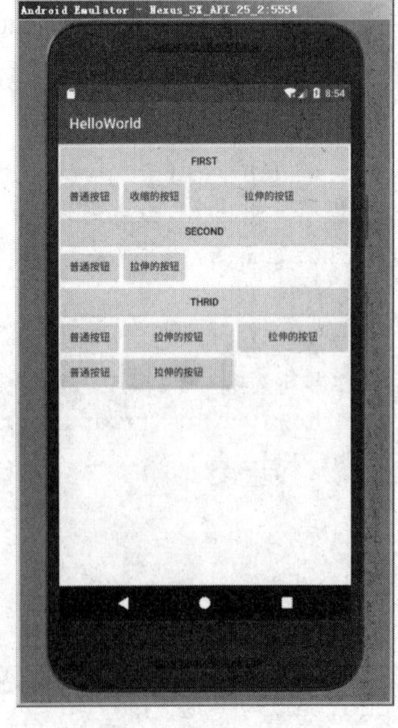

图 2.9 表格布局效果

表格布局就先介绍到这里，下面来看帧布局。

2.2.4 帧布局

帧布局（FrameLayout）相比于前面两种布局就简单多了，它的应用场景相较于其他布局少一些，但在比较复杂的自定义布局中，帧布局是很受欢迎的。因为这种布局没有任何的定位方式，所有的控件都会默认摆放在布局的左上角。

FrameLayout 的两个常用属性如下：

- android:foreground[setForeground(Drawable)]：定义帧布局容器的绘图前景图像。
- android:foregroundGravity[setForegroundGravity(int)]：定义绘图前景图像重力属性。

下面来看帧布局示例，如例 2-4 所示。

【例 2-4】 FrameLayout 实例。

```
<FrameLayout
    xmlns:android="http://schemas.android.com/apk/res/android"
    xmlns:tools="http://schemas.android.com/tools"
    android:layout_width="match_parent"
    android:layout_height="match_parent"
    tools:context="com.example.helloworld.MainActivity">
    <!-- 依次定义 6 个 TextView,
    先定义的 TextView 位于底层，后定义的 TextView 位于上层 -->
    <TextView
        android:id="@+id/view01"
        android:layout_width="wrap_content"
        android:layout_height="wrap_content"
        android:layout_gravity="center"
        android:width="160dp"
        android:height="160dp"
        android:background="#f00"/>
    <!—省略 4 个 TextView，每个 TextView 比上一个的高宽减少 20dp-->
    …
    <TextView
        android:id="@+id/view06"
        android:layout_width="wrap_content"
        android:layout_height="wrap_content"
        android:layout_gravity="center"
        android:width="60dp"
        android:height="60dp"
        android:background="#0ff"/>
</FrameLayout >
```

运行结果如图 2.10 所示。

图 2.10　帧布局效果

上面的布局中向 FrameLayout 布局中加入了 6 个 TextView，这 6 个 TextView 的高度和宽度逐渐变小，背景颜色渐变。

2.2.5　相对布局

相对布局（RelativeLayout）也是一种非常常用的布局，与 LinearLayout 的排列规则不同的是，RelativeLayout 显得更加随意一些，它总是通过相对定位的方式让控件出现在布局的任何位置，例如相对容器内兄弟组件、父容器的位置决定了它自身的位置。也正因为如此， RelativeLayout 中的属性非常多，不过这些属性都是有规律可循的。

RelativeLayout 支持的一些重要属性如表 2.4 所示。

表 2.4　RelativeLayout 支持的一些重要属性

属　　性	说　　明
android:gravity()	设置该布局内各组件的对齐方式
android:ignoreGravity()	设置哪个组件不受 gravity 影响
android:layout_centerVertical	如果值为 true，该控件将被置于垂直方向的中央
android:layout_centerHorizontal	如果值为 true，该控件将被置于水平方向的中央
android:layout_centerInParent	如果值为 true，该控件将被置于父控件水平方向和垂直方向的中央
android:layout_alignBottom	将该控件的底部边缘与给定 ID 控件的底部边缘对齐
android:layout_alignTop	将给定控件的顶部边缘与给定 ID 控件的顶部对齐
android:layout_alignLeft	将该控件的左边缘与给定 ID 控件的左边缘对齐

续表

属　性	说　明
android:layout_alignRight	将该控件的右边缘与给定 ID 控件的右边缘对齐
android:layout_above	将该控件的底部置于给定 ID 的控件之上
android:layout_below	将该控件的顶部置于给定 ID 的控件之下
android:layout_toLeftOf	将该控件的右边缘和给定 ID 的控件的左边缘对齐
android:layout_toRightOf	将该控件的左边缘和给定 ID 的控件的右边缘对齐

【例 2-5】 RelativeLayout 展示梅花桩形状示例。

```
<RelativeLayout
    xmlns:android="http://schemas.android.com/apk/res/android"
    xmlns:tools="http://schemas.android.com/tools"
    android:layout_width="match_parent"
    android:layout_height="match_parent"
    tools:context="com.example.helloworld.MainActivity">
    <!-- 定义该组件位于父容器中间 -->
    <TextView
        android:id="@+id/view01"
        android:layout_width="wrap_content"
        android:layout_height="wrap_content"
        android:background="@drawable/circle"
        android:layout_centerInParent="true"/>
    <!-- 定义该组件位于 view01 组件的上方 -->
    <TextView
        android:id="@+id/view02"
        android:layout_width="wrap_content"
        android:layout_height="wrap_content"
        android:background="@drawable/circle"
        android:layout_above="@id/view01"
        android:layout_alignLeft="@id/view01"/>
    <!-- 定义该组件位于 view01 组件的下方 -->
    <TextView
        android:id="@+id/view03"
        android:layout_width="wrap_content"
        android:layout_height="wrap_content"
        android:background="@drawable/circle"
        android:layout_below="@id/view01"
        android:layout_alignLeft="@id/view01"/>
    <!-- 定义该组件位于 view01 组件的左边 -->
    <TextView
        android:id="@+id/view04"
        android:layout_width="wrap_content"
        android:layout_height="wrap_content"
        android:background="@drawable/circle"
```

```
            android:layout_toLeftOf="@id/view01"
            android:layout_alignTop="@id/view01"/>
        <!-- 定义该组件位于view01组件的右边 -->
        <TextView
            android:id="@+id/view05"
            android:layout_width="wrap_content"
            android:layout_height="wrap_content"
            android:background="@drawable/circle"
            android:layout_toRightOf="@id/view01"
            android:layout_alignTop="@id/view01"/>
    </RelativeLayout >
```

运行结果如图 2.11 所示。

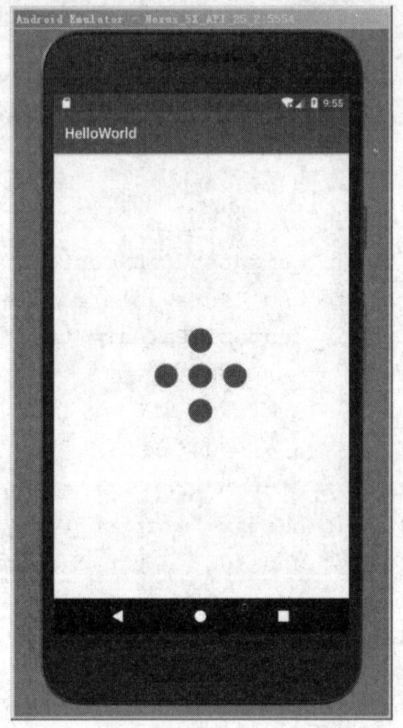

图 2.11　RelativeLayout 实例效果

2.2.6　网格布局

网格布局（GridLayout）是 Android 4.0 之后新增的布局管理器，因此正常情况下需要在 Android 4.0 之后的版本中才能使用，如果希望在更早的版本中使用，则需要导入相应的支撑库（v7 包下的 gridlayout 包）。

GridLayout 和前面所讲的 TableLayout（表格布局）有点类似，不过它有很多前者没有的特性，因此也更加好用：

- 可以自己设置布局中组件的排列方式；
- 可以自定义网格布局有多少行或列；
- 可以直接设置组件位于某行某列；
- 可以设置组件横跨几行或者几列。

表 2.5 所示为 GridLayout 常用属性。

表 2.5 GridLayout 常用属性

属　性	说　明
android:orientation	设置组件的排列方式
android:layout_gravity	设置组件的对齐方式
android:rowCount	设置有多少行
android:columnCount	设置有多少列
android:layout_row	组件在第几行
android:layout_column	组件在第几列
android:layout_rowSpan	纵向横跨几行
android:layout_columnSpan	横向横跨几列

【例 2-6】 利用 GridLayout 实现计算器界面。

```
<GridLayout
    xmlns:android="http://schemas.android.com/apk/res/android"
    xmlns:tools="http://schemas.android.com/tools"
    android:layout_width="match_parent"
    android:layout_height="match_parent"
    android:id="@+id/root_grid"
    android:rowCount="6"
    android:columnCount="4"
    tools:context="com.example.helloworld.MainActivity">
    <!-- 定义一个横跨 4 列的文本框，并设置该文本框的前景色、背景色等属性 -->
    <TextView
        android:layout_width="match_parent"
        android:layout_height="wrap_content"
        android:layout_columnSpan="4"
        android:textSize="50sp"
        android:layout_marginLeft="2pt"
        android:layout_marginRight="2pt"
        android:padding="3pt"
        android:layout_gravity="right"
        android:background="#eee"
        android:textColor="#000"
        android:text="0"/>
    <!-- 定义一个横跨 4 列的按钮 -->
    <Button
        android:layout_width="match_parent"
```

```
        android:layout_height="wrap_content"
        android:layout_columnSpan="4"
        android:text="清除"/>
</GridLayout >
```

布局文件中定义了一个 6×4 的 Grid Layout，然后在该布局中添加两个组件并且每个组件均横跨 4 列，接下来在 Java 中动态添加 16 个按钮：

```
public class MainActivity extends AppCompatActivity {
    GridLayout gridLayout;
    // 定义 16 个按钮的文本
    String[] chars = new String[] {
            "7" , "8" , "9" , "÷",
            "4" , "5" , "6" , "×",
            "1" , "2" , "3" , "-",
            "." , "0" , "=" , "+"};
    @Override
    protected void onCreate(Bundle savedInstanceState) {
        super.onCreate(savedInstanceState);
        setContentView(R.layout.activity_main);
        gridLayout = (GridLayout) findViewById(R.id.root_grid);
        for(int i = 0 ; i < chars.length ; i++) {
            Button bn = new Button(this);
            bn.setText(chars[i]);
            // 设置该按钮的字号大小
            bn.setTextSize(40);
            // 设置按钮四周的空白区域
            bn.setPadding(15 , 35 , 15 , 35);
            // 指定该组件所在的行
            GridLayout.Spec rowSpec = GridLayout.spec(i / 4 + 2);
            // 指定该组件所在的列
            GridLayout.Spec columnSpec = GridLayout.spec(i % 4);
            GridLayout.LayoutParams params =
            new GridLayout.LayoutParams(rowSpec , columnSpec);
            // 指定该组件占满父容器
            params.setGravity(Gravity.FILL);
            gridLayout.addView(bn , params);
        }
    }
}
```

上面的 Java 类中采用循环的方式向 Grid Layout 中添加了 16 个按钮，指定了每个按钮所在的行号和列号，并指定这些按钮会自动填充单元格的所有空间——避免了单元格中的大量空白，大家可以自己按照代码输入一遍，看看运行效果。

2.2.7 绝对布局

绝对布局（AbsoluteLayout）是由开发人员通过 X、Y 坐标来控制组件的位置的。绝大多数情况下是不会采用绝对布局编写布局，因为运行 Android 应用的手机千差万别，屏幕大小、分辨率、屏幕密度等都可能存在较大的差异，使用绝对布局很难做机型适配，因此简单了解这种布局方式即可。

使用绝对布局时，每个子组件都可以指定如下两个 XML 属性。

- Layout_x：指定该子组件的 X 坐标。
- Layout_y：指定该子组件的 Y 坐标。

当使用绝对布局时，要多次调整各个组件的位置才能达到预期的效果，调整时使用到的单位有以下几种。

- px（像素）：每个 px 对应屏幕上的一点。
- dip 或 dp（device independent pixels 设备独立像素）：是一种基于屏幕密度的抽象单位。当在每英寸 160px 的屏幕上时，1dp=1px。但随着屏幕密度的改变，它们之间的换算会发生改变。
- sp（scaled pixels 比例像素）：主要用于处理 Android 中的字体大小。

Android 中最常用的两种单位是 dp 和 sp，其中 dp 一般为间距单位，sp 一般设置字体大小单位。

2.3 几组重要的 UI 组件

前面介绍了 Android 界面编程的一些基础知识，接下来介绍的是 Android 的几组重要的 UI 组件。

2.3.1 TextView 及其子类

TextView 直接继承了 View，并且它还是 EditText 和 Button 两个 UI 组件的父类，TextView 类图如图 2.12 所示。TextView 的作用就是在界面上显示文本，只是 Android 关闭了它的文字编辑功能（EditText 有编辑功能）。

在图 2.12 中可以看到，TextView 派生了 5 个类，除了常用的 EditText 和 Button 类之外，还有 CheckedTextView，CheckedTextView 增加了 checked 状态，开发者可以通过 setChecked(boolean)和 isChecked()方法来改变和访问 checked 状态。

TextView 和 EditText 有很多相似的地方，它们之间最大的区别就是 TextView 不允许用户编辑文本内容，而 EditText 则可以。

TextView 提供了大量 XML 属性，这些属性不仅适用于 TextView 本身，也同样适用于它的子类（EditText、Button 等），表 2.6 列出了 TextView 的几个常用属性。

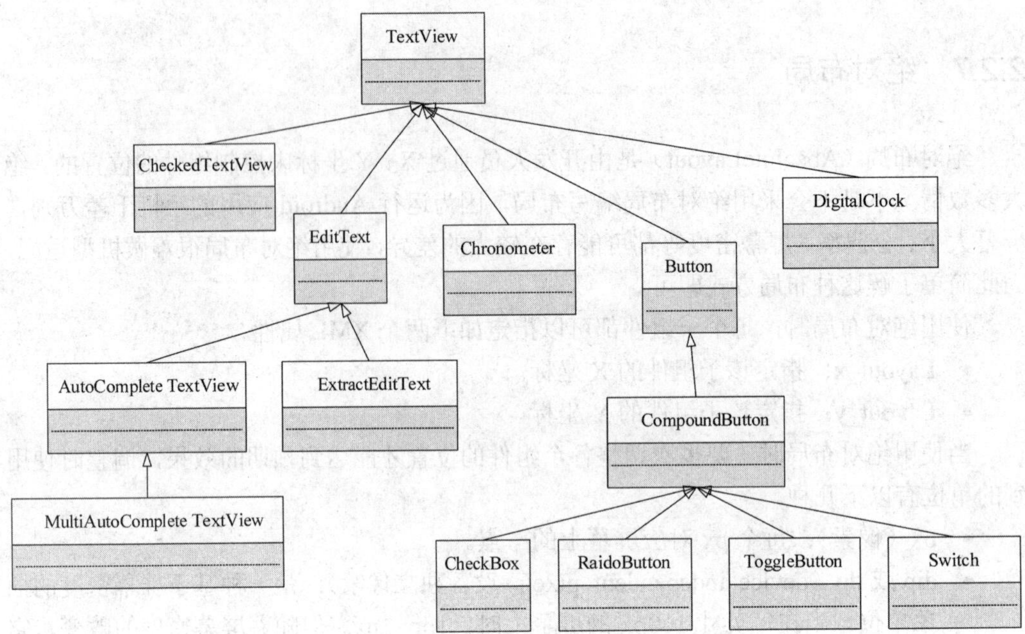

图 2.12 TextView 类图

表 2.6 TextView 常用属性

属　　性	说　　明
android:drawableLeft	在文本框内文本的左边绘制指定图案
android:editable	设置该文本是否允许编辑
android:ellipsize	设置当文本内容超过 TextView 长度时如何处理文本内容
android:gravity	设置文本框内文本的对齐方式
android:hint	设置当文本框内容为空时显示的提示文字
android:inputType	指定该文本框的类型
android:lines	设置该文本默认占几行
android:password	设置文本框是一个密码框
android:text	设置文本框的文本内容
android:textColor	设置文本的字体颜色
android:textSize	设置文本的文字大小

当然 TextView 的属性并不止这些，还有很多属性并没有写出来，在实际开发中，可以通过 API 文档来查找需要的属性。下面来看一个 TextView 使用示例，如例 2-7 所示。

【例 2-7】 TextView 示例。

```
<LinearLayout
    xmlns:android="http://schemas.android.com/apk/res/android"
    xmlns:tools="http://schemas.android.com/tools"
    android:layout_width="match_parent"
    android:layout_height="match_parent"
    android:id="@+id/root_grid"
```

```
    android:orientation="vertical"
    tools:context="com.example.helloworld.MainActivity">
    <!-- 设置字号为 20，在文本框结尾处绘制图片 -->
    <TextView
        android:layout_width="match_parent"
        android:layout_height="0dp"
        android:layout_weight="1"
        android:text="Hello World!"
        android:textSize="30sp"
        android:drawableEnd="@drawable/circle" />
    <!-- 设置中间省略，所有字母大写 -->
    <TextView
        android:layout_width="match_parent"
        android:layout_height="0dp"
        android:layout_weight="1"
        android:text="Hello World! Hello World! Hello World!"
        android:ellipsize="middle"
        android:textAllCaps="true"/>
    <!-- 对邮件、电话增加链接 -->
    <TextView
        android:layout_width="match_parent"
        android:layout_height="0dp"
        android:layout_weight="1"
        android:text="12345@123.com，18888888888"
        android:autoLink="email|phone"/>
    <!-- 设置文字颜色、大小，并使用阴影 -->
    <TextView
        android:layout_width="match_parent"
        android:layout_height="0dp"
        android:layout_weight="1"
        android:text="Hello World! Hello World!"
        android:textSize="18sp"
        android:textColor="#f00"
        android:shadowColor="#00f"
        android:shadowRadius="3.0"
        android:shadowDx="10.0"
        android:shadowDy="8.0"/>
    <!-- 测试密码框 -->
    <TextView
        android:layout_width="match_parent"
        android:layout_height="0dp"
        android:layout_weight="1"
        android:text="Hello World!"
        android:password="true"/>
```

```
    <CheckedTextView
        android:layout_width="match_parent"
        android:layout_height="0dp"
        android:layout_weight="1"
        android:text="可勾选的文本"
        android:checkMark="@drawable/bingo"/>
</LinearLayout >
```

运行结果如图 2.13 所示。

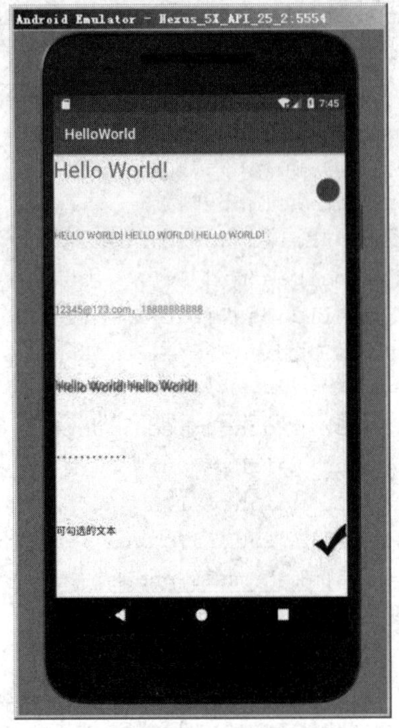

图 2.13　TextView 示例文本

上述示例中一共定义了 6 个 TextView，设置了 TextView 的几个不同的属性。但需要注意的是，示例中用到了 LinearLayout 的 layout_weight 属性，使得每一个组件在垂直方向上平分布局的高度。

这里介绍了几个 TextView 属性的使用方式，虽然是在 TextView 中使用，但是同样适用于 EditText 和 Button 以及其他子类。下面具体介绍 TextView 的几个子类。

1. EditText 的功能和用法

EditText 组件最重要的属性是 inputType，该属性能接收的属性值非常丰富，而且随着 Android 版本的升级，该属性能接收的类型还会增加。

EditText 还派生了如下两个子类。

- AutoCompleteTextView：带有自动完成功能的 EditText。

- ExtractEditText：它并不是 UI 组件，而是 EditText 组件的底层服务类，负责提供全屏输入法的支持。

下面通过一个示例来介绍 EditText 的使用方法，如例 2-8 所示。

【例 2-8】 EditText 示例。

```
<TableLayout
    xmlns:android="http://schemas.android.com/apk/res/android"
    android:layout_width="match_parent"
    android:layout_height="match_parent"
    android:stretchColumns="1">
    <TableRow>
        <TextView
            android:layout_width="match_parent"
            android:layout_height="wrap_content"
            android:text="用户名"
            android:textSize="16sp"/>
        <EditText
            android:layout_width="match_parent"
            android:layout_height="wrap_content"
            android:hint="请填写登录账号"
            android:selectAllOnFocus="true"/>
    </TableRow>
    <TableRow>
        <TextView
            android:layout_width="match_parent"
            android:layout_height="wrap_content"
            android:text="密码："
            android:textSize="16sp"/>
        <!-- android:inputType="numberPassword"表明只能接收数字密码 -->
        <EditText
            android:layout_width="match_parent"
            android:layout_height="wrap_content"
            android:inputType="numberPassword"/>
    </TableRow>
    <TableRow>
        <TextView
            android:layout_width="match_parent"
            android:layout_height="wrap_content"
            android:text="年龄："
            android:textSize="16sp"/>
        <!-- android:inputType="number" 表明是数值输入框 -->
        <EditText
            android:layout_width="match_parent"
            android:layout_height="wrap_content"
```

```
            android:inputType="number"/>
    </TableRow>
    <TableRow>
        <TextView
            android:layout_width="match_parent"
            android:layout_height="wrap_content"
            android:text="生日："
            android:textSize="16sp"/>
        <!-- android:inputType="date" 表明是日期输入框 -->
        <EditText
            android:layout_width="match_parent"
            android:layout_height="wrap_content"
            android:inputType="date"/>
    </TableRow>
    <TableRow>
        <TextView
            android:layout_width="match_parent"
            android:layout_height="wrap_content"
            android:text="电话号码："
            android:textSize="16sp"/>
        <!-- android:inputType="phone" 表明输入电话号码的输入框-->
        <EditText
            android:layout_width="match_parent"
            android:layout_height="wrap_content"
            android:hint="请输入您的电话号码"
            android:inputType="phone"
            android:selectAllOnFocus="true"/>
    </TableRow>
    <Button
        android:layout_width="match_parent"
        android:layout_height="wrap_content"
        android:text="注册"/>
</TableLayout>
```

运行结果如图 2.14 所示。

上述示例中的界面布局中的第一个文本通过 android:hint 指定了文本框的提示信息：请填写登录账号。第二个文本框通过 android:inputType= "numberPassword "设置为密码输入框，并且只能接收数字密码。之后的几个输入框都写入了注释，大家可自行阅读，最好能手动实现，也可自定义样式。

2．Button 的功能和用法

Button 主要是在界面上生成一个可供用户单击的按钮，当用户单击之后触发其 onClick 事件。Button 使用起来比较简单，通过 android:background 属性可以改变按钮的背景颜色或背景图片，如果想让这两项内容随着用户动作动态改变，就需要用自定义的 Drawable 对象来实现。

图 2.14 EditText 示例

【例 2-9】 Button 示例。

```
<LinearLayout
    xmlns:android="http://schemas.android.com/apk/res/android"
    android:layout_width="match_parent"
    android:layout_height="match_parent"
    android:orientation="vertical">
    <Button
        android:layout_width="wrap_content"
        android:layout_height="wrap_content"
        android:text="文字带阴影的按钮"
        android:textSize="20sp"
        android:shadowColor="#aa5"
        android:shadowRadius="1"
        android:shadowDy="5"
        android:shadowDx="5"
        android:layout_gravity="center_horizontal"/>
    <Button
        android:layout_width="50dp"
        android:layout_height="50dp"
```

```
        android:background="@drawable/button_selector"
        android:layout_gravity="center_horizontal"/>
</LinearLayout>
```

上面示例中第一个 Button 是普通按钮，只是为按钮中的文字加入了阴影效果。第二个 Button 稍显复杂，因为它用到了 android:background 属性，并且在该属性中用到 selector 选择器，该选择器位于 Drawable 文件夹中，具体代码如下所示：

```
<selector xmlns:android="http://schemas.android.com/apk/res/android">
    <item android:state_pressed="true"
        android:drawable="@drawable/red_circle"/>
    <item android:state_pressed="false"
        android:drawable="@drawable/round"/>
</selector>
```

在模拟器中运行结果如图 2.15 所示。

图 2.15　两个 Button 实例

上面代码提到的 selector 选择器这里暂不做介绍。第二个按钮的实际效果是当用户手指单击按钮时变为全红样式，松开手指就恢复成圆圈的样式。关于 TextView 的其他子类限于篇幅这里就不做介绍了，有兴趣的读者可以自己尝试编写代码练习。

2.3.2　ImageView 及其子类

初次看到 ImageView 很容易让人觉得这是一个显示图片的 View，这种说法没错，但是不全面，因为它能显示 Drawable 中的所有对象。如图 2.16 所示，ImageView 派生了 ImageButton、QuickContactBadge 等组件。

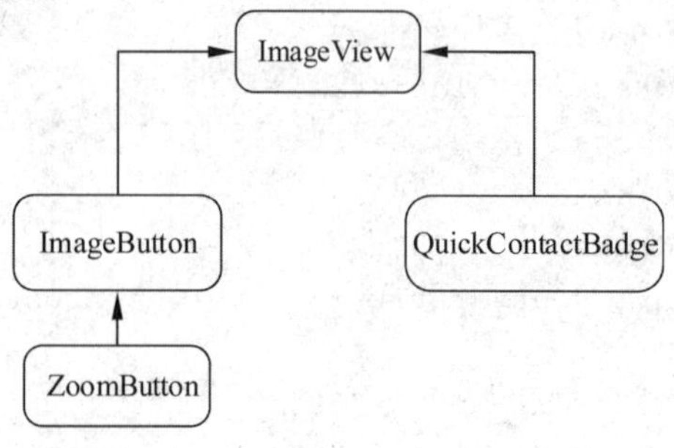

图 2.16　ImageView 及其子类

下面来看 ImageView 所支持的常用 XML 属性，如表 2.7 所示。

表 2.7 ImageView 支持的 XML 属性

XML 属性	相 关 方 法	说 明
android:maxHeight	setMaxHeight(int)	设置 ImageView 的最大高度
android:maxWidth	setMaxWidth(int)	设置 ImageView 的最大宽度
android:scaleType	setScaleType(ImageView.ScaleType)	设置图片的缩放类型以适应 ImageView 大小
android:src	setImageResource(int)	设置 ImageView 所显示的 Drawable 的 id
android:adjustViewBounds	setAdjustViewbBounds(boolean)	设置 ImageView 是否调整自己的边界来保持所显示图片的长宽比
android:cropToPadding	setCropToPadding(boolean)	是否裁剪 ImageView 到只剩 padding 值

由于 android:scaleType 属性经常使用到，下面详细介绍它支持的属性，如表 2.8 所示。

图 2.8 scaleType 支持的属性

XML 属性	说 明
matrix	用矩阵的方法来绘制，从左上角开始
fitXY	对图片横向纵向独立缩放，使它完全适应于 imageview
fitStart	保持横纵比缩放图片，图片较长的一边等于 imageview 相应的边长，缩放完成后将图片放置在 imageview 的左上角
fitCenter	保持横纵比缩放图片，图片较长的一边等于 imageview 相应的边长，缩放完成后将图片放置在 imageview 的中央
fitEnd	保持横纵比缩放图片，图片较长的一边等于 imageview 相应的边长，缩放完成后将图片放置在 imageview 的右下角
center	把图片放置在 imageview 的中央，不进行缩放
centerCrop	保持横纵比缩放图片，直到最短的边能够显示出来
centerInside	保持横纵比缩放图片，使得 imageview 完全显示该图片

【例 2-10】 简单的图片浏览器。

本示例应用可以查看图片并改变图片的透明度，通过 ImageView 的 setImageAlpha() 方法来实现。先来看 XML 文件：

```
<LinearLayout xmlns:android="http://schemas.android.com/apk/res/android"
    android:layout_width="match_parent"
    android:layout_height="match_parent"
    android:orientation="vertical">
    <LinearLayout
        android:layout_width="match_parent"
        android:layout_height="wrap_content"
        android:orientation="horizontal"
        android:gravity="center">
        <Button
            android:id="@+id/addAlpha"
```

```
            android:layout_width="wrap_content"
            android:layout_height="wrap_content"
            android:text="增加透明度" />
        <!—此处省略两个按钮-->
        …
    </LinearLayout>
    <ImageView
        android:id="@+id/imageView1"
        android:layout_width="wrap_content"
        android:layout_height="280dp"
        android:layout_marginTop="100dp"
        android:scaleType="fitCenter"
        android:src="@drawable/breakfast" />
</LinearLayout>
```

上面的布局文件中定义了三个 Button 和一个 ImageView，三个 Button 分别控制 ImageView 显示图片的行为。ImageView 使用了 android:scaleType="fitCenter"属性，对比前面给出的 ImageView 属性，表示将缩放后的图片显示在 ImageView 的中央。

为了能动态改变图片的透明度，需要在 Java 中为按钮编写事件监听器。代码如下：

```
public class MainActivity extends AppCompatActivity {
    //定义一个访问图片的数组
    int[] images = new int[]{
            R.drawable.breakfast,
            R.drawable.lemon,
            R.drawable.strawberry,
            R.drawable.shrimp};
    //定义默认显示的图片
    int currentImage = 1;
    //定义图片的初始透明度
    private int alpha = 255;
    @Override
    protected void onCreate(Bundle savedInstanceState) {
        super.onCreate(savedInstanceState);
        setContentView(R.layout.activity_main);
        final Button addbutton = (Button)findViewById(R.id.addAlpha);
        final Button downbutton = (Button)findViewById(R.id.downAlpha);
        final Button nextbutton = (Button)findViewById(R.id.next);
        final ImageView image1 = (ImageView)findViewById
         (R.id.imageView1);
        //增加图片透明度
        addbutton.setOnClickListener(new View.OnClickListener() {
            @RequiresApi(api = Build.VERSION_CODES.JELLY_BEAN)
            @Override
```

```
24              public void onClick(View view) {
25                  if(alpha >= 255){
26                      alpha = 255;
27                  } else {
28                      alpha += 20;
29                  }
30                  image1.setImageAlpha(alpha);
31              }
32          });
33          //减少图片透明度
34          downbutton.setOnClickListener(new View.OnClickListener() {
35              @RequiresApi(api = Build.VERSION_CODES.JELLY_BEAN)
36              @Override
37              public void onClick(View view) {
38                  if(alpha <= 0){
39                      alpha = 0;
40                  } else {
41                      alpha -= 20;
42                  }
43                  image1.setImageAlpha(alpha);
44              }
45          });
46          nextbutton.setOnClickListener(new View.OnClickListener() {
47              @Override
48              public void onClick(View view) {
49                  //控制 ImageView 显示下一张图片
50                  image1.setImageResource(
51                      images[++currentImage % images.length]);
52              }
53          });
54      }
55  }
```

运行结果如图 2.17 所示。

上面程序中第 43 行，通过 setImageAlpha()可以动态设置图片的透明度，第 50、51 行，setImageResource()通过修改 currentImage 的值动态显示图片。

在图 2.16 中可以看到 ImageView 派生了以下两个子类。

- ImageButton：图片按钮。
- QuickContactBadge：显示关联到特定联系人的图片。

Button 与 ImageButton 的区别在于，Button 按钮显示文字而 ImageButton 显示图片（因为 ImageButton 本质还是 ImageView）。

ImageButton 派生了一个 ZoomButton 类，它代表两个按钮“放大”“缩小”，Android 默认为 ZoomButton 提供了"btn_minus""btn_plus"两个属性值，只要设置它们到

ZoomButton 的 android:src 属性中就可实现放大、缩小功能。

图 2.17 图片浏览器

QuickContactBadge 的本质是图片按钮，也可以通过 android:src 属性设置图片。但是它可以关联到手机中指定的联系人，当用户单击该图片时，系统会自动打开相应联系人的联系方式界面。

2.3.3 AdapterView 及其子类

AdapterView 是一个抽象基类，其派生的子类在用法上十分相似，只是显示的界面有所不同，它和子类的关系如图 2.18 所示。

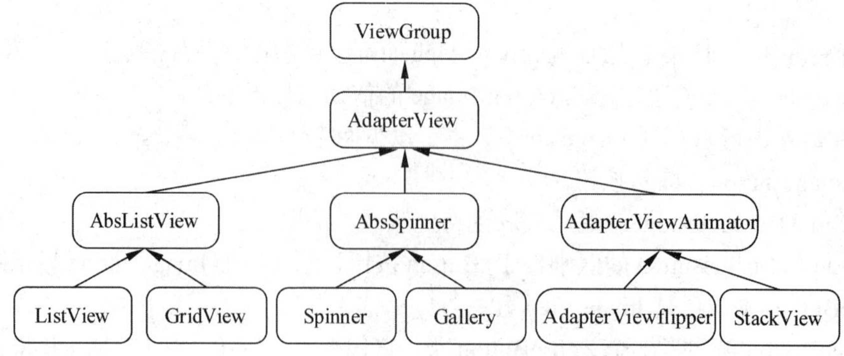

图 2.18 AdapterView 及其子类

可以看出，AdapterView 继承自 ViewGroup，它的本质也是容器。通过适配器 Adapter（后面会讲解）提供“多表项”，利用 AdapterView 的 setAdapter(Adapter)方法将“多表项”加入 AdapterView 容器中。

AdapterView 派生的三个类 AbsListView、AbsSpinner 和 AdapterViewAnimator 依然是抽象类，所以实际开发中使用的是它们的子类，下面分别来看这些子类。

实际开发中列表视图（ListView）是最常用的组件之一，ListView 以垂直列表的形式显示所有列表项。其实除了利用 ListView 生成列表视图之外，还可以让 Activity 直接继承 ListActivity，这里暂不提这种形式。

当程序中使用了 ListView“容器”之后，就需要为容器添加内容，添加的内容由 Adapter 提供。这一点也和 AdapterView 很相似：通过 setAdapter 方法提供 Adapter，并由该 Adapter 提供要显示的内容。

先来看 AbsListView 提供的常用 XML 属性，如表 2.9 所示。

表 2.9 AbsListView 常用的 XML 属性

XML 属性	说　明
android:divider	设置 List 列表项的分隔线（既可以用颜色分隔也可以用 Drawable 分隔）
android:dividerHeight	设置分隔线的高度
android:entries	指定一个数据源用来显示
android:footerDividersEnabled	是否在 footer view 之前绘制分隔线
android:headerDividersEnabled	是否在 header view 之后绘制分隔线
android:drawSelectorOnTop	设置选中的列表项是否显示在上面
android:fastScrollEnabled	设置是否允许快速滚动
android:listSelector	指定被选中的列表项上绘制的 Drawable
android:scrollingCache	设置滚动时是否使用绘制缓存
android:textFilterEnabled	设置是否对列表项进行过滤，只有当 Adapter 中实现了 Filter 接口时才会起作用
android:transcriptMode	设置该组件的滚动模式

【例 2-11】 ListView 简单示例。

```
<LinearLayout
    xmlns:android="http://schemas.android.com/apk/res/android"
    android:layout_width="match_parent"
    android:layout_height="match_parent"
    android:orientation="vertical">
 <!--直接使用数组资源给出列表项，设置使用红色的分隔线-->
    <ListView
        android:layout_width="match_parent"
        android:layout_height="wrap_content"
        android:entries="@array/names"
```

```
        android:divider="#f00"
        android:dividerHeight="2px"
        android:headerDividersEnabled="false" />
</LinearLayout>
```

上面的布局文件中定义了一个 ListView，也给出了注释部分。列表项通过定义好的 names 数组提供。一般在 app\src\main\res\values 文件夹下定义此类数组，具体实现代码如下所示：

```
<resources>
    <string-array names="names">
        <item>Jerry</item>
        <item>Tom</item>
        <item>Simba</item>
        <item>Mufasa</item>
        <item>Scar</item>
    </string-array>
</resources>
```

大家可自行实现效果，可以看出，使用这种定制的数组在 ListView 中显示很简单，但在实际开发中几乎不会使用这种形式来显示数组。原因很简单，这种形式的局限性很大。

如果想对 ListView 进行外观和行为的定制，就需要把 ListView 作为 AdapterView 来使用，然后通过 Adapter 控制每个列表项的外观和行为。

2.3.4 Adapter 接口及其实现类

Adapter 本身只是一个接口，它派生了两个子类：ListAdapter 和 SpinnerAdapter 类，具体的派生类及继承关系如图 2.19 所示。

在图 2.19 中，几乎所有的 Adapter 都继承了 BaseAdapter，而 BaseAdapter 继承了 ListAdapter 和 SpinnerAdapter 接口，因此 BaseAdapter 及其子类都可以为 AbsListView 或 AbsSpinner 提供列表项。

Adapter 常用的实现类如下。

- ArrayAdapter：通常用于将数组或 List 集合的多个值包装成多个列表项。
- SimpleAdapter：功能强大的 Adapter，将 List 集合的多个对象包装成多个列表项。
- SimpleCursorAdapter：与 SimpleAdapter 很相似，只是用于包装 Cursor 提供的数据。
- BaseAdapter：通常用于扩展的 Adapter，扩展后的 Adapter 可以对各列表项定制。

下面举例来说明 SimpleAdapter 和 BaseAdapter 的用法，其他两个子类希望大家自行练习。

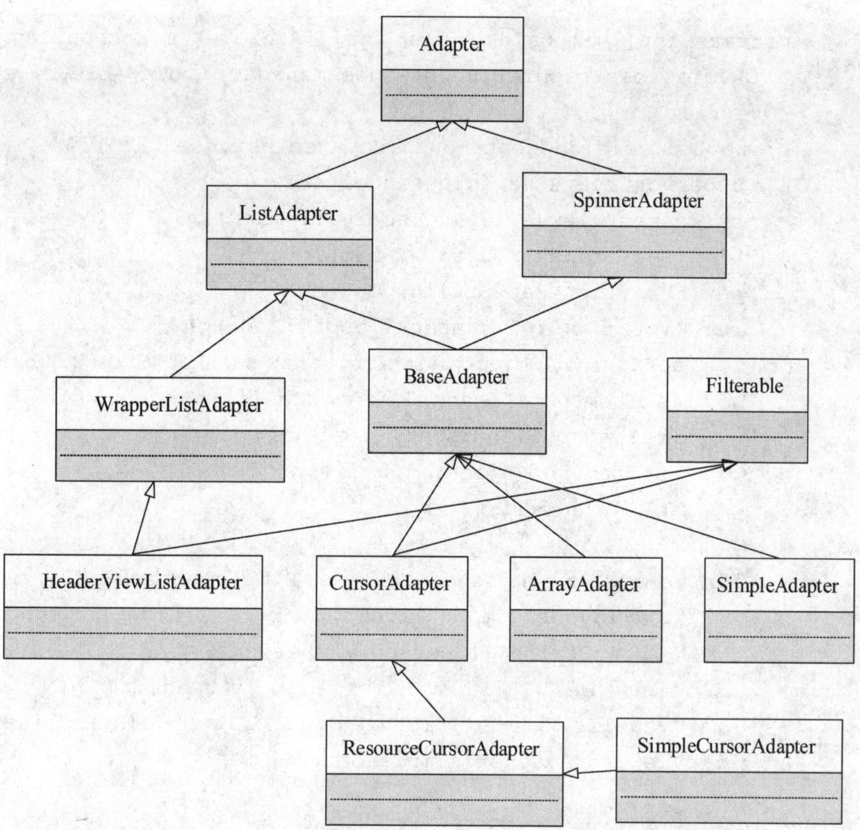

图 2.19 Adapter 接口及其子类

【例 2-12】 使用 SimpleAdapter 创建 ListView。

```
<LinearLayout
    xmlns:android="http://schemas.android.com/apk/res/android"
    android:layout_width="match_parent"
    android:layout_height="wrap_content"
    android:orientation="horizontal">
 <!--定义一个 ListView-->
    <ListView
        android:id="@+id/mylist"
        android:layout_width="match_parent"
        android:layout_height="wrap_content"/>
</LinearLayout>
```

上面布局代码中只定义了一个 ListView，下面通过代码控制它显示由 SimpleAdapter 提供的列表项。

```
public class MainActivity extends Activity {
    private String[] names = new String[]{"张三", "李四", "王五", "赵六"};
    private String[] jobs = new String[]{"会计", "出纳", "经理", "董事"};
```

```
    private int[] imageIds = new int[]{R.drawable.accounting,
        R.drawable.cashier,R.drawable.manager, R.drawable.director};
    @Override
    protected void onCreate(Bundle savedInstanceState) {
        super.onCreate(savedInstanceState);
        setContentView(R.layout.activity_main);
        List<Map<String, Object>> mapList =
        new ArrayList<Map<String, Object>>();
        for (int i = 0; i < names.length; i++) {
            Map<String, Object> listItem = new HashMap<String, Object>();
            listItem.put("header", imageIds[i]);
            listItem.put("person", names[i]);
            listItem.put("job", jobs[i]);
            mapList.add(listItem);
        }
        SimpleAdapter simpleAdapter = new SimpleAdapter(this, mapList,
                R.layout.simple_layout,
                new String[]{"person", "header", "job"},
                new int[]{R.id.tv_names, R.id.iv_header, R.id.tv_jobs});
        ListView listView = (ListView) findViewById(R.id.listView);
        listView.setAdapter(simpleAdapter);
    }
}
```

上面程序中首先定义了三个数组，其中 names 与 jobs 数组为 String 类型，imageIds 数组为 int 类型，通过 for 循环逐项加入到类型为 Map 的 mapList 集合中。这里要注意，使用 SimpleAdapter 时有 5 个参数需要填写，其中后面 4 个非常关键。

- 第 2 个参数：List<? extends Map<String, ?>> data。它是一个 List 类型的集合对象，该集合中每个 Map 对象生成一个列表项。
- 第 3 个参数：int resource。该参数指定一个界面布局的 ID。本例中指定为 R.layout.simple_layout，即使用 app\src\main\res\layout\simple_layout.xml 文件作为列表项组件。
- 第 4 个参数：String[] from。决定提取 Map<String, ?>对象中哪些 key 对象的 value 来生成列表项。
- 第 5 个参数：int[] to。决定填充哪些组件。

可以看到，mapList 是一个长度为 4 的集合。这就是说它生成的 ListView 将会包含 4 个列表项。simple_layout.xml 的布局代码如下：

```
<LinearLayout
    xmlns:android="http://schemas.android.com/apk/res/android"
    android:layout_width="match_parent"
    android:layout_height="wrap_content">
    <ImageView
```

```
        android:id="@+id/iv_header"
        android:layout_width="60dp"
        android:layout_height="60dp"
        android:paddingLeft="16dp"/>
    <LinearLayout
        android:orientation="vertical"
        android:layout_width="match_parent"
        android:layout_height="wrap_content"
        android:layout_gravity="center_vertical"
        android:paddingLeft="8dp">
        <TextView
            android:id="@+id/tv_names"
            android:layout_width="wrap_content"
            android:layout_height="wrap_content"
            android:textColor="#000"
            android:textSize="20sp"/>
        <TextView
            android:id="@+id/tv_jobs"
            android:layout_width="wrap_content"
            android:layout_height="wrap_content"
            android:textColor="#400"
            android:textSize="14sp"/>
    </LinearLayout>
</LinearLayout>
```

模拟器中运行结果如图 2.20 所示。

图 2.20　使用 SimpleAdapter 创建的 ListView

上面的布局文件中包含了三个组件。有了前面的基础，相信现在对于大家来说看懂这些代码不是问题，这里就不做解释了。

SimpleAdapter 生成了 4 个列表项，其中第 1 个列表项的数据是{person="张三", header="R.drawable.accounting", job="会计"}的 Map 集合。创建 SimpleAdapter 时第 5 个和第 4 个参数指定使用 ID 为 R.id.tv_names 显示 person 对应的值，使用 ID 为 R.id.iv_header 显示 header 对象的值，使用 ID 为 R.id.tv_jobs 显示 job 的值。这样第一个列表项组件所

包含的三个组件都有了显示的内容。

【例 2-13】 扩展 BaseAdapter 实现不存储列表项的 ListView。

本示例将会通过扩展 BaseAdapter 实现 Adapter，扩展 BaseAdapter 可以取得对 Adapter 最大的控制权：例如要创建多少个列表项，每个列表项的包含组件等，这些都可以由开发者自己决定。代码如下：

```
public class MainActivity extends Activity {
    private ListView myList;
    @Override
    protected void onCreate(Bundle savedInstanceState) {
        super.onCreate(savedInstanceState);
        setContentView(R.layout.activity_main);
        myList = (ListView) findViewById(R.id.listView);
        BaseAdapter baseAdapter = new BaseAdapter() {
            @Override
            public int getCount() {
                //一共包含 20 个列表项
                return 20;
            }
            @Override
            public Object getItem(int position) {
                return null;
            }
            @Override
            public long getItemId(int position) {
                //返回 position 作为列表项的 id
                return position;
            }
            //该方法返回的 View 将会作为列表框
            @Override
            public View getView(int position, View convertView,
                                ViewGroup parent) {
                LinearLayout linearLayout =
                        new LinearLayout(MainActivity.this);
                linearLayout.setOrientation(LinearLayout.HORIZONTAL);
                ImageView imageView = new ImageView(MainActivity.this);
                imageView.setPadding(16,0,16,0);
                imageView.setImageResource(R.drawable.accounting);
                TextView textView = new TextView(MainActivity.this);
                textView.setText("第" + position + "个列表项");
                textView.setTextSize(20);
                textView.setTextColor(Color.BLACK);
                linearLayout.addView(imageView);
                linearLayout.addView(textView);
                return linearLayout;
            }
        };
        myList.setAdapter(baseAdapter);
```

```
        }
    }
```

运行结果如图 2.21 所示。

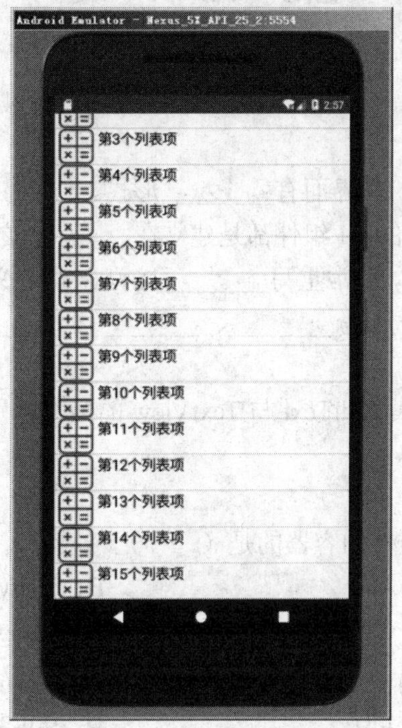

图 2.21　扩展 BaseAdapter 创建的 ListView

上面程序的关键部分是 new BaseAdapter()之后的内容，扩展 BaseAdapter 需要重写以下 4 个方法。

- getCount()：该方法的返回值控制该 Adapter 包含多少项。
- getItem()；该方法的返回值决定第 position 处的列表项内容。
- getItemId()：该方法的返回值决定第 position 处的列表项 ID。
- getView()：该方法的返回值决定第 position 处的列表项组件。

4 个方法中最重要的是第 1 个和第 4 个方法。需要说明的是，虽然此处只是介绍了 ListView，但是也同样适用于 AdapterView 的其他子类，如 GridView、Spinner 等。

需要指出的是，本节内容很重要，实际开发中会经常使用到适配器 Adapter，所以希望大家好好体会练习。

2.4　本章小结

本章主要介绍了 Android 程序中的界面编程，先介绍基本的界面和视图的使用方式，接着讲解 6 种常用的布局管理器，最后讲解了 3 种常用的 UI 组件和一个 Adapter 接口。

学习完本章内容，大家需动手进行实践，为后面学习打好基础。

2.5 习　　题

1．填空题

（1）在 Android 中控制 UI 界面有________形式。

（2）在 Android 中所有的 UI 组件都是建立在________之上。

（3）自定义 UI 组件中，经常重写________方法来自定义 UI。

（4）六大布局管理器分别是________、________、________、________、________和________。

（5）类 TextView 的子类 EditText 与 TextView 的最大区别是________。

2．选择题

（1）下列类中不属于组件的容器的是（　　）（多选）。

A．View　　B．ViewGroup
C．TextView　　D．ImageView

（2）下列选项中，不属于自定义 UI 组件时三个重要方法的是（　　）。

A．onMeasure(int, int)　　B．onLayout(boolean, int, int, int)
C．onDraw(Canvas)　　D．onCreate()

（3）下列选项中，不属于六大基本布局的是（　　）。

A．LinearLayout　　B．RelativeLayout
C．TableLayout　　D．ConstrainLayout

（4）在 LinearLayout 中，orientation 可以设置的控件的排列方向是（　　）。

A．horizontal　　B．center
C．center_horizontal　　D．center_vertical

（5）下列选项中属于 TextView 派生的子类是（　　）（多选）。

A．EditText　　B．Button
C．CheckedTextView　　D．View

3．思考题

（1）简述自定义 UI 组件的三个重要方法。

（2）简述六大布局中各自的布局特点。

4．编程题

编写程序实现 GridView。

第3章 chapter 3

常用的UI组件介绍

本章学习目标

掌握本章中讲解的所有UI组件。

在实际开发中会经常使用UI组件来组合项目的界面，而常用的UI组件无非就是几种，至于特殊的组件可以通过第2章中的自定义UI组件来绘制。通过对本章的学习，读者应掌握常用UI组件的用法。

3.1 菜 单

Android中的菜单（menu）在桌面应用中十分广泛，几乎所有的桌面应用都会使用到。Android应用中的菜单分为三种：选项菜单（OptionMenu）、上下文菜单（ContextMenu）、弹出式菜单（PopupMenu），本节依次介绍这些内容。

3.1.1 选项菜单

从Android 3.1开始引入了全新的操作栏，扩展了很多功能，例如安置菜单选项、配置应用图标作为导航按钮等。

可显示在操作栏上的菜单称为选项菜单（OptionMenu）。选项菜单提供了一些选项，用户选择后可进行相应的操作。

一般为Android应用添加选项菜单的步骤如下。

（1）重写Activity的onCreateOptionsMenu（Menu menu）方法，在该方法里调用Menu对象的方法添加菜单项。

（2）如果想要引用程序响应菜单项的单击事件，就要继续重写Activity的onOptionsItemSelected（MenuItem mi）方法。

添加菜单项的方式与UI组件的使用方式一样，可以在代码中使用也可以在XML布局文件中使用。Android同样推荐在XML中使用菜单，具体为在app\src\main\res文件夹中创建名称为menu的文件夹，创建完成之后在menu文件夹中新建根标签为menu的布局文件，来看具体的示例代码。

【例3-1】 XML文件中的选项菜单options_menu.xml。

```
<menu xmlns:android="http://schemas.android.com/apk/res/android"
    xmlns:app="http://schemas.android.com/apk/res-auto">
    <item android:id="@+id/menu_item1"
          android:title="第一个菜单项"/>
    <item android:id="@+id/menu_item2"
          android:title="第二个菜单项"/>
    <item android:id="@+id/menu_item3"
          android:title="第三个菜单项"/>
</menu>
```

菜单定义完成之后需要在代码中使用才可以看到效果，Java 代码如下：

```
public class MainActivity extends AppCompatActivity {
    @Override
    protected void onCreate(Bundle savedInstanceState) {
        super.onCreate(savedInstanceState);
        setContentView(R.layout.activity_main);
    }
    @Override
    public boolean onCreateOptionsMenu(Menu menu) {
        getMenuInflater().inflate(R.menu.option_menu, menu);
        return true;
    }
    @Override
    public boolean onOptionsItemSelected(MenuItem item) {
        switch (item.getItemId()) {
            case R.id.menu_item1:
                Toast.makeText(MainActivity.this,
                    "第一个菜单项", Toast.LENGTH_LONG).show();
                break;
            case R.id.menu_item2:
                Toast.makeText(MainActivity.this,
                    "第二个菜单项", Toast.LENGTH_LONG).show();
                break;
            case R.id.menu_item3:
                Toast.makeText(MainActivity.this,
                    "第三个菜单项", Toast.LENGTH_LONG).show();
                break;
        }
        return true;
    }
}
```

运行结果如图 3.1 所示。

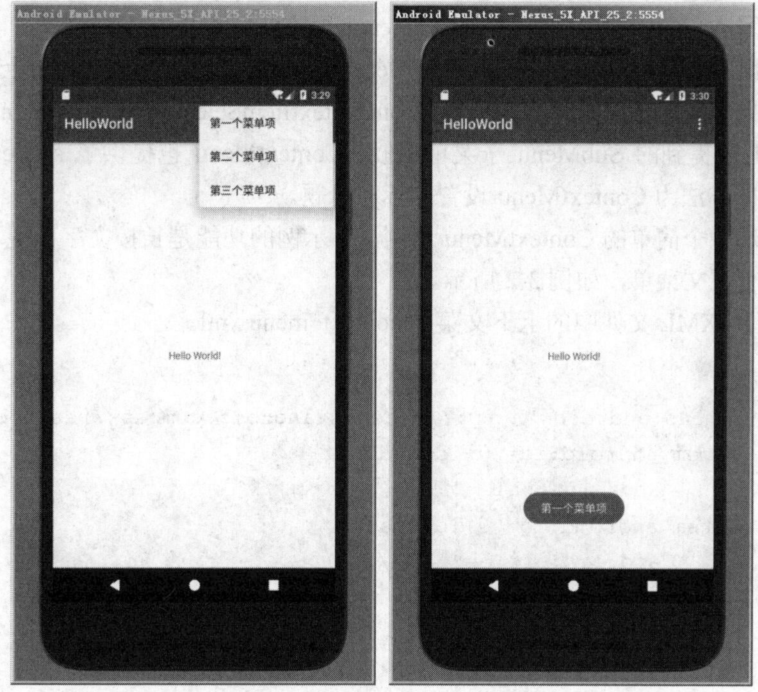

图 3.1 选项菜单运行结果图

上面代码中第 8 行和第 13 行，包含显示菜单和响应菜单单击事件的两个方法。实现简单的选项菜单。

一个简单的选项菜单示例就完成了，下面来分析 Menu 的组成结构。

Menu 接口是一个父接口，该接口下实现了两个子接口。

- SubMenu：代表一个子菜单，可包含 1～N 个 MenuItem（形成菜单项）。
- ContextMenu：代表一个上下文菜单，可包含 1～N 个 MenuItem（形成菜单项）。

Menu 接口定义了 add()方法用于添加菜单项，addSubMenu()方法用于添加子菜单项。只不过有好几个重载方法可供选择，使用时可根据需求选择。SubMenu 继承自 Menu，它额外提供了 setHeaderIcon、setHeaderTitle、setHeaderView 方法，分别用于设置菜单头的图标、标题以及设置菜单头。

这些方法的使用暂不举例讲解，希望大家自行练习，下面介绍 ContextMenu。

3.1.2 上下文菜单

3.1.1 节讲到，ContextMenu 继承自 Menu，开发上下文菜单（ContextMenu）与开发选项菜单基本类似，区别在于：开发上下文菜单是重写 onCreateContextMenu(ContextMenu menu, View source, ContextMenu.ContextMenuInfo menuInfo)方法，其中 source 参数代表触发上下文菜单的组件。

开发上下文菜单的步骤如下。

（1）重写 Activity 的 onCreateContextMenu(…)方法。

（2）调用 Activity 的 registerForContextMenu(View view)方法为 view 注册上下文菜单。

（3）如果想实现单击事件，需要重写 onContextItemSelected(MenuItem mi)方法。

与 3.1.1 节提到的 SubMenu 子菜单相似，ContextMenu 也提供了 setHeaderIcon 与 setHeaderTitle 方法为 ContextMenu 设置图标和标题。

下面实现一个简单的 ContextMenu 示例，该示例的功能是长按文字出现可供改变文字背景色的上下文菜单，如例 3-2 所示。

【例 3-2】 XML 文件中的上下文菜单 context_menu.xml。

```
<menu
    xmlns:android="http://schemas.android.com/apk/res/android">
   <item android:id="@+id/red"
        android:title="红色"/>
   <item android:id="@+id/black"
        android:title="黑色"/>
   <item android:id="@+id/blue"
        android:title="蓝色"/>
</menu>
```

在 Java 代码 MainActivity.java 中添加上下文菜单：

```
public class MainActivity extends AppCompatActivity {
   private TextView textView;
   @Override
   protected void onCreate(Bundle savedInstanceState) {
      super.onCreate(savedInstanceState);
      setContentView(R.layout.activity_main);
      textView = (TextView) findViewById(R.id.my_text);
      registerForContextMenu(textView);
   }
   @Override
   public void onCreateContextMenu(ContextMenu menu, View v,
                          ContextMenu.ContextMenuInfo menuInfo) {
      getMenuInflater().inflate(R.menu.context_menu, menu);
      menu.setGroupCheckable(0, true, true);
      menu.setHeaderTitle("选择背景颜色");
   }
   @Override
   public boolean onContextItemSelected(MenuItem item) {
      switch (item.getItemId()) {
         case R.id.red:
            item.setChecked(true);
            textView.setBackgroundColor(Color.RED);
            break;
```

```
24              case R.id.black:
25                  item.setChecked(true);
26                  textView.setBackgroundColor(Color.BLACK);
27                  break;
28              case R.id.blue:
29                  item.setChecked(true);
30                  textView.setBackgroundColor(Color.BLUE);
31                  break;
32          }
33          return true;
34      }
35      @Override
36      protected void onDestroy() {
37          super.onDestroy();
38          unregisterForContextMenu(textView);
39      }
40  }
```

运行结果如图 3.2 所示。

图 3.2　上下文菜单运行结果图

上面 Java 代码中重写了 onCreateContextMenu(...)与 onContextItemSelected()方法，分别用于实现加载上下文菜单、实现菜单的单击事件，代码中第 8 行和第 38 行，分别是注册和解绑上下文菜单，可能读者会疑惑为什么要在 onDestroy()中解绑，这里先不解释，等介绍 Activity 时一并讲解。

上下文菜单需长按注册的组件才能出现，这一点和选项菜单不同，希望大家认真练习例子中的代码。

3.1.3 弹出式菜单

默认情况下，弹出式菜单（PopupMenu）会在指定组件的上方或下方弹出。PopupMenu 可增加多个菜单项，并可为菜单项增加子菜单。

使用 PopupMenu 的步骤与前两种 Menu 不同，具体步骤如下。

（1）调用 new PopupMenu（Context context, View anchor）创建下拉菜单，anchor 代表要激发弹出菜单的组件。

（2）调用 MenuInflater 的 inflate()方法将菜单资源填充到 PopupMenu 中。

（3）调用 PopupMenu 的 show()方法显示弹出式菜单。

【例 3-3】 XML 文件中的上下文菜单 popup_menu.xml。

```
<menu
    xmlns:android="http://schemas.android.com/apk/res/android">
    <item  android:id="@+id/check"
           android:title="查找" />
    <item  android:id="@+id/add"
           android:title="添加" />
    <item  android:id="@+id/write"
           android:title="编辑" />
    <item  android:id="@+id/hide"
           android:title="隐藏菜单" />
</menu>
```

界面布局文件中只有一个 Button，在 Button 标签下直接设置单击事件 popupMenuClick，代码如下：

```
<LinearLayout xmlns:android="http://schemas.android.com/apk/res/android"
    android:layout_width="match_parent"
    android:layout_height="match_parent"
    android:gravity="center">
    <Button
        android:id="@+id/my_button"
        android:layout_width="wrap_content"
        android:layout_height="wrap_content"
        android:text="点我试试"
        android:onClick="popupMenuClick"
        android:textSize="20dp"/>
```

```
</LinearLayout>
```

Java 代码如下：

```
1  public class MainActivity extends AppCompatActivity {
2      private PopupMenu popupMenu;
3      @Override
4      protected void onCreate(Bundle savedInstanceState) {
5          super.onCreate(savedInstanceState);
6          setContentView(R.layout.activity_main);
7      }
8      public void popupMenuClick(View view) {
9          popupMenu = new PopupMenu(this, view);
10         getMenuInflater().inflate(R.menu.popup_menu, popupMenu.getMenu());
11         popupMenu.setOnMenuItemClickListener(
12             new PopupMenu.OnMenuItemClickListener() {
13             @Override
14             public boolean onMenuItemClick(MenuItem item) {
15                 switch (item.getItemId()) {
16                     case R.id.hide:
17                         popupMenu.dismiss();
18                         break;
19                     default:
20                         Toast.makeText(MainActivity.this,
21                             "单击了" + item.getTitle(),
22                             Toast.LENGTH_LONG).show();
23                 }
24                 return true;
25             }
26         });
27         popupMenu.show();
28     }
29 }
```

运行上面程序，单击界面中的 Button，可看到如图 3.3 所示的界面。

上面程序中第 9 行，创建了一个 PopupMenu 对象，通过 inflate 将 popup_menu 菜单资源填充入 PopupMenu 中，即可实现当用户单击界面组件时弹出 PopupMenu 菜单。

前两种菜单创建时非常相似，只有弹出式菜单创建时比较特殊。在实际开发中这三种菜单会经常使用，本章中的例子希望读者能动手练习并掌握其用法。讲解完使用方式之后，下面来看一个小知识点：在菜单项中启动另外一个 Activity（或 Service）。

图 3.3 弹出式菜单运行结果图

3.1.4 设置与菜单项关联的 Activity

在实际开发中会经常碰到这样一种情况：单击某个菜单项后跳转到另外一个 Activity（或者 Service）。对于这种需求，Menu 中也有直接的方法可以使用。开发者只需要调用 MenuItem 的 setIntent（Intent intent）方法就可以把该菜单项与指定的 Intent 关联到一起，当用户单击该菜单项时，该 Intent 所包含的组件就会被启动。

下面来示范调用该方法启动一个 Activity 的例子，如例 3-4 所示。由于该程序几乎不包含任何界面组件，因此不展示界面布局文件。

【例 3-4】 使用 Menu 自带的 setIntent 方法启动 Activity。

```
public class MainActivity extends AppCompatActivity {
    @Override
    protected void onCreate(Bundle savedInstanceState) {
        super.onCreate(savedInstanceState);
        setContentView(R.layout.activity_main);
    }
    @Override
    public boolean onCreateOptionsMenu(Menu menu) {
        getMenuInflater().inflate(R.menu.option_menu, menu);
        return super.onCreateOptionsMenu(menu);
```

```
11      }
12      @Override
13      public boolean onOptionsItemSelected(MenuItem item) {
14          switch (item.getItemId()) {
15              case R.id.menu_item1:
16                  item.setIntent(new Intent(MainActivity.this,
17                      HelloWorldActivity.class));
18                  break;
19          }
20          return super.onOptionsItemSelected(item);
21      }
22  }
```

上面代码中的第 16、17 行即启动 HelloWorldActivity，一定注意运行前要先检查确认清单文件 AndroidManifest.xml 中已经注册了 HelloWorldActivity，因为第 1 章时已经使用过 HelloWorldActivity，所以这里直接拿来使用。由于代码较为简单，这里不给出运行结果图，大家自行练习即可。

3.2 对话框的使用

在日常的 App 使用中经常看到对话框，可以说对话框的出现使得 App 不再那么单调。Android 中提供了丰富的对话框支持，日常开发中会经常使用到如表 3.1 所示的 4 种对话框。

表 3.1 4 种对话框

对 话 框	说 明
AlertDialog	功能最丰富，实际应用最广的对话框
ProgressDialog	进度对话框，只是用来显示进度条
DatePickerDialog	日期选择对话框，只是用来选择日期
TimePickerDialog	时间选择对话框，只是用来选择时间

3.2.1 使用 AlertDialog 建立对话框

AlertDialog 是上述 4 种对话框中功能最强大、用法最灵活的一种，同时它也是其他 3 种对话框的父类。

使用 AlertDialog 生成的对话框样式多变，但是基本样式总会包含 4 个区域：图标区、标题区、内容区、按钮区。

创建一个 AlertDialog 一般需要如下几个步骤。

（1）创建 AlertDialog.Builder 对象。

（2）调用 AlertDialog.Builder 的 setTitle()或 setCustomTitle()方法设置标题。

（3）调用 AlertDialog.Builder 的 setIcon()设置图标。

（4）调用 AlertDialog.Builder 的相关设置方法设置对话框内容。

（5）调用 AlertDialog.Builder 的 setPositiveButton()、setNegativeButton()或 setNeutralButton()方法添加多个按钮。

（6）调用 AlertDialog.Builder 的 create()方法创建 AlertDialog 对象，再调用 AlertDialog 对象的 show()方法将该对话框显示出来。

AlertDialog 的样式多变，就是因为设置对话框内容时的样式多变，AlertDialog 提供了 6 种方法设置对话框的内容，如表 3.2 所示。

表 3.2　AlertDialog 中的方法

方　法	说　明
setMessage()	设置对话框内容为简单文本
setItems()	设置对话框内容为简单列表项
setSingleChoiceItems()	设置对话框内容为单选列表项
setMultiChoiceItems()	设置对话框内容为多选列表项
setAdapter()	设置对话框内容为自定义列表项
setView()	设置对话框内容为自定义 View

【例 3-5】 简单对话框示例。

```
public void simpleAlertDialog(View view) {
        AlertDialog.Builder builder = new AlertDialog.Builder(this)
                .setTitle("简单对话框")
                .setIcon(R.drawable.icon_dialog)
                .setMessage("第一行内容\n 第二行内容");
                setPositiveButton(builder);
                setNegativeButton(builder)
                .create()
                .show();
    }
```

上面程序是在布局文件中设置 Button 的单击事件为 simpleAlertDialog，具体代码如下：

```
    <Button
        android:id="@+id/alert_dialog"
        android:layout_width="match_parent"
        android:layout_height="wrap_content"
        android:text="@string/alert_dialog"
        android:onClick="simpleAlertDialog"
        android:layout_marginBottom="8dp"
        android:textSize="20sp"/>
```

Java 代码中的 setPositiveButton(builder)和 setNegativeButton(builder)方法是抽出来作

为单独方法使用的，由于 AlertDialog 的例子较多，把相同的代码抽出来作为工具使用很方便，这也是开发中经常用到的开发方式。这两个方法的具体代码如下：

```
private AlertDialog.Builder setPositiveButton(
        AlertDialog.Builder builder) {
        return builder.setPositiveButton("确定",
            new DialogInterface.OnClickListener() {
            @Override
            public void onClick(DialogInterface dialog, int which) {
                alert1.setText("单击了【确定】按钮");
            }
        });
    }
    private AlertDialog.Builder setNegativeButton(
        AlertDialog.Builder builder) {
        return builder.setNegativeButton("取消",
            new DialogInterface.OnClickListener() {
            @Override
            public void onClick(DialogInterface dialog, int which) {
                alert1.setText("单击了【取消】按钮");
            }
        });
    }
```

在第一部分代码中，通过 setTitle()方法设置了对话框的标题、setIcon()方法设置了图标以及 setMessage()方法设置了对话内容，运行程序，结果如图 3.4 所示。

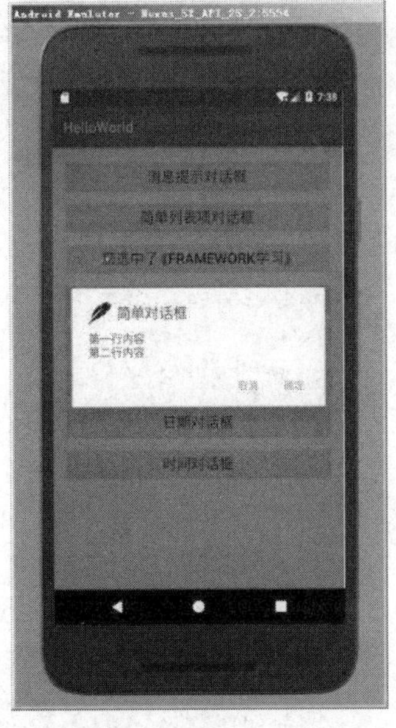

图 3.4 简单对话框

【例 3-6】 简单列表对话框示例。

```
1   public void simpleListAlertDialog(View view) {
2       AlertDialog.Builder builder = new AlertDialog.Builder(this)
3           .setTitle("简单列表项对话框")
4             .setIcon(R.drawable.icon_dialog)
5             .setItems(items, new DialogInterface.OnClickListener() {
6                 @Override
7                 public void onClick(DialogInterface dialog, int which) {
8                     alert2.setText("您选中了《" + items[which] +"》");
9                 }
10            });
11            setPositiveButton(builder);
12            setNegativeButton(builder)
13            .create()
14            .show();
15  }
```

与简单对话框一样，布局文件中同样使用了 Button 的单击事件 simpleListAlertDialog，这里就不给出具体的布局代码了，之后的几个 AlertDialog 例子同样。代码第 5 行，调用了 AlertDialog.Builder 中的 setItems()方法为对话框设置了多个列表项，首先定义了数组 items，这里具体的 items 数组如下：

```
String[] items = new String[]{"Java 语言程序设计",
    "Android 基础", "Android 开发艺术探索", "FrameWork 学习"};
```

运行上面的程序，将看到如图 3.5 所示的界面。

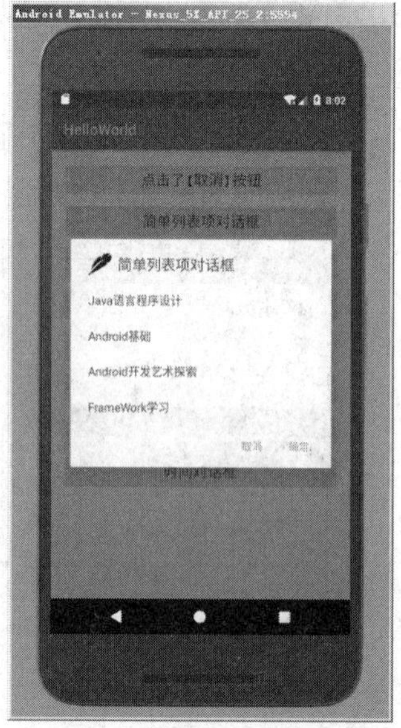

图 3.5 简单列表对话框

【例 3-7】 单选列表对话框示例。

```
public void singleChoiceDialog(View view) {
        AlertDialog.Builder builder = new AlertDialog.Builder(this)
                .setTitle("单选列表对话框")
                .setIcon(R.drawable.icon_dialog)
               //设置单选列表项，默认选中第一项（索引为 0）
                .setSingleChoiceItems(items, 0,
                    new DialogInterface.OnClickListener() {
                    @Override
                    public void onClick(DialogInterface dialog, int which) {
                        alert3.setText("您选中了《" + items[which] + "》");
                    }
                });
                setPositiveButton(builder);
                setNegativeButton(builder)
                        .create()
                        .show();
 }
```

上面代码只要调用了 AlertDialog.Builder 的 setSingleChoiceItems()方法就可创建带单选列表的对话框，运行程序，看到如图 3.6 所示的界面。

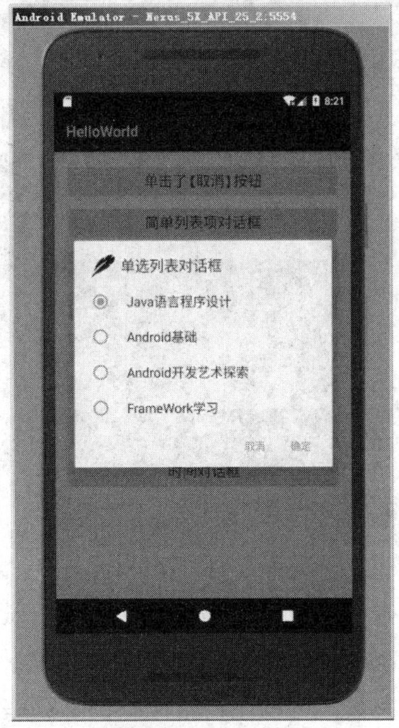

图 3.6 单选列表对话框

【例 3-8】 多选列表项对话框示例。

```
public void multiChoiceDialog(View view) {
        AlertDialog.Builder builder = new AlertDialog.Builder(this)
                .setTitle("多选列表对话框")
                .setIcon(R.drawable.icon_dialog)
                .setMultiChoiceItems(items,
                    new boolean[]{true, false, false, false}, null);
                setPositiveButton(builder);
                setNegativeButton(builder)
                        .create()
                        .show();
    }
```

运行上面的程序，将看到如图 3.7 所示的界面。

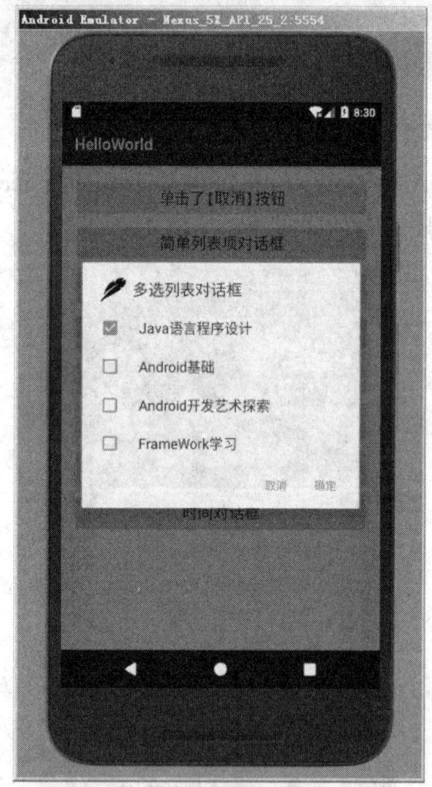

图 3.7 多选列表对话框

上面程序调用 AlertDialog.Builder 的 setMultiChoiceItems()方法添加多选列表时，需要传入一个 boolean 数组的参数，可以在初始化时设置哪些选项可被选中，也可以动态获取列表项的选中状态。

【例 3-9】 自定义 View 对话框。

```
<TableLayout
    xmlns:android="http://schemas.android.com/apk/res/android"
    android:layout_width="match_parent"
    android:layout_height="match_parent">
    <TableRow>
        <TextView
            android:layout_width="wrap_content"
            android:layout_height="wrap_content"
            android:text="手  机  号:"
            android:textColor="#004"
            android:textSize="17sp"
            android:paddingLeft="16dp"/>
        <EditText
            android:layout_width="wrap_content"
            android:layout_height="wrap_content"
            android:hint="请填写手机号码"
            android:paddingLeft="8dp"
            android:selectAllOnFocus="true"/>
    </TableRow>
    <TableRow>
        <TextView
            android:layout_width="wrap_content"
            android:layout_height="wrap_content"
            android:text="密        码:"
            android:textColor="#004"
            android:paddingLeft="16dp"
            android:textSize="16sp"/>
        <EditText
            android:layout_width="wrap_content"
            android:layout_height="wrap_content"
            android:hint="请填写密码"
            android:paddingLeft="8dp"
            android:selectAllOnFocus="true"/>
    </TableRow>
    <TableRow>
        <TextView
            android:layout_width="wrap_content"
            android:layout_height="wrap_content"
            android:text="确认密码:"
            android:paddingLeft="16dp"
            android:textColor="#004"
```

```
            android:textSize="16sp"/>
        <EditText
            android:layout_width="wrap_content"
            android:layout_height="wrap_content"
            android:hint="请填写手机号码"
            android:paddingLeft="8dp"
            android:selectAllOnFocus="true"/>
    </TableRow>
</TableLayout>
```

这里在 layout 文件夹下新建了名为 register_form.xml 的表单布局文件，具体内容为账号、密码以及确认密码等常规注册项，接下来在应用程序中调用 AlertDialog.Builder 的 setView()方法让对话框显示该注册界面，关键代码如下：

```
1  public void customListDialog(View view) {
2      TableLayout registerForm = (TableLayout) getLayoutInflater().
3      inflate(R.layout.register_form, null);
4      new AlertDialog.Builder(this)
5              .setTitle("自定义对话框")
6              .setIcon(R.drawable.icon_dialog)
7              .setView(registerForm)
8              .setPositiveButton("注册",
9                  new DialogInterface.OnClickListener() {
10                 @Override
11                 public void onClick(DialogInterface dialog, int which) {
12                     //开始注册的逻辑编写
13                 }
14             }).setNegativeButton("取消",
15             new DialogInterface.OnClickListener() {
16                 @Override
17                 public void onClick(DialogInterface dialog, int which) {
18                     //取消注册
19                 }
20             })
21             .create()
22             .show();
23     }
```

运行结果如图 3.8 所示。

注意看上面代码中第 2、3 行是显式加载了 layout 文件夹中的 register_form.xml 文件，并返回该文件对应的 TableLayout 作为 View。然后调用 AlertDialog.Builder 的 setView()方法显示 TableLayout。

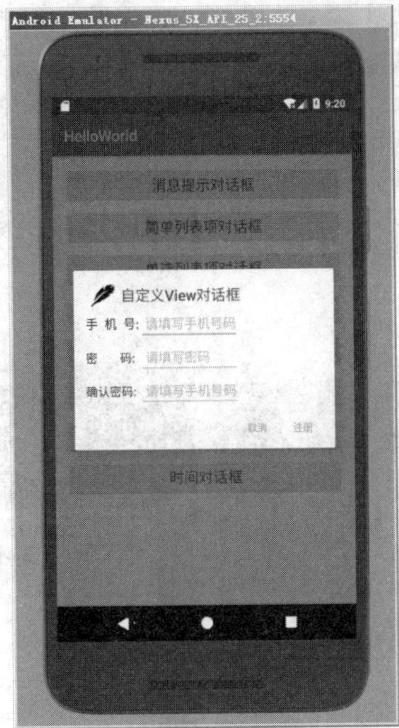

图 3.8　自定义 View 对话框

3.2.2　创建 DatePickerDialog 与 TimePickerDialog 对话框

DatePickerDialog 与 TimePickerDialog 的功能较为简单，用法也简单，使用步骤如下：

（1）通过 new 关键字创建 DatePickerDialog、TimePickerDialog 实例，然后调用它们自带的 show()方法即可将这两种对话框显示出来。

（2）为 DatePickerDialog、TimePickerDialog 绑定监听器，这样可以保证用户通过 DatePickerDialog、TimePickerDialog 设置事件时触发监听器，从而通过监听器来获取用户设置的事件。

【例 3-10】 DatePickerDialog 对话框示例。

```
public void dateDialog(View view) {
        //创建 Calendar 示例
        Calendar calendar = Calendar.getInstance();
        //直接创建 DatePickerDialog 示例并显示
        new DatePickerDialog(this,
            new DatePickerDialog.OnDateSetListener() {
            @Override
            public void onDateSet(DatePicker view,
                int year, int month, int dayOfMonth) {
                TextView show = (TextView) findViewById(R.id.showDate);
```

```
11                show.setText("日期选择: " + year +"-"
12                    + (month + 1)+ "-" + dayOfMonth);
13            }
14        }, calendar.get(Calendar.YEAR),
15                calendar.get(Calendar.MONTH),
16                calendar.get(Calendar.DAY_OF_MONTH)).show();
17    }
```

运行结果如图 3.9 所示。

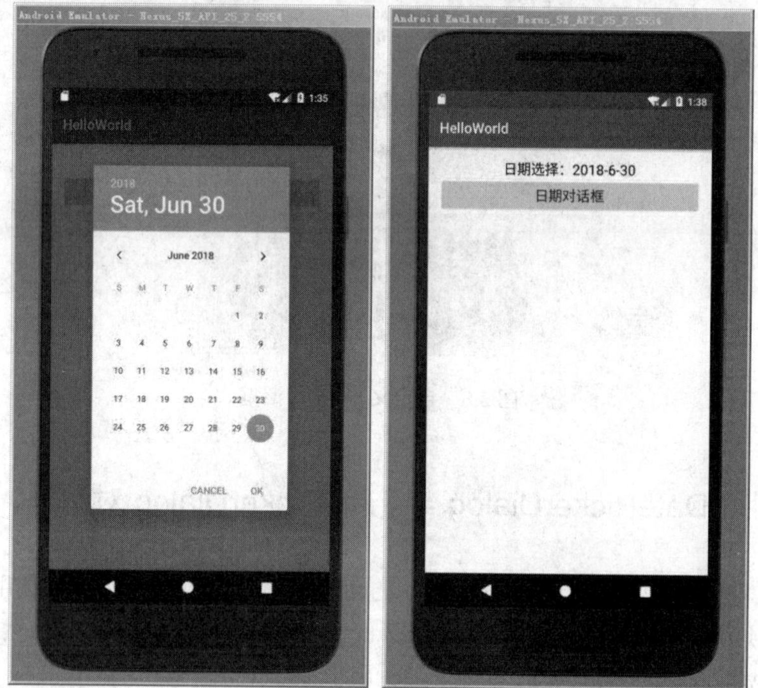

图 3.9　DatePickerDialog 对话框及选择的日期

上面第 5、6 行直接创建了 DatePickerDialog 对话框。

3.2.3　创建 ProgressDialog 进度对话框

程序中只要创建了 ProgressDialog 实例并且调用 show()方法将其显示出来，进度对话框就已经创建完成。在实际开发中，经常会对进度对话框中的进度条进行设置，设置的方法如表 3.3 所示。

表 3.3　ProgressDialog 中的方法

方　法	说　明
setIndeterminater(Boolean indeterminater)	设置进度条不显示进度值
setMax(int max)	设置进度条的最大值

续表

方　法	说　明
setMessage(CharSequence messsge)	设置进度框里显示的消息
setProgress(int value)	设置进度条的进度值
setProgressStyle(int style)	设置进度条的风格

下面看 ProgressDialog 示例，该程序中的界面部分和之前的一样，都是使用 Button 组件，并且在 Button 中设置单击事件。所以这里不给出界面部分的代码，直接看 Java 代码。

【例 3-11】 ProgressDialog 对话框示例。

```
public class MainActivity extends AppCompatActivity {
    //设置 progress 的最大值
    final static int MAX_VALUE = 100;
    ProgressDialog progressDialog;
    public MyHandler myHandler;
    int status = 0;
    //创建自定义 Handler，这种写法可避免内存泄露
    public class MyHandler extends Handler{
        private WeakReference<MainActivity> myActivity;
        public MyHandler(MainActivity activity){
            this.myActivity = new WeakReference<>(activity);
        }
        @Override
        public void handleMessage(Message msg) {
            MainActivity activity = myActivity.get();
            if (activity != null) {
                switch (msg.what) {
                    case 0:
                        //设置进度
                        progressDialog.setProgress(status);
                        break;
                    case 1:
                        //执行完毕之后隐藏 ProgressDialog
                        progressDialog.dismiss();
                        break;
                }
            }
            super.handleMessage(msg);
        }
    }
    @Override
    protected void onCreate(Bundle savedInstanceState) {
        super.onCreate(savedInstanceState);
```

```
        setContentView(R.layout.activity_progress_dialog);
        myHandler = new MyHandler(this);
    }
    //设置的 Button 单击事件
    public void showProgress(View view) {
        status = 0;
        progressDialog = new ProgressDialog(MainActivity.this);
        //对 ProgressDialog 进行常规设置
        progressDialog.setMax(MAX_VALUE);
        progressDialog.setTitle("进度对话框");
        progressDialog.setMessage("已完成进度");
        progressDialog.setProgressStyle(ProgressDialog.STYLE_HORIZONTAL);
        progressDialog.setIndeterminate(false);
        progressDialog.show();
        //从第一秒开始，每秒执行一次
        timer.schedule(task, 1000, 1000);
    }
    //使用 Timer 与 TimerTask 制造一个定时器，到固定时间向 Handler 发送消息
    Timer timer = new Timer();
    TimerTask task = new TimerTask() {
        @Override
        public void run() {
            //每次调用 TimerTask，status 就加 1
            status++;
            //任务执行中以及执行完成之后分别向 Handler 发送消息
            if (status < MAX_VALUE) {
                myHandler.sendEmptyMessage(0);
            } else {
                myHandler.sendEmptyMessage(1);
            }
        }
    };
}
```

运行结果如图 3.10 所示。

上面代码的主要功能是使用定时器每隔一秒就向 MyHandler 发送一次消息，用于更新 progressDialog 的进度条，以模拟开发中进度条的使用。

3.2.4 关于 PopupWindow 及 DialogTheme 窗口

PopupWindow 顾名思义是弹出式窗口，它的风格与对话框很像，所以和对话框放在一起来讲解。使用 PopupWindow 创建一个窗口的步骤如下。

（1）调用 PopupWindow 的构造方法创建 PopupWindow 对象。

（2）调用其自带的 showAsDropDown(View view)方法将 PopupWindow 作为 view 的下拉组件显示出来；或调用 showAtLocation()方法在指定位置显示该窗口。

图 3.10 ProgressDialog 对话框

【例 3-12】 PopupWindow 窗口简单示例。

```
public class PopupWindowActivity extends AppCompatActivity
        implements View.OnClickListener {
    private Button show;
    private PopupWindow popupWindow;
    @Override
    protected void onCreate(Bundle savedInstanceState) {
        super.onCreate(savedInstanceState);
        setContentView(R.layout.activity_popup_window);
        setTitle("PopupWindow 示例");
        View root = this.getLayoutInflater().inflate(
            R.layout.popup_window_layout, null);
        show = (Button) findViewById(R.id.show_popup);
        popupWindow = new PopupWindow(root, 900, 900);
        show.setOnClickListener(this);
    }
    @Override
    public void onClick(View v) {
        switch (v.getId()) {
            case R.id.show_popup:
                //以下拉方式显示
```

```
                popupWindow.showAsDropDown(v);
                break;
        }
    }
}
```

运行结果如图 3.11 所示。

上面程序示范了以下拉方式显示 PopupWindow 的方法。

除了 PopupWindow 弹出式窗口，还有一种通过设置 Activity 的样式而显示的窗口，这种方式很简单，直接在 Manifest.xml 清单文件中设置 Activity 样式即可，来看具体示例代码。

【例 3-13】 窗口形式的 Activity。

```
<activity android:name=".WindowActivity"
          android:theme="@android:style/Theme.Dialog"></activity>
```

运行结果如图 3.12 所示。

关于实际开发中的对话框样式，绝大部分都不会跳出本节介绍的范围。对于每节中的示例代码，希望读者多练习几遍反复体会。

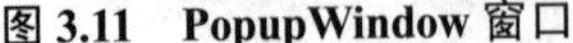
图 3.11 PopupWindow 窗口

图 3.12 窗口形式的 Activity

3.3 ProgressBar 及其子类

在实际开发中，ProgressBar 也是经常用到的进度条组件，它派生了两个常用的子类组件：SeekBar 与 RatingBar。Progress 及其子类在用法上很相似，只是显示界面有一定的区别。它们的继承关系如图 3.13 所示。

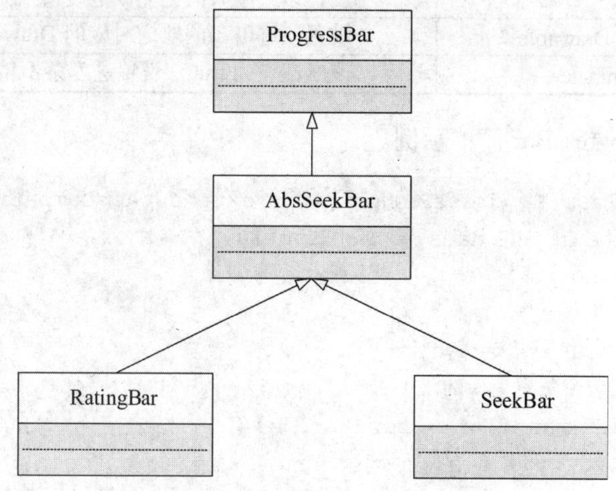

图 3.13 ProgressBar 及其子类

3.3.1 进度条的功能和用法

进度条（ProgressBar）在实际开发中会经常用到，通常用于向用户展示耗时操作完成的百分比，避免让用户觉得程序无响应，对提升用户体验有很大帮助。

通常应用中见到的 ProgressBar 有两种形式：水平型与环形进度条。可通过如下属性值获得需要的形状，如表 3.4 所示。

表 3.4 ProgressBar 风格属性值

属 性 值	说 明
@android:style/Widget.ProgressBar.Horizontal	水平进度条
@android:style/Widget.ProgressBar.Inverse	普通大小的环形进度条
@android:style/Widget.ProgressBar.Large	大环形进度条
@android:style/Widget.ProgressBar.Large.Inverse	大环形进度条
@android:style/Widget.ProgressBar.Small	小环形进度条
@android:style/Widget.ProgressBar.Small.Inverse	小环形进度条

ProgressBar 设置了两个方法来操作进度条：

（1）setProgress(int value)：设置已完成的百分比。

（2）incrementProgressBy(int value)：设置进度条的进度增加或减少。

ProgressBar 支持的属性如表 3.5 所示。

表 3.5 ProgressBar 属性

属 性	说 明
android:max	设置该进度条的最大值

续表

属　性	说　明
android:progress	设置该进度条的已完成进度值
android:progressDrawable	设置该进度条的轨道对应的 Drawable 对象
android:indeterminate	该属性设为 true，设置进度条不精确显示进度

【例 3-14】 ProgressBar 简单示例。

```
public class ProgressBarActivity extends AppCompatActivity {
    private int[] data = new int[100];
    int hasData = 0;
    int status = 0;
    ProgressBar bar1, bar2;
    //创建一个负责更新的进度 Handler
    Handler mHandler = new Handler(){
       @Override
       public void handleMessage(Message msg) {
           super.handleMessage(msg);
           if (msg.what == 1) {
              bar1.setProgress(status);
              bar2.setProgress(status);
           }
       }
    };
    @Override
    protected void onCreate(Bundle savedInstanceState) {
       super.onCreate(savedInstanceState);
       setContentView(R.layout.activity_progress_bar);
       bar1 = (ProgressBar) findViewById(R.id.bar1);
       bar2 = (ProgressBar) findViewById(R.id.bar2);
       new Thread() {
           @Override
           public void run() {
              super.run();
              while (status < 100) {
                  status = doWork();
                  mHandler.sendEmptyMessage(1);
              }
           }
       }.start();
    }
    //模拟耗时操作
    public int doWork() {
       data[hasData++] = (int)(Math.random() * 100);
       try {
```

```
            Thread.sleep(100);
        } catch (InterruptedException e) {
            e.printStackTrace();
        }
        return hasData;
    }
}
```

activity_progress_bar.xml 布局文件代码如下：

```
<LinearLayout xmlns:android="http://schemas.android.com/apk/res/android"
    xmlns:app="http://schemas.android.com/apk/res-auto"
    xmlns:tools="http://schemas.android.com/tools"
    android:layout_width="match_parent"
    android:layout_height="match_parent"
    android:orientation="vertical"
    tools:context="com.example.myapplication.ProgressBarActivity">
    <!--定义一个大环形进度条-->
    <ProgressBar
        android:id="@+id/bar1"
        android:layout_width="wrap_content"
        android:layout_height="wrap_content"
        style="@android:style/Widget.ProgressBar.Large"/>
    <!--定义一个水平进度条-->
    <ProgressBar
        android:id="@+id/bar2"
        android:layout_width="match_parent"
        android:layout_height="wrap_content"
        android:max="100"
        style="@android:style/Widget.ProgressBar.Horizontal"/>
</LinearLayout>
```

运行结果如图 3.14 所示。

3.3.2 拖动条的功能和用法

拖动条（SeekBar）是允许用户拖动来改变滑块的位置，从而改变相应的值。这一点与进度条是不一样的，而且拖动条也没有利用颜色来区别不同的区域。因此拖动条通常用于对系统的某种数值进行调节，例如调节音量。

由于 SeekBar 继承自 ProgressBar，因此它支持 ProgressBar 中的全部属性和方法，除此之外，增加了改变滑动块外观的属性 android:thumb，该属性指定了一个 Drawable 对象。滑动时，通过 onSeekBarChangeListener 监听器改变系统的值。

图 3.14　运行结果

接下来演示 SeekBar 的用法，如例 3-15 所示。

【例 3-15】 拖动 SeekBar 改变图片透明度。

```
<LinearLayout xmlns:android="http://schemas.android.com/apk/res/android"
    xmlns:app="http://schemas.android.com/apk/res-auto"
    xmlns:tools="http://schemas.android.com/tools"
    android:layout_width="match_parent"
    android:layout_height="match_parent"
    android:orientation="vertical"
    tools:context="com.example.myapplication.SeekBarActivity">
    <ImageView
        android:id="@+id/img"
        android:layout_width="200dp"
        android:layout_height="200dp"
        android:src="@drawable/qianfeng"/>
    <SeekBar
        android:id="@+id/seek_bar"
        android:layout_width="match_parent"
        android:layout_height="wrap_content"
        android:max="100"
        android:progress="100"/>
</LinearLayout>
```

对应的 Java 代码 SeekBarActivity.java 如下所示：

```
public class SeekBarActivity extends AppCompatActivity {
    private ImageView img;
    @Override
    protected void onCreate(Bundle savedInstanceState) {
        super.onCreate(savedInstanceState);
        setContentView(R.layout.activity_rating_bar);
        img = (ImageView) findViewById(R.id.img);
        SeekBar seekBar = (SeekBar) findViewById(R.id.seek_bar);
        seekBar.setOnSeekBarChangeListener(new
            SeekBar.OnSeekBarChangeListener() {
            @Override
            public void onProgressChanged(SeekBar seekBar, int progress,
                boolean fromUser) {
                //设置根据进度条改变图片透明度
                img.setImageAlpha(progress);
            }
            @Override
            public void onStartTrackingTouch(SeekBar seekBar) {}
            @Override
            public void onStopTrackingTouch(SeekBar seekBar) {}
       });
    }
}
```

运行结果如图 3.15 所示。

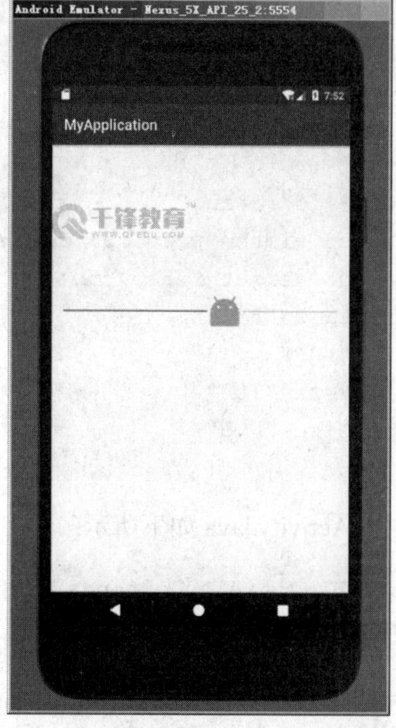

图 3.15　拖动 SeekBar 改变图片透明度

3.3.3 星级评分条的功能和用法

星级评分条（RatingBar）与 SeekBar 的用法和功能特别相似，最大的区别是外观：RatingBar 通过拖动星数来表示进度，它常用的属性有如下几种。

- android:isIndicator：设置该星级评分条是否允许用户改变。
- android:numStars：设置总共有多少星级。
- android:rating：设置默认的星级数。
- android:stepSize：设置每次最少需要改变多少星级。

同 SeekBar 一样，拖动 RatingBar 时需要设置监听器 onRatingBarChangeLinstener。下面演示 RatingBar 的用法，如例 3-16 所示。

【例 3-16】 拖动 RatingBar 改变图片透明度。

```
<LinearLayout xmlns:android="http://schemas.android.com/apk/res/android"
    xmlns:app="http://schemas.android.com/apk/res-auto"
    xmlns:tools="http://schemas.android.com/tools"
    android:layout_width="match_parent"
    android:layout_height="match_parent"
    android:orientation="vertical"
    tools:context="com.example.myapplication.RatingBarActivity">
    <ImageView
        android:id="@+id/img"
        android:layout_width="200dp"
        android:layout_height="200dp"
        android:src="@drawable/qianfeng"/>
    <RatingBar
        android:id="@+id/rating"
        android:layout_width="wrap_content"
        android:layout_height="wrap_content"
        android:numStars="5"
        android:max="100"
        android:progress="100"
        android:stepSize="0.5"/>
</LinearLayout>
```

对应的 Java 代码 RatingBarActivity.java 如下所示：

```
public class RatingBarActivity extends AppCompatActivity {
    private ImageView img;
    @Override
    protected void onCreate(Bundle savedInstanceState) {
        super.onCreate(savedInstanceState);
        setContentView(R.layout.activity_rating_bar);
```

```
        img = (ImageView) findViewById(R.id.img);
        RatingBar ratingBar = (RatingBar) findViewById(R.id.rating);
        ratingBar.setOnRatingBarChangeListener(new
            RatingBar.OnRatingBarChangeListener() {
            @Override
            public void onRatingChanged(RatingBar ratingBar, float rating,
                boolean fromUser) {
                img.setImageAlpha((int)(rating * 255 / 5));
            }
        });
    }
}
```

运行结果如图 3.16 所示。

图 3.16　拖动 RatingBar 改变图片透明度

3.4　本章小结

本章主要介绍了 Android 程序中常用的 UI 组件，学习完本章内容，大家需动手进行实践，为后面学习打好基础。

3.5 习　　题

1．填空题

（1）在 Android 中，有________、________、________三种菜单。

（2）为 Android 应用添加选项菜单时首先要重写________方法。

（3）窗口样式的 Activity 需要在________中设置 Theme。

（4）在 Menu 中通过________方法可将菜单项与指定的 Intent 关联到一起。

2．选择题

（1）下列菜单中不属于 Android 中的菜单的是（　　）。

A．OptionMenu　　B．ContextMenu
C．PopupMenu　　D．AlertMenu

（2）下列选项中，不属于 ProgressBar 子类的是（　　）。

A．AbsSeekBar　　B．SeekBar
C．RatingBar　　D．MenuBar

（3）使用 AlertDialog 的基本样式总会包含（　　）区域（多选）。

A．图标区　　B．标题区
C．内容区　　D．按钮区

（4）ProgressDialog 中设置进度框中显示消息的方法是（　　）。

A．setMax()　　B．setMessage()
C．setProgress()　　D．setIndeterminater()

3．思考题

简述常用 4 种对话框的作用。

4．编程题

编写程序实现在对话框中显示进度条。

第4章 chapter 4

Android 事件处理

本章学习目标

- 掌握基于监听的事件处理模型。
- 掌握实现事件处理器的方式。
- 掌握基于回调的事件处理模型。
- 掌握基于回调的事件传播。
- 掌握常见的事件回调方法。
- 掌握响应系统设置的事件。
- 掌握 Handler 的功能和用法。
- 掌握 Handler、Looper、MessageQueue 的关系。

Android 中提供了两种事件处理方式：基于回调的事件处理和基于监听的事件处理。当用户在程序界面上执行各种操作时，程序必须为用户提供响应动作，这种响应动作就是通过事件处理完成的。掌握本章内容，就可以开发出人机交互良好的 Android 应用。

4.1 基于监听的事件处理

4.1.1 事件监听的处理模型

在事件监听的处理模型中，主要涉及以下三类对象。

- Event Source（事件源）：一般指各个组件。
- Event（事件）：一般是指用户操作，该事件封装了界面组件上发生的各种特定事件。
- Event Listener（事件监听器）：负责监听事件源所发生的事件，并对该事件做出响应。

实际上，事件响应的动作就是一组程序语句，通常以方法的形式组织起来。Android 利用的是 Java 语言开发，其面向对象的本质没有改变，所以方法必须依附于类中才可以使用。而事件监听器的核心就是它所包含的方法，这些方法也被称为事件处理器（Event Handler）。

事件监听的处理模型可以这样描述：当用户在程序界面操作时，会激发一个相应的事件，该事件就会触犯事件源上注册事件监听器，事件监听器再调用对应的事件处理器做出相应的反应。

Android 的事件处理机制采用了一种委派式的事件处理方式：普通组件（事件源）将整个事件处理委派给特定的对象（事件监听器），当该组件发生指定的事件时，就通知所委托的事件监听器，由该事件监听器处理该事件，该流程如图 4.1 所示。

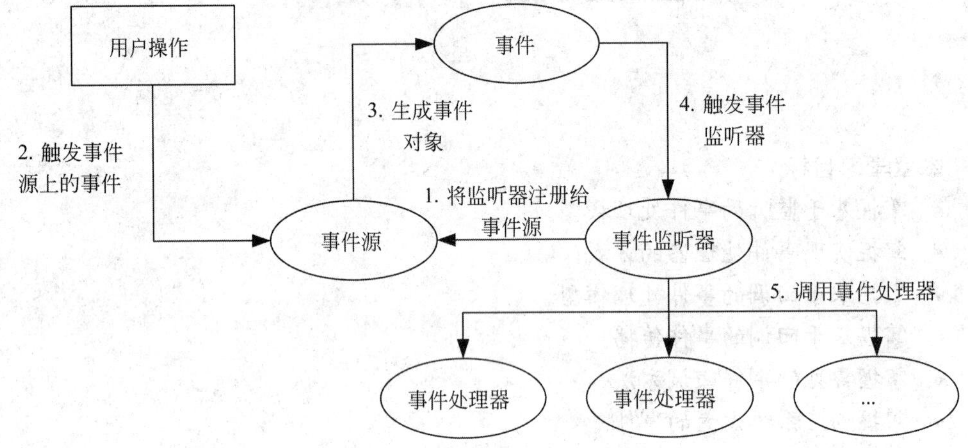

图 4.1　监听事件的处理流程图

这种委派式的处理方式类似于人类社会的分工合作。举一个简单例子，当人们想邮寄一份快递（事件源）时，通常是将该快递交给快递点（事件监听器）来处理，再由快递点通知物流公司（事件处理器）运送快递，而快递点也会监听多个物流公司的快递，进而通知不同的物流公司。这种处理方式将事件源与事件监听器分离，从而提供更好的程序模型，有利于提高程序的可维护性。

在第 2 章中讲解到 Button 组件时，使用到了 Button 的 onClick 属性。前面已经知道，控制 UI 界面有两种形式，下面就以在 Java 代码中的实现方式为例，示范基于监听的事件处理模型。

【例 4-1】 简单的布局文件。

```
<LinearLayout
    xmlns:android="http://schemas.android.com/apk/res/android"
    android:layout_width="match_parent"
    android:layout_height="match_parent"
    android:layout_margin="16dp"
    android:orientation="vertical">
    <TextView
        android:id="@+id/textView"
        android:layout_width="match_parent"
        android:layout_height="wrap_content"
        android:textSize="16sp"/>
    <Button
```

```
        android:id="@+id/btn"
        android:layout_width="match_parent"
        android:layout_height="wrap_content"
        android:text="单击我试试"
        android:textSize="20sp"/>
</LinearLayout>
```

上面的布局文件中只定义两个简单组件，一个 TextView 和一个 Button，使用的属性都是常用的，下面看 Java 代码中的实现：

```
public class MainActivity extends AppCompatActivity {
    private TextView tv;
    private Button btn;
    @Override
    protected void onCreate(Bundle savedInstanceState) {
        super.onCreate(savedInstanceState);
        setContentView(R.layout.activity_main);
        tv = (TextView) findViewById(R.id.textView);
        btn = (Button) findViewById(R.id.btn);
        btn.setOnClickListener(new MyClickListener());
    }
    class MyClickListener implements View.OnClickListener{
        @Override
        public void onClick(View v) {
            tv.setText("btn 按钮被单击了");
        }
    }
}
```

上面程序中，首先定义类 MyClickListener 实现了 View.OnClickListener 接口，这个类就是单击事件的监听器，然后通过 setOnClickListener 方法为按钮注册事件监听器。当按钮被单击时，对应的事件处理器被触发，结果就是 TextView 的显示文字“btn 按钮被单击了”。

基于上面程序可以总结出基于监听的事件处理模型的编程步骤：

（1）获取要被监听的组件（事件源）。

（2）实现事件监听器类，该类是一个特殊的 Java 类，必须实现一个 XxxListener 接口。

（3）调用事件源的 setXxxListener 方法将事件监听器对象注册给事件源。

当用户操作应用界面，触发事件源上指定的事件时，Android 会触发事件监听器，然后由该事件监听器调用指定的方法（事件处理器）来处理事件。

实际上，对于上述三个步骤，最关键的步骤是实现事件监听器类。实现事件监听器其实就是实现了特定接口的 Java 类实例，在程序中实现事件监听器，通常有如下几种形式。

- 内部类形式：将事件监听器类定义成当前类的内部类。
- 外部类形式：将事件监听器类定义成一个外部类。
- Activity 本身作为事件监听器类：让 Activity 本身实现监听器接口，并实现事件处理方法。
- 匿名内部类形式：使用匿名内部类创建事件监听器对象。

例 4-1 中就是采用内部类的形式创建了事件监听器，现在还是采用例 4-1 中的布局方式，只是换成剩余三种形式来创建事件监听器。

4.1.2 创建监听器的几种形式举例

【例 4-2】 外部类形式创建监听器。

```java
public class BtnClickListener implements View.OnClickListener{
    private Activity activity;
    private TextView textView;
    public BtnClickListener(Activity activity,
        TextView textView) {
        this.activity = activity;
        this.textView = textView;
    }
    @Override
    public void onClick(View v) {
        textView.setText("外部类创建监听器");
        Toast.makeText(activity, "触发了 onClick 方法",
            Toast.LENGTH_LONG).show();
    }
}
```

上面的事件监听器类实现了 View.OnClickListener 接口，创建该监听器时需要加入一个 Activity 和一个 TextView，具体的 Java 代码如下：

```java
public class MainActivity extends AppCompatActivity {
    private TextView tv;
    private Button btn;
    @Override
    protected void onCreate(Bundle savedInstanceState) {
        super.onCreate(savedInstanceState);
        setContentView(R.layout.activity_main);
        tv = (TextView) findViewById(R.id.textView);
        btn = (Button) findViewById(R.id.btn);
        btn.setOnClickListener(new BtnClickListener(this, tv));
    }
}
```

运行程序得到如图 4.2 所示的界面。

图 4.2 触发监听器后

上面程序第 10 行，用于给按钮的单击事件绑定监听器，当用户单击按钮时，就会触发监听器 BtnClickListener，从而执行监听器里面的方法。

外部类形式的监听器基本就是这样实现的，专门定义一个外部类用于实现事件监听类接口作为事件监听器，之后在对应的组件中注册该监听器。

【例 4-3】 Activity 本身作为事件监听器类。

```
public class MainActivity extends AppCompatActivity
        implements View.OnClickListener {
    private TextView tv;
    private Button btn;
    @Override
    protected void onCreate(Bundle savedInstanceState) {
        super.onCreate(savedInstanceState);
        setContentView(R.layout.activity_main);
        tv = (TextView) findViewById(R.id.textView);
        btn = (Button) findViewById(R.id.btn);
        btn.setOnClickListener(this);
    }
    @Override
    public void onClick(View v) {
        tv.setText("Activity作为事件监听类");
```

```
    }
}
```

上面程序中 Activity 直接实现了 View.OnClickListener 接口，从而可以直接在该 Activity 中定义事件处理器方法 onClick(View v)。当为某个组件添加该事件监听器时，直接使用 this 关键字作为事件监听器即可。

【例 4-4】 匿名内部类作为事件监听器。

```
public class MainActivity extends AppCompatActivity {
    private TextView tv;
    private Button btn;
    @Override
    protected void onCreate(Bundle savedInstanceState) {
        super.onCreate(savedInstanceState);
        setContentView(R.layout.activity_main);
        tv = (TextView) findViewById(R.id.textView);
        btn = (Button) findViewById(R.id.btn);
        btn.setOnClickListener(new View.OnClickListener() {
            @Override
            public void onClick(View v) {
                tv.setText("匿名内部类作为事件监听器");
            }
        });
    }
}
```

可以看出匿名内部类的语法结构有点奇怪，除了这个缺点，匿名内部类比其他方式有优势，一般建议使用匿名内部类的方式创建监听器类。

4.1.3 在标签中绑定事件处理器

除了上述几种方式之外，还有一种更简单的绑定事件监听器的方式，就是直接在布局文件中为指定标签绑定事件处理方法。

对于 Android 中的很多组件来说，它们都支持 onClick 属性，例如在第 2 章中提到的 Button 的属性 onClick，具体示例代码如下。

【例 4-5】 在标签中绑定事件处理器。

```
<LinearLayout
    xmlns:android="http://schemas.android.com/apk/res/android"
    android:layout_width="match_parent"
    android:layout_height="match_parent"
    android:layout_margin="16dp"
    android:orientation="vertical">
    <TextView
```

```
8           android:id="@+id/textView"
9           android:layout_width="match_parent"
10          android:layout_height="wrap_content"
11          android:textSize="18sp"
12          android:textColor="#000"
13          android:gravity="center" />
14      <Button
15          android:id="@+id/btn"
16          android:layout_width="match_parent"
17          android:layout_height="wrap_content"
18          android:text="单击我试试"
19          android:textSize="20sp"
20          android:onClick="btnClick"/>
21  </LinearLayout>
```

上面的布局文件中第 20 行，Button 设置了 onClick 属性，这行代码就已经为 Button 绑定了一个事件处理方法：btnClick，这也意味着开发者需要在对应的 Activity 中定义一个 void btnClick(View v)的方法，该方法将会处理 Button 上的单击事件，Activity 中的代码如下：

```
1   public class MainActivity extends AppCompatActivity {
2       private TextView tv;
3       private Button btn;
4       @Override
5       protected void onCreate(Bundle savedInstanceState) {
6           super.onCreate(savedInstanceState);
7           setContentView(R.layout.activity_main);
8           tv = (TextView) findViewById(R.id.textView);
9           btn = (Button) findViewById(R.id.btn);
10      }
11      public void btnClick(View view) {
12          tv.setText("Button 被单击了");
13      }
14  }
```

上面程序中的第 11 行就是属性 onClick 对应的方法，当用户单击该按钮时，btnClick 方法将会被触发进而处理此单击事件。

4.2 基于回调的事件处理

4.2.1 回调机制

前面提到监听机制是一种委派式的事件处理机制，事件源与事件监听器分离，用户触发事件源指定的事件之后，交给事件监听器处理相应的事件。而回调机制则完全相反，它的事件源与事件监听器是统一的，或者可以说，它没有事件监听器的概念。因为它可以通过回调自身特定的方法处理相应的事件。

为了实现回调机制的事件处理，需要继承 GUI 组件类，并重写对应的事件处理方法，其实就是第 2 章中讲到的自定义 UI 组件的方法。Android 为所有的 GUI 组件提供了一些事件处理的回调方法，以 View 类为例，该类包含如表 4.1 所示的方法。

表 4.1　View 类中的回调方法

方　法	作　用
boolean onKeyDown(int keyCode, KeyEvent event)	在该组件上按下某个按键时触发
boolean onKeyLongPress(int keycode, KeyEvent event)	在该组件上长按某个按键时触发
boolean onKeyUp(int keycode, KeyEvent event)	在该组件上松开某个按键时触发
boolean onTouchEvent(MotionEvent event)	在该组件上触发触摸屏事件时触发
boolean onTrackballEvent(MotionEvent event)	在该组件上触发轨迹球事件时触发
boolean onKeyShortcut(int keycode, KeyEvent event)	一个键盘快捷键事件发生时触发

就代码实现的角度而言，基于回调的事件处理模型更加简单。

4.2.2　基于回调的事件传播

开发者可控制基于回调的事件传播，几乎所有基于回调的事件处理方法都有一个 boolean 类型的返回值，该返回值决定了对应的处理方法能否完全处理该事件。当返回值为 false 时，表明该处理方法并未完全处理该事件，事件会继续向下传播；返回值为 true 时，表明该处理方法已完全处理该事件，该事件不会继续传播。因此对基于回调的事件处理方式而言，某组件上所发生的事件不仅会激发该组件上的回调方法，也会触发所在 Activity 的回调方法，只要该事件能传播到该 Activity。

下面来看事件传播的例子，以 Button 举例。

【例 4-6】 基于回调的事件传播示例。

```
public class MyButton extends Button {
   public MyButton(Context context, AttributeSet attrs) {
      super(context, attrs);
   }
   @Override
   public boolean onKeyDown(int keyCode, KeyEvent event) {
      super.onKeyDown(keyCode, event);
      Log.v("-MyButton-", "按下了 MyButton");
      return false;
   }
}
```

上面程序中自定义了 MyButton 子类，并重写了 onKeyDown()方法，当用户按下这个按钮时将会触发该方法。该方法返回了 false，意味着事件还会继续向外传播。继续看

Activity 类的代码：

```
public class MainActivity extends AppCompatActivity {
    private TextView tv;
    private MyButton myButton;
    @Override
    protected void onCreate(Bundle savedInstanceState) {
        super.onCreate(savedInstanceState);
        setContentView(R.layout.activity_main);
        tv = (TextView) findViewById(R.id.textView);
        myButton = (MyButton) findViewById(R.id.my_btn);
        myButton.setOnKeyListener(new View.OnKeyListener() {
            @Override
            public boolean onKey(View v, int keyCode, KeyEvent event) {
                if (event.getAction() == KeyEvent.ACTION_DOWN) {
                    Log.v("-Listener-", "keyDown in Listener");
                }
                return false;
            }
        });
    }
    @Override
    public boolean onKeyDown(int keyCode, KeyEvent event) {
        super.onKeyDown(keyCode, event);
        Log.v("-Activity-", "the onKeyDown in Activity");
        return false;
    }
}
```

上面程序中重写了 Activity 中的 onKeyDown 方法，意味着在该 Activity 中包含的所有组件上按下某个按钮时，该方法都可能被触发。不仅如此，上面程序中还采用了监听模式处理 Button 按钮上被按下的事件。

当 Button 上某个按键被按下时，上面程序的执行顺序是最先触发按钮上绑定的事件监听器，然后触发该组件提供的事件回调方法，最后传播到该组件所在的 Activity。但如果改变某个方法的返回值，使其返回 true，则该事件不会传播到下一层，相应的输出日志也会改变，留给大家自行实践观察。

4.2.3 与监听机制对比

对比这两种事件处理模型，可以看出基于监听的事件处理模型比较有优势：

- 分工明确，事件源与事件监听器分开来实现，可维护性较好。
- 优先被触发。

但在某些特定情况下，基于回调的事件处理机制能更好地提高程序的内聚性。如例 2-1 中，就采用了回调的方式自定义了 BallView 类。通过为 View 提供事件处理的回调方法，可以很好地把事件处理方法封装在该 View 内部，从而提高程序的内聚性。

基于回调的事件处理更适合解决如例 2-1 事件处理逻辑比较固定的 View。

4.3 响应系统设置的事件

在实际开发中，经常会遇到横竖屏切换的问题，在 Android 应用中横竖屏切换并不仅仅是设备屏幕的横竖屏切换，它还涉及 Activity 生命周期的销毁与重建的问题。所以当遇到类似横竖屏切换这样的系统设置问题时，应用程序就需要根据系统的设置做出相应的改变，这就是本节要讲述的内容。

4.3.1 Configuration 类简介

Configuration 类专门用来描述 Android 手机的配置信息，这些配置信息既包括用户特定的配置项，也包括系统的动态设备配置。

获取 Configuration 对象的方式很简单，只需要一行代码就可以实现：

```
Configuration cfg = getResources().getConfiguration();
```

获取了该对象之后，就可以通过该对象提供的如表 4.2 所示的属性来获取系统的配置信息。

表 4.2　Cofiguration 中的属性介绍

方　法	作　用
public float fontScale	获取当前用户设置的字体的缩放因子
public int keyboard	获取当前设备所关联的键盘类型
public Locale locale	获取用户当前的位置
public int mcc	获取移动信号的国家码
public int mnc	获取移动信号的网络码
public int orientation	获取系统屏幕的方向
public int touchscreen	获取系统触摸屏的触摸方式

下面通过一个实例介绍 Configuration 的用法，该程序可以获取系统的屏幕方向、触摸屏状态等信息，由于布局文件很简单，这里不给出布局文件的代码。

【例 4-7】 Configuration 类应用示例。

```
public class MainActivity extends AppCompatActivity {
    private TextView textView1,textView2,textView3;
    @Override
    protected void onCreate(Bundle savedInstanceState) {
```

```
5         super.onCreate(savedInstanceState);
6         setContentView(R.layout.activity_main);
7         textView1 = (TextView) findViewById(R.id.textView1);
8         textView2 = (TextView) findViewById(R.id.textView2);
9         textView3 = (TextView) findViewById(R.id.textView3);
10    }
11    public void getMessage(View view) {
12        Configuration cfg = getResources().getConfiguration();
13        String screen = cfg.orientation ==
14        Configuration.ORIENTATION_LANDSCAPE?"横屏":"竖屏";
15        String touchStatus = cfg.touchscreen ==
16        Configuration.TOUCHSCREEN_NOTOUCH?"无触摸屏":"支持触摸屏";
17        String mncCode = cfg.mnc + "";
18        textView1.setText(screen);
19        textView2.setText(touchStatus);
20        textView3.setText(mncCode);
21    }
22 }
```

运行结果如图 4.3 所示。

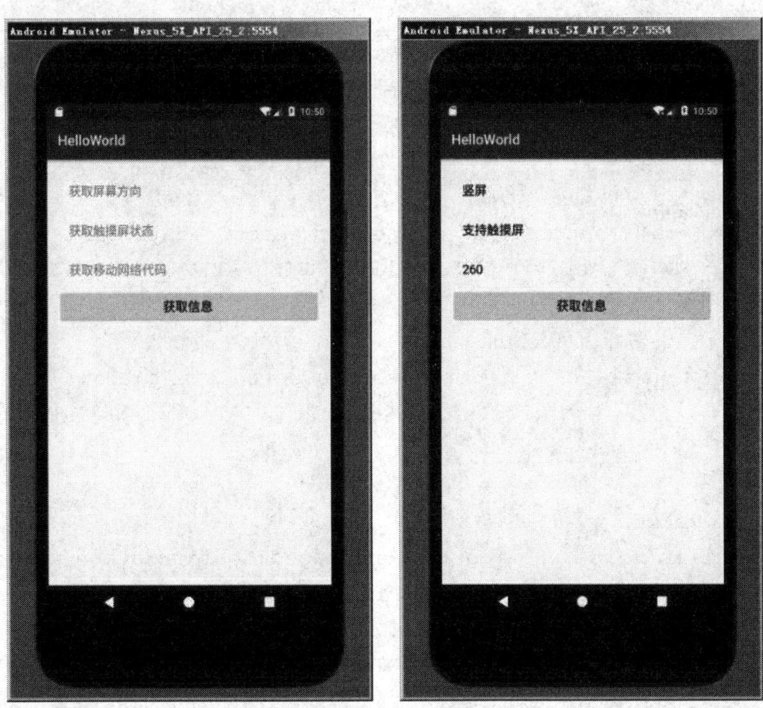

图 4.3　获取模拟器设备信息

上面程序中的 getMessage(View view)方法是在 Button 标签中直接绑定的，单击 Button 触发单击事件之后，用第 12 行代码获取 Configuration 对象，进而获取系统的设备状态。

4.3.2 onConfigurationChanged 方法

在 Android 应用中，经常会看到应用程序为适应手机屏幕的横竖屏切换，也切换了横竖屏显示方式。实现此功能需要对屏幕的横竖屏变化进行监听，可以通过重写 Activity 的 onConfigurationChanged(Configuration newConfig)方法实现监听。该方法是一个基于回调的事件处理方法：当系统设置发生变化时，该方法会被自动触发。

为方便介绍该方法，下面用一个实例来讲解：当屏幕横屏时使用方法 setRequestedOrientation(int)设置它为竖屏，反之亦然，进而使用 onConfigurationChanged 方法监听屏幕的变化，具体代码如例 4-8 所示。

【例 4-8】 使用 onConfigurationChanged 方法监听屏幕变化。

```
public class MainActivity extends AppCompatActivity {
    @Override
    protected void onCreate(Bundle savedInstanceState) {
        super.onCreate(savedInstanceState);
        setContentView(R.layout.activity_main);
    }
    public void getScreenMessage(View view) {
        Configuration cfg = getResources().getConfiguration();
        //判断当前屏幕是否为横屏
        if (cfg.orientation == Configuration.ORIENTATION_LANDSCAPE) {
            //设置屏幕竖屏
            MainActivity.this.setRequestedOrientation(
                ActivityInfo.SCREEN_ORIENTATION_PORTRAIT);
        } else {
            //设置屏幕横屏
            MainActivity.this.setRequestedOrientation(
                ActivityInfo.SCREEN_ORIENTATION_LANDSCAPE);
        }
    }
    @Override
    public void onConfigurationChanged(Configuration newConfig) {
        super.onConfigurationChanged(newConfig);
        String screen = newConfig.orientation ==
            Configuration.ORIENTATION_LANDSCAPE?"横屏":"竖屏";
        Toast.makeText(MainActivity.this, "屏幕方向更改为" + screen,
            Toast.LENGTH_LONG).show();
    }
}
```

运行结果如图 4.4 所示。

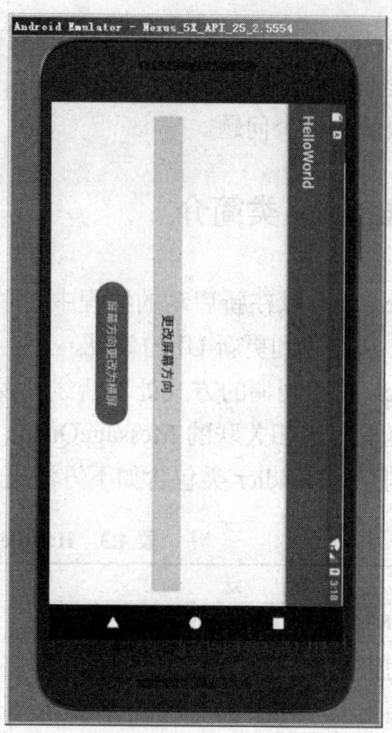

图 4.4 监听屏幕方向的改变

上面程序中 getScreenMessage 方法是在 Button 组件的标签中绑定的事件处理器，布局文件中也只有一个 Button 组件，所以这里不提供布局文件的代码。第 21 行代码就是重写的 onConfigurationChanged()方法，运行程序，如果有弹出的 Toast 即代表执行了 onConfigurationChanged()方法，也即监听了屏幕方向的变化。

从图 4.4 中可以看到弹出了 Toast，说明该方法能监听到系统屏幕方向的变化。需要注意的是，为了让该 Activity 能监听到屏幕方向更改的事件，需要在配置该 Activity 时（Manifest.xml）指定 android:configChanges 属性，并将属性值设为 orientation|screenSize 时才能监听到系统屏幕改变的事件。除了该属性值外，还可以设置为 mcc、mnc、locale、touchscreen、keyboard、keyboardHidden、navigation、screenLayot、uiMode、smallestScreenSize、fontScale 等属性值。

4.4 Handler 消息传递机制

开发一款 APP 肯定都会涉及更新 UI 的问题，而 Android 中规定：只允许 UI 线程修改 Activity 中的 UI 组件。

UI 线程就是主线程，是随着应用程序启动而自动启动的一条线程，它主要负责处理与 UI 相关的问题，例如用户的单击操作、触摸屏操作以及屏幕绘图等，并把相关的事件分发到对应的组件进行处理。

既然 Android 官方规定只能在 UI 线程中更新 UI 组件，那是不是新启动的线程就无法动态改变 UI 组件的属性值了呢？答案当然是否定的。本节中的 Handler 消息传递机制就可以轻松解决这个问题。

4.4.1 Handler 类简介

Handler 类可以在新启动的线程中向主线程发送消息，主线程中获取到消息并处理相应操作，从而达到更新 UI 的效果。

Handler 采用回调的方式处理新线程发送来的消息。当新启动的线程发送消息后，消息被发送到与之相关联的 MessageQueue 中，最后 Handler 不断从 MessageQueue 中获取并处理消息。Handler 类包含如下方法用于发送、处理消息，如表 4.3 所示。

表 4.3　Handler 类中的常用方法

方　法	作　用
void handleMessage(Message msg)	处理消息的方法，经常用于被重写
final boolean hasMessages(int what)	检查消息队列中是否包含 what 属性为指定值的消息
final boolean hasMessages(int what, Object object)	检查消息队列中是否包含 what 属性为指定值且 object 属性为指定对象的消息
Message obtainMessage()	获取信息
sendEmptyMessage(int what)	发送空消息
final boolean sendEmptyMessageDelayed(int what, long delayMillis)	指定多少毫秒之后发送空消息
final boolean sendMessage(Message msg)	立即发送消息
final boolean snedMessageDelayed(Message msg, long delayMillis)	指定多少毫秒发送消息

借助于上面这些方法，就可以利用 Handler 实现消息的传递。下面通过一个例子展示 Handler 的用法，该例的功能是实现几张图片的间隔播放，具体代码如例 4-9 所示。

【例 4-9】 Handler 使用举例。

```
public class MainActivity extends AppCompatActivity {
    private ImageView imageView;
    public MyHandler myHandler;
    private int currentImage = 0;
    int[] imageIds = new int[]{
            R.drawable.shrimp, R.drawable.lemon,
            R.drawable.strawberry, R.drawable.breakfast };
    //创建自定义 Handler，这种写法可避免内存泄露
    public class MyHandler extends Handler{
        private WeakReference<MainActivity> myActivity;
        public MyHandler(MainActivity activity){
            this.myActivity = new WeakReference<>(activity);
        }
```

```
        @Override
        public void handleMessage(Message msg) {
            MainActivity activity = myActivity.get();
            if (activity != null) {
                switch (msg.what) {
                    case 0:
                        imageView.setImageResource(
                            imageIds[currentImage++ % imageIds.length]);
                        break;
                }
            }
            super.handleMessage(msg);
        }
    }
    @Override
    protected void onCreate(Bundle savedInstanceState) {
        super.onCreate(savedInstanceState);
        setContentView(R.layout.activity_main);
        myHandler = new MyHandler(this);
        imageView = (ImageView) findViewById(R.id.iv_image);
        //从第一秒开始，每秒执行一次
        timer.schedule(task, 1000, 1000);
    }
    Timer timer = new Timer();
    TimerTask task = new TimerTask(){
        @Override
        public void run() {
            myHandler.sendEmptyMessage(0);
        }
    };
}
```

上面程序中通过 Timer 类周期性地执行指定任务，Timer 可调度 TimerTask 对象，而 TimerTask 本质就是启动一条新线程。现在在 TimerTask 中发送一个空消息，用于定时改变 ImageView 显示的图片。再看 Handler 的写法，这里的写法可避免内存泄露，在实际开发中经常使用的就是这种写法。对于初学者来说，可以直接通过 new 关键字使用 Handler。

Handler 通过重写 handleMessage(Message msg)方法来接受新线程发送来的消息（被自动回调），而 handleMessage(Message msg)方法存在于主线程中，因此可动态修改 ImageView 属性值，这样就实现了由新线程修改 UI 组件的效果。

4.4.2 Handler、Loop 及 MessageQueue 三者的关系

4.4.1 节中提到新线程将消息发送至 MessageQueue，然后 Handler 不断从 MessageQueue

中获取并处理消息。Handler从MessageQueue中读取消息就要用到Looper，Looper的loop方法负责读取MessageQueue中的消息，读取消息之后把消息发送给Handler来处理。

图4.5很好地展示了这三者之间的关系，可以看出，如果希望Handler正常工作，必须在当前线程中有一个Looper对象。而Looper的创建分为以下两种情况：

（1）在主线程即UI线程中，系统已默认初始化了一个Looper对象，因此程序直接创建Handler即可。

（2）开发者新建的子线程中，必须自己创建一个Looper对象并启动它，才可使用Handler。创建Looper对象调用它的prepare()方法即可。

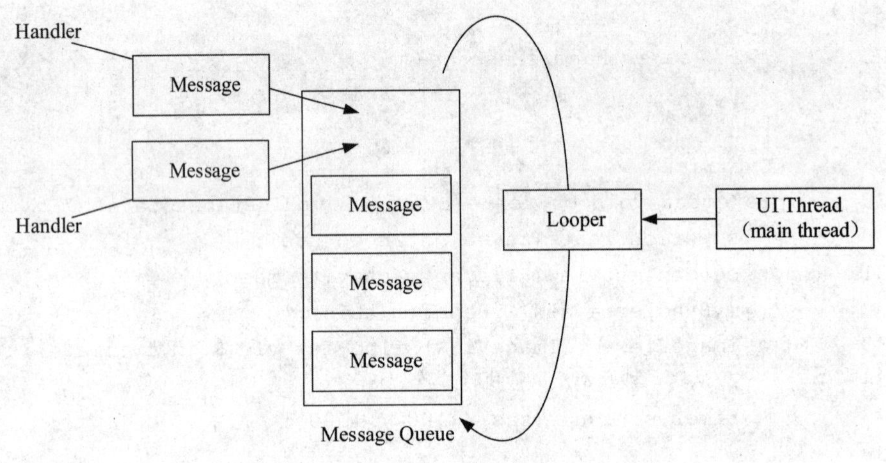

图4.5　三者关系图

下面来分别归纳一下这三者的作用，如表4.4所示。

表4.4　Looper、MessageQueue、Handler的作用

类	作　用
Looper	每个线程只有一个Looper，负责管理MessageQueue，并不断从MessageQueue中取出消息分发给对应的Handler处理
MessageQueue	消息队列，采用先进先出的方式管理Message
Handler	发送消息给MessageQueue，接收从Looper发来的消息并处理

在新建的线程中使用Handler的步骤如下：

（1）调用Looper的prepare()方法为当前线程创建Looper对象，创建Looper对象时，Looper的构造方法会自动创建与之匹配的MessageQueue。

（2）Looper创建完成之后，开始创建Handler实例，并重写handleMessage()方法，该方法负责处理来自于其他线程的消息。

（3）调用Looper的loop()方法启动Looper。

介绍了方法与使用步骤之后，下面来看一个实例。该例的功能是单击Button在ImageView中随机显示一张图片，由于布局文件只有这两个控件所以这里不展示。本例同时展示了主线程和子线程中Handler使用的不同之处，所以代码稍显冗余，其实也有更好的方式实现该功能，这里只是为了让大家理解所以采取这种方式编写，如例 4-10 所示。

【例 4-10】 Handler 在子线程中的使用举例。

```
public class MainActivity extends AppCompatActivity {
    public static final int CHANGEID = 0;
    public static final int SHOWIMAGE = 1;
    public ImageView myImage;
    private int choiceImage;
    int[] images = new int[]{
            R.drawable.f1, R.drawable.f2, R.drawable.f3, R.drawable.f4,
            R.drawable.f5, R.drawable.f6, R.drawable.f7, R.drawable.f8,
            R.drawable.f9, R.drawable.f10, R.drawable.f11
    };
    private MyThread myThread;
    private MainHandler mainHandler;
    //子线程中的Handler，用于随机显示一个图片索引
    class MyThread extends Thread{
        public Handler mHandle;
        @Override
        public void run() {
            super.run();
            //为子线程准备Looper
            Looper.prepare();
            mHandle = new Handler(){
                @Override
                public void handleMessage(Message msg) {
                    super.handleMessage(msg);
                    switch (msg.what) {
                        case CHANGEID:
                            Random random = new Random();
                            //从images数组中随机取出一个数
                            int imageId =random.nextInt(images.length-1);
                            choiceImage = imageId;
                            //给主线程中的Handler发送消息，用以更新图片
                            mainHandler.sendEmptyMessage(SHOWIMAGE);
                            Toast.makeText(MainActivity.this,
                                    "随机选择了第"+ imageId +"张图片",
                                    Toast.LENGTH_LONG).show();
                            break;
                    }
                }
            };
            //启动Looper
```

```
            Looper.loop();
        }
    }
    //主线程中的 Handler，用于显示图片
    public class MainHandler extends Handler{
        private WeakReference<MainActivity> mainActivity;
        public MainHandler(MainActivity activity){
            this.mainActivity = new WeakReference<>(activity);
        }
        @Override
        public void handleMessage(Message msg) {
            super.handleMessage(msg);
            MainActivity activity = mainActivity.get();
            if (activity != null) {
                switch (msg.what) {
                    case SHOWIMAGE:
                        myImage.setImageResource(images[choiceImage]);
                        break;
                }
            }
        }
    }
    @Override
    protected void onCreate(Bundle savedInstanceState) {
        super.onCreate(savedInstanceState);
        setContentView(R.layout.activity_main);
        myImage = (ImageView) findViewById(R.id.iv_image);
        myThread = new MyThread();
        myThread.start();
        mainHandler = new MainHandler(this);
    }
    //标签中绑定的按钮单击事件
    public void showImage(View view) {
        myThread.mHandle.sendEmptyMessage(CHANGEID);
    }
}
```

运行结果如图 4.6 所示。

上面代码中，首先创建了一个子线程 MyThread，在该线程中创建了 Handler，用于接受 Button 的单击事件处理器 showImage(View view)发来的消息，然后根据 Images 数组的长度随机取出一个数字作为索引值，之后发送消息给主线程中创建的 MainHandler，用于更新显示图片到 ImageView 中。子线程 MyThread 中，首先通过 prepare()方法创建一个 Looper 对象，接着创建 Handler 用于处理其他线程发送来的消息，最后调用 loop()方法启动 Looper。

图 4.6 运行结果图

在例 4-10 中，要注意 Handler 在主线程和子线程中使用的区别：主线程中不用创建 Looper，因为程序启动时会自动创建一个 Looper。而子线程中需要手动创建 Looper。同时也声明，上面的程序是为了让大家更理解 Handler 的使用，需要优化的地方还有很多，希望大家理解 Handler 的使用之后，自己动手优化上面的程序，这里不再赘述。

4.5 本章小结

本章主要介绍了 Android 的两种事件处理机制：基于监听的事件处理和基于回调的事件处理。这两种事件处理机制都要熟练掌握。除此之外，还介绍了重写 onConfigurationChanged 方法响应系统设置的更改。同时大家也要掌握 Handler 的使用，由于 Android 中规定只能在主线程中更新 UI，新建的线程中如果也想更新 UI 就需要借助 Handler，并且要熟练掌握 Looper、MessageQueue 以及 Handler 之间的关系及工作原理。

4.6 习 题

1．填空题

（1）在 Android 中事件处理机制有________和________两种。

（2）在事件监听的处理模型中涉及________、________和________对象。

（3）在基于回调的事件处理模型中，没有________的概念。

（4）为了实现回调机制的事件处理，需要继承________类，并重写对应的________。

（5）在基于回调的事件处理方法中，若返回值为________则表示该方法没有处理完该事件，该事件会继续传播。

2．选择题

（1）下列不属于消息传递机制中使用到的三大类的一项是（　　）。

A．Handler　　B．MessageQueue

C．Looper　　D．handleMessage

（2）在事件监听的处理模型中，主要涉及三类对象为（　　）(多选)。

A．Event Source　　B．Event

C．Event Listener　　D．Event Bus

（3）下列选项中，不属于在程序中创建事件监听器的是（　　）。

A．外部类形式创建监听器　　B．Activity 本身作为事件监听器类

C．匿名内部类作为事件监听器　　D．在标签中绑定事件处理器

（4）基于回调的事件处理方法中，返回值 boolean 为 true 时表示（　　）。

A．该事件不会继续传播　　B．该事件继续传播

C．该事件消失不见　　D．该事件永久存在

3．思考题

如何设置手机屏幕只是竖屏？

4．编程题

编写程序实现使用 Handler 模拟进度条的进度。

第5章 chapter 5

深入理解 Activity 与 Fragment

本章学习目标

- 掌握 Activity 的建立与使用。
- 掌握 Activity 的生命周期。
- 掌握 Fragment 的建立与使用。
- 掌握 Fragment 的生命周期。

Android 应用中，Activity、Service、BroadcastReceiver 和 ContentProvider 这 4 大基本组件是学习 Android 开发的必学内容，而 Activity 是其中最重要的一项。它负责与用户交互，并向用户呈现应用的状态，通常一个 Android 应用由 N 个 Activity 组成。Fragment 代表了 Activity 的子模块，与 Activity 一样，Fragment 也有自己的生命周期。通过本章的学习，掌握 Activity 与 Fragment 的生命周期，以及它们的建立与使用。

5.1 建立、配置和使用 Activity

5.1.1 Activity 介绍

学习一个新知识点时，总要追根溯源才能彻底掌握。学习 Activity 也不例外，Activity 直接或间接继承了 Context、ContextWrapper、ContextThemeWrapper 等基类，如图 5.1 所示。

在使用 Activity 时，需要开发者继承 Activity 基类。在不同的应用场景下，可以选择继承 Activity 的子类。例如界面中只包括列表，则可以继承 ListActivity；若界面需要实现标签页效果，则要继承 TabActivity。

当一个 Activity 类被定义之后，这个 Activity 类何时被实例化，它所包含的方法何时被调用，都是由 Android 系统决定的。开发者只负责实现相应的方法创建出需要的 Activity 即可。

创建一个 Activity 需要实现一个或多个方法，其中最基本的方法是 onCreate(Bundle status)，它将会在 Activity 被创建时回调，然后通过 setContentView(View view)方法显示要展示的布局文件，这在第 1 章介绍 HelloWorld 项目时就提到过。

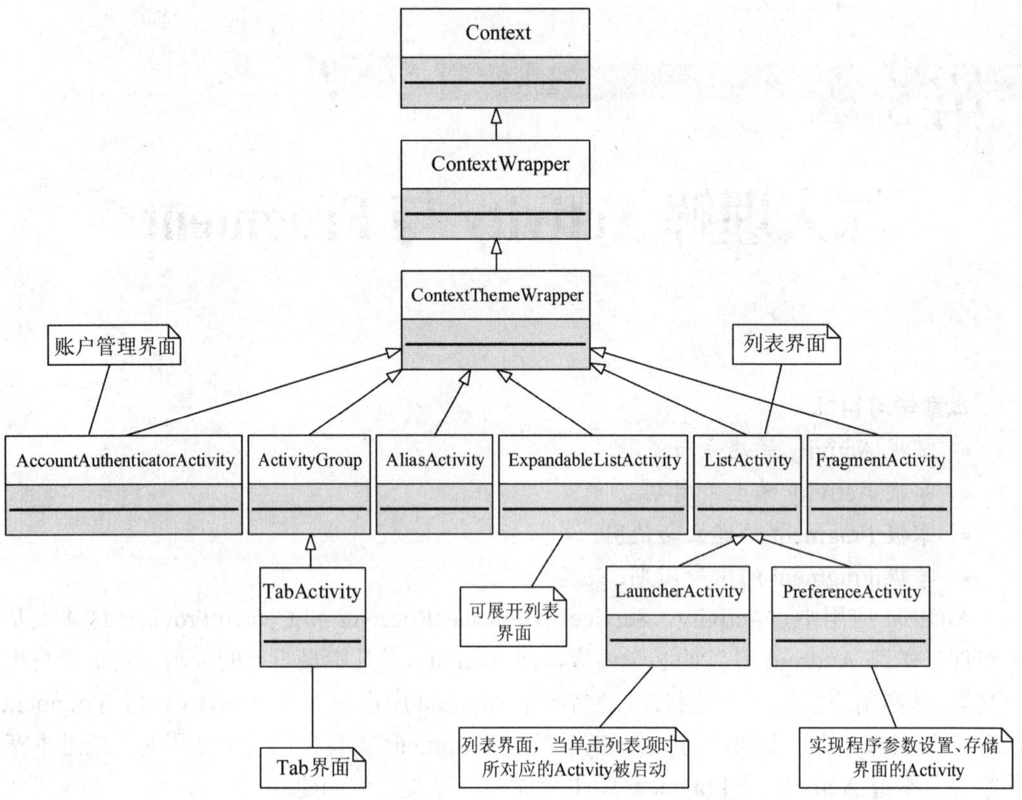

图 5.1　Activity 类图

接下来看一个 LauncherActivity 的例子。从图 5.1 可以看到 LauncherActivity 继承自 ListActivity，所以它本质也是一个开发列表界面的 Activity，但不同的是，它的每个列表项都对应一个 Intent，因此当用户单击不同的列表项时，应用程序会自动启动对应的 Activity。

【例 5-1】 LauncherActivity 用法示例。

```
public class MainActivity extends LauncherActivity {
    //定义两个 Activity 的名称
    String[] names = {"FirstActivity", "SecondActivity"};
    //定义两个 Activity
    Class<?>[] clazzs = {FirstActivity.class, SecondActivity.class};
    @Override
    protected void onCreate(Bundle savedInstanceState) {
        super.onCreate(savedInstanceState);
        ArrayAdapter<String> adapter = new ArrayAdapter<>(this,
                R.layout.simple_layout_item, names);
       //设置列表所需的 Adapter
        setListAdapter(adapter);
    }
```

```
    //根据列表项返回指定 Activity 对应的 Intent
    @Override
    protected Intent intentForPosition(int position) {
        return new Intent(MainActivity.this, clazzs[position]);
    }
}
```

需要注意的是，上面代码中 onCreate(Bundle savedInstanceState)方法中没有使用 setContentView(View view)加载 view，而是使用 ArrayAdapter 加载了一个列表。这也是 ListActivity 的不同之处。intentForPosition(int position)方法根据用户单击的列表项启动相应的 Activity。布局文件 simple_layout_item.xml 是一个根标签为 TextView 的布局，用于加载 names 列表。

至此 LauncherActivity 的示例已经完成，但这只是创建完成了 MainActivity，只有在 AndroidManifest.xml 文件中配置了 MainActivity 才可以使用。大家可能已经发现，之前的很多例子中也是在 MainActivity 中操作完成的，都可以在模拟器上运行，这里为什么就不行呢？这是因为 Android Studio 自动在 AndroidManifest.xml 文件中配置了 MainActivity，所以才能直接使用。

5.1.2 配置 Activity

5.1.1 节提到 Activity 必须在 AndroidManifest.xml 清单文件中配置才可以使用，而在 Android Studio 中是自动配置完成，但是有时自动配置完成的属性并不能满足需求，配置 Activity 时常用的属性如表 5.1 所示。

表 5.1 配置 Activity 属性

属　　性	说　　明
name	指定 Activity 的类名
icon	指定 Activity 对应的图标
label	指定 Activity 的标签
exported	指定该 Activity 是否允许被其他应用调用
launchMode	指定 Activity 的启动模式

除了上面几个属性之外，Activity 中还可以设置一个或多个<intent-filter…/>元素，该元素用于指定该 Activity 可响应的 Intent。

来看例 5-1 中清单文件配置的三个 Activity：

```
<activity android:name=".MainActivity"
<!–监听设备的横竖屏变化-->
   android:configChanges="orientation|screenSize"
   <!–设置该 Activity 的主题-->
android:theme="
        @android:style/Theme.DeviceDefault.Light.DarkActionBar">
```

```
        <!–指定该Activity是程序的入口-->
    <intent-filter>
            <action android:name="android.intent.action.MAIN" />
            <category android:name="android.intent.category.LAUNCHER"/>
        </intent-filter>
    </activity>
    <activity android:name=".FirstActivity" />
    <activity android:name=".SecondActivity" />
```

上面的配置代码配置了三个 Activty，其中第一个 Activity 配置了<intent-filter…/>元素，指定了该 Activity 作为程序的入口。运行例 5-1 程序，将会看到如图 5.2 所示的界面。

单击第一个列表项“单击进入 FirstActivity”，会出现如图 5.3 所示的界面。

图 5.2　LauncherActivity 运行结果图

图 5.3　单击 LauncherActivity 第一个列表项后

单击第二个列表项出现的结果与第一个相同，故这里不做展示。

5.1.3　Activity 的启动与关闭

在一个 Android 应用程序中通常会有多个 Activity，每个 Activity 都是可以被其他 Activity 启动的，但程序只有一个 Activity 作为入口，即程序启动时只会启动作为入口的 Activity，其他 Activity 会被已经启动的其他 Activity 启动。

Activity 被启动的方式有以下两种。

- startActivity(Intent intent)：启动其他 Activity。

- startActivityForResult(Intent intent, int requestCode)：以指定的请求码(requestCode)启动新 Activity，并且原来的 Activity 会获取新启动的 Activity 返回的结果（需重写 onActivityResult(...)方法）。

启动 Activity 有两种方式，关闭 Activity 也有两种方式。

- finish()：关闭当前 Activity。
- finishActivity(int requestCode)：结束以 startActivityForResult(Intent intent, int requestCode)方法启动的 Activity。

下面示范 Activity 的启动并实现两个 Activity 的切换。

【例 5-2】 Activity 的显式与隐式启动，两个 Activity 之间的切换。

```
public class MainActivity extends AppCompatActivity {
    @Override
    protected void onCreate(Bundle savedInstanceState) {
        super.onCreate(savedInstanceState);
        setContentView(R.layout.activity_main);
        Button button1 = (Button) findViewById(R.id.btn1);
        Button button2 = (Button) findViewById(R.id.btn2);
        Button button3 = (Button) findViewById(R.id.btn3);
        //显式启动 Activity
        button1.setOnClickListener(new View.OnClickListener() {
            @Override
            public void onClick(View v) {
                Intent intent = new Intent(MainActivity.this,
                 SecondActivity.class);
                startActivity(intent);
            }
        });
        //调用 setClassName()方法显式启动 Activity
        button2.setOnClickListener(new View.OnClickListener() {
            @Override
            public void onClick(View v) {
                Intent intent = new Intent();
                //第一个参数是包名，第二个参数是类的全路径名
                intent.setClassName("com.example.helloworld",
                        "com.example.helloworld.SecondActivity");
                startActivity(intent);
            }
        });
        //隐式启动
        button3.setOnClickListener(new View.OnClickListener() {
            @Override
            public void onClick(View v) {
                Intent intent = new Intent();
```

```
                intent.setAction("com.example.helloworld.SecondActivity");
                startActivity(intent);
            }
        });
    }
}
```

上面代码对应的布局文件中只有三个按钮，这里不做展示。这里示范了两种启动Activity 的形式，要注意的是显式启动时用 setClassName(String packageName, String className)方法，第一个参数是包名，第二个参数是类的全路径名。隐式启动的方式之前没有例子涉及，它需要在清单文件中对应的 Activity 中设置 action 标签，并且与代码中的 setAction()中设置的内容一样。来看清单文件中 SecondAtivity 中的配置：

```
<activity android:name="com.example.helloworld.SecondActivity" >
    <intent-filter>
        <action android:name="com.example.helloworld.SecondActivity"/>
        <category android:name="android.intent.category.DEFAULT"/>
    </intent-filter>
</activity>
```

清单文件中的粗体字代码与代码中隐式启动的 setAction()方法中一定要一样。其实隐式启动时 Android 系统会根据清单文件中设置的 action、category、uri 找到最合适的组件，只不过本例中设置 category 为"android.intent.category.DEFAULT"是一种默认的类别，在调用 startActivity()时会自动将这个 category 添加到 Intent。

下面来看 SecondActivity 中的代码：

```
public class SecondActivity extends AppCompatActivity {
    @Override
    protected void onCreate(Bundle savedInstanceState) {
        super.onCreate(savedInstanceState);
        setContentView(R.layout.second_layout);
        Button button1 = (Button) findViewById(R.id.btn1);
        Button button2 = (Button)findViewById(R.id.btn2);
        button1.setOnClickListener(new View.OnClickListener() {
            @Override
            public void onClick(View v) {
                Intent intent = new Intent(SecondActivity.this,
                                              MainActivity.class);
                startActivity(intent);
            }
        });
        button2.setOnClickListener(new View.OnClickListener() {
            @Override
            public void onClick(View v) {
```

```
                Intent intent = new Intent(SecondActivity.this,
                                    MainActivity.class);
                startActivity(intent);
                finish();
            }
        });
    }
}
```

上面代码中有两个监听器，只是一个有 finish()方法一个没有。如果有 finish()则表示单击按钮后会关闭自己。

5.1.4 使用 Bundle 在 Activity 之间交换数据

在实际开发中，一个 Activity 启动另一个 Activity 时经常需要传输数据过去。在 Activity 之间交换数据很簡单，使用 Intent 即可。在启动新的 Activity 时，利用 Intent 提供的多种方法将数据传递过去。常用的方法如表 5.2 所示。

表 5.2 传递数据时用到的方法

方 法	作 用
putExtras(Bundle data)	向 Intent 中放入需要携带的数据包
getExtras()	取出 Intent 所携带的数据包
putExtra(String name, Xxx value)	向 Intent 中放入 key-value 形式的数据
getXxxExtra(String name)	按 key 取出 Intent 中指定类型的数据
putXxx(String key, Xxx data)	向 Bundle 中放入各种类型的数据
getXxx(String key)	从 Bundle 中取出各种类型的数据
putSerializable(String key, Serializable data)	向 Bundle 中放入一个可序列化的对象
getSerializable(String key, Serializable data)	从 Bundle 中取出一个可序列化的对象

Intent 主要通过 Bundle 对象来携带数据，使用的方法都在表 5.2 中。下面通过一个实例示范两个 Activity 通过 Bundle 交换数据，假设需要学生的基本信息，学生在填写资料之后提交到下一个页面，具体代码如例 5-3 所示。

【例 5-3】 信息填写页面的布局文件。

```
<TableLayout
    xmlns:android="http://schemas.android.com/apk/res/android"
    android:layout_width="match_parent"
    android:layout_height="match_parent"
    android:layout_margin="16dp">
    <TableRow>
        <TextView
            android:layout_width="wrap_content"
            android:layout_height="wrap_content"
            android:text="昵称: "
```

```
            android:textSize="20sp"/>
        <EditText
            android:id="@+id/nickName"
            android:layout_width="wrap_content"
            android:layout_height="wrap_content"
            android:hint="请填写您的昵称"/>
    </TableRow>
    <TableRow >
        <TextView
            android:layout_width="wrap_content"
            android:layout_height="wrap_content"
            android:text="年龄："
            android:textSize="20sp"/>
        <EditText
            android:id="@+id/age"
            android:layout_width="wrap_content"
            android:layout_height="wrap_content"
            android:hint="您的年龄"/>
    </TableRow>
    <TableRow>
        <TextView
            android:layout_width="wrap_content"
            android:layout_height="wrap_content"
            android:text="性别："
            android:textSize="20sp"/>
        <RadioButton
            android:id="@+id/male"
            android:layout_width="wrap_content"
            android:layout_height="wrap_content"
            android:text="男"
            android:layout_gravity="center_horizontal"/>
        <RadioButton
            android:id="@+id/female"
            android:layout_width="wrap_content"
            android:layout_height="wrap_content"
            android:text="女"
            android:layout_gravity="center_horizontal"/>
    </TableRow>
    <TableRow>
        <TextView
            android:layout_width="wrap_content"
            android:layout_height="wrap_content"
            android:text="学历："
            android:textSize="20sp"/>
```

```
        <EditText
            android:id="@+id/qualifications"
            android:layout_width="wrap_content"
            android:layout_height="wrap_content"
            android:hint="您的学历水平"/>
    </TableRow>
    <TableRow>
        <TextView
            android:layout_width="wrap_content"
            android:layout_height="wrap_content"
            android:text="电话："
            android:textSize="20sp"/>
        <EditText
            android:id="@+id/phone"
            android:layout_width="wrap_content"
            android:layout_height="wrap_content"
            android:hint="您的联系电话"
            android:inputType="phone" />
    </TableRow>
    <Button
        android:id="@+id/submit"
        android:layout_width="wrap_content"
        android:layout_height="wrap_content"
        android:text="提交"/>
</TableLayout>
```

上面布局文件采用 TableLayout 布局方式，对应的 Java 代码如下：

```
public class MainActivity extends AppCompatActivity {
    private EditText nickName, age, qualifications, phone;
    private RadioButton male, female;
    private Button submit;
    @Override
    protected void onCreate(Bundle savedInstanceState) {
        super.onCreate(savedInstanceState);
        setContentView(R.layout.activity_main);
        setTitle("学生信息调查");
        submit = (Button) findViewById(R.id.submit);
        submit.setOnClickListener(new View.OnClickListener() {
            @Override
            public void onClick(View v) {
                nickName = (EditText) findViewById(R.id.nickName);
                age = (EditText) findViewById(R.id.age);
                male = (RadioButton) findViewById(R.id.male);
                female = (RadioButton) findViewById(R.id.female);
```

```
18              qualifications = (EditText) findViewById(
19                  R.id.qualifications);
20              phone = (EditText) findViewById(R.id.phone);
21              String gender = male.isChecked()?"男":"女";
22              Information information =
23                  new Information(nickName.getText().toString(),
24                      age.getText().toString(), gender,
25                      qualifications.getText().toString(),
26                      phone.getText().toString());
27              //创建 Bundle 对象
28              Bundle bundle = new Bundle();
29              bundle.putSerializable("information", information);
30              Intent intent = new Intent(MainActivity.this,
31                  SecondActivity.class);
32              intent.putExtras(bundle);
33              startActivity(intent);
34          }
35      });
36  }
37 }
```

第 22～26 行代码实现了 Information 类，该类实现了 Serializable 接口。第 28～32 行代码中首先创建了 bundle 对象，然后使用 bundle.putSerializable()实现在 MainActivity 与 SecondActivity 间传递 information 对象。information 类的具体代码如下：

```
public class Information implements Serializable {
    private String nickname, age, sex, qualifications, phone;
    public Information(String nickName, String age,
        String sex, String qualifications, String phone){
        this.nickName = nickName;
        this.age = age;
        this.sex = sex;
        this.qualifications = qualifications;
        this.phone = phone;
    }
    public String getNickName() {
        return nickName;
    }
    public void setNickName(String nickName) {
        this.nickName = nickName;
    }
    public String getAge() {
        return age;
    }
    public void setAge(String age) {
        this.age = age;
```

```
    }
    public String getSex() {
       return sex;
    }
    public void setSex(String sex) {
       this.sex = sex;
    }
    public String getQualifications() {
       return qualifications;
    }
    public void setQualifications(String qualifications) {
       this.qualifications = qualifications;
    }
    public String getPhone() {
       return phone;
    }
    public void setPhone(String phone) {
       this.phone = phone;
    }
     @Override
    public String toString() {
        return "Information{" +
              "nickName='" + nickName + '\'' +
              ", age=" + age +
              ", sex='" + sex + '\'' +
              ", qualifications='" + qualifications + '\'' +
              ", phone='" + phone + '\'' +
      '}';
    }
}
```

至此第一个Activity以及要传递的对象已经全部准备完毕。在要展示学生信息页面的布局文件中，用几个TextView展示学生信息，这里不做展示，直接看Java代码：

```
public class SecondActivity extends AppCompatActivity {
    @Override
    protected void onCreate(Bundle savedInstanceState) {
       super.onCreate(savedInstanceState);
       setContentView(R.layout.second_layout);
       setTitle("学生信息");
       TextView nickName = (TextView) findViewById(R.id.text1);
       TextView age = (TextView)findViewById(R.id.text2);
       TextView gender = (TextView)findViewById(R.id.text3);
       TextView qualifications = (TextView)findViewById(R.id.text4);
       TextView phone = (TextView)findViewById(R.id.text5);
```

```
12          Information info = (Information) getIntent()
13             .getSerializableExtra("information");
14          nickName.setText("昵称: " + info.getNickName());
15          age.setText("年龄: " + info.getAge());
16          gender.setText("性别: " + info.getSex());
17          qualifications.setText("学历: " + info.getQualifications());
18          phone.setText("电话: " + info.getPhone());
19      }
20  }
```

运行结果如图 5.4 所示。

图 5.4　传递学生信息

上面程序中第 12、13 行就是用来获取传递过来的学生信息，从图 5.4 可以看出，传递学生信息成功。

5.2　Activity 的生命周期和启动模式

5.2.1　Activity 的生命周期演示

初次接触 Activity 生命周期的大家可能会感到奇怪，看似生物现象的“生命周期”怎么会和 Activity 联系到一起？其实并不奇怪。当一个 Android 应用运行时，Android 系统以 Activity 栈的形式管理应用中的全部 Activity，随着不同应用的切换或者设备内存的变化，每个 Activity 都可能从活动状态变为非活动状态，也可能从非活动状态变为活动状态。这个变化过程就涉及 Activity 的部分甚至全部生命周期。

Activity 的生命周期分为 4 种状态，分别如下。

（1）运行状态：当前 Activity 位于前台，用户可见，可以获取焦点。

（2）暂停状态：其他 Activity 位于前台，该 Activity 依然可见，只是不能获取焦点。

（3）停止状态：该 Activity 不可见，失去焦点。

（4）销毁状态：该 Activity 结束，或所在的进程结束。

从图 5.5 可以看出，Activity 的生命周期包含如表 5.3 所示的方法。

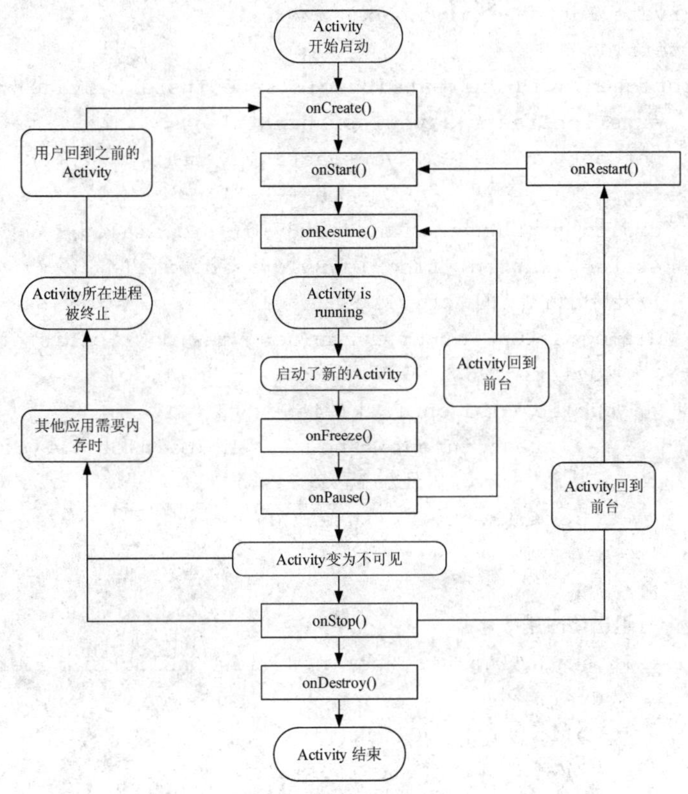

图 5.5　Activity 生命周期

表 5.3　Activity 生命周期的方法

方　法	作　用
onCreate(Bundle savedStatus)	创建 Activity 时被回调，只会被回调一次
onStart()	启动 Activity 时被回调
onRestart()	重启 Activity 时被回调
onResume()	恢复 Activity 时被回调，onStart()方法之后一定回调该方法
onPause()	暂停 Activity 时被回调
onStop()	停止 Activity 时被回调
onDestroy()	销毁 Activity 时被回调

在实际开发中使用 Activity 时并不是上面每个方法都要覆盖重写，根据实际需要选择重写指定的方法即可。比如前面的很多实例中，绝大部分都只重写了 onCreate(Bundle savedStatus)方法，该方法用于对 Activity 的初始化。

下面举一个覆盖全部方法的 Activity 示例，每个方法中只处理一行日志。布局文件中只有两个按钮，一个按钮用于启动一个对话框风格的按钮，另一个按钮则用于退出该应用。来看具体的 Java 代码。

【例 5-4】 Activity 生命周期示例。

```
public class MainActivity extends AppCompatActivity {
    final String TAG = "---MainActivity--";
    private Button dialog, exit;
    @Override
    protected void onCreate(Bundle savedInstanceState) {
        super.onCreate(savedInstanceState);
        setContentView(R.layout.activity_main);
        Log.d(TAG, "-----onCreate-----");
        dialog = (Button) findViewById(R.id.dialog);
        exit = (Button) findViewById(R.id.exit);
        //开启对话框式的 Activity
        dialog.setOnClickListener(new View.OnClickListener() {
            @Override
            public void onClick(View v) {
                Intent intent = new Intent(MainActivity.this,
                    SecondActivity.class);
                startActivity(intent);
            }
        });
        //退出该应用
        exit.setOnClickListener(new View.OnClickListener() {
            @Override
            public void onClick(View v) {
                MainActivity.this.finish();
            }
        });
    }
    @Override
    protected void onStart() {
        super.onStart();
        Log.d(TAG, "-----onStart-----");
    }
    @Override
    protected void onRestart() {
        super.onRestart();
```

```
        Log.d(TAG, "-----onRestart-----");
    }
    @Override
    protected void onResume() {
        super.onResume();
        Log.d(TAG, "-----onResume-----");
    }
    @Override
    protected void onPause() {
        super.onPause();
        Log.d(TAG, "-----onPause-----");
    }
    @Override
    protected void onStop() {
        super.onStop();
        Log.d(TAG, "-----onStop-----");
    }
    @Override
    protected void onDestroy() {
        super.onDestroy();
        Log.d(TAG, "-----onDestroy-----");
    }
}
```

运行结果如图 5.6 所示。

图 5.6 程序界面

上面程序中的 MainActivity 作为程序入口，启动程序后 MainActivity 将会执行 onCreate()、onStart()、onResume()方法，LogCat 窗口中看到的内容如图 5.7 所示。

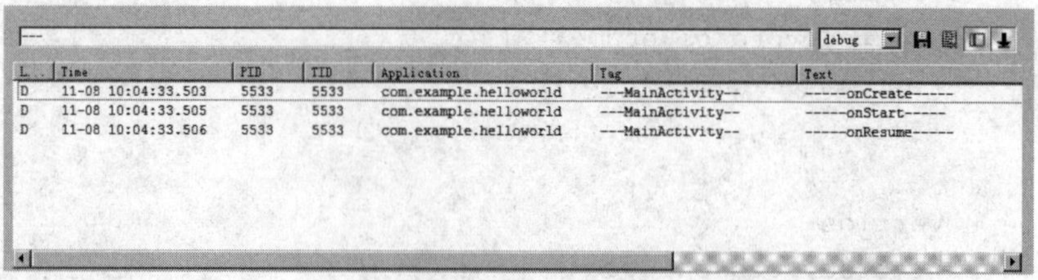

L...	Time	PID	TID	Application	Tag	Text
D	11-08 10:04:33.503	5533	5533	com.example.helloworld	---MainActivity--	-----onCreate-----
D	11-08 10:04:33.505	5533	5533	com.example.helloworld	---MainActivity--	-----onStart-----
D	11-08 10:04:33.506	5533	5533	com.example.helloworld	---MainActivity--	-----onResume-----

图 5.7　启动 Activity 时输出日志

单击生成对话框样式 Activity 的按钮，生成对话框样式的 Activity 后 MainActivity 进入后台，执行 onPause()方法。但仍可见，只是不能获取焦点。查看 LogCat 窗口，出现如图 5.8 所示的界面。

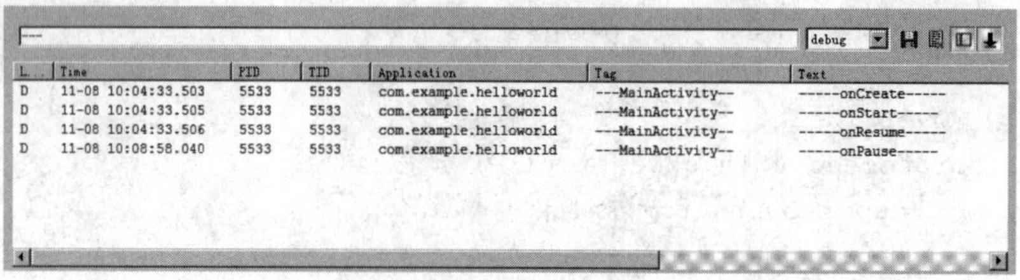

L...	Time	PID	TID	Application	Tag	Text
D	11-08 10:04:33.503	5533	5533	com.example.helloworld	---MainActivity--	-----onCreate-----
D	11-08 10:04:33.505	5533	5533	com.example.helloworld	---MainActivity--	-----onStart-----
D	11-08 10:04:33.506	5533	5533	com.example.helloworld	---MainActivity--	-----onResume-----
D	11-08 10:08:58.040	5533	5533	com.example.helloworld	---MainActivity--	-----onPause-----

图 5.8　出现对话框样式 Activity 时输出的日志

按返回按键，应用程序返回至 MainActivity，MainActivity 重新进入运行状态，执行 onResume()方法，LogCat 出现如图 5.9 所示的界面。

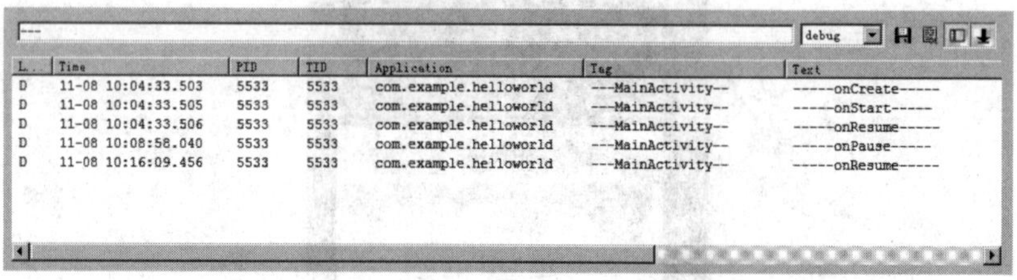

L...	Time	PID	TID	Application	Tag	Text
D	11-08 10:04:33.503	5533	5533	com.example.helloworld	---MainActivity--	-----onCreate-----
D	11-08 10:04:33.505	5533	5533	com.example.helloworld	---MainActivity--	-----onStart-----
D	11-08 10:04:33.506	5533	5533	com.example.helloworld	---MainActivity--	-----onResume-----
D	11-08 10:08:58.040	5533	5533	com.example.helloworld	---MainActivity--	-----onPause-----
D	11-08 10:16:09.456	5533	5533	com.example.helloworld	---MainActivity--	-----onResume-----

图 5.9　MainActivity 切换到前台时输出的日志

按 Home 键回到手机桌面，MainActivity 切换至后台，执行 onPause()、onStop()方法，LogCat 出现如图 5.10 所示的界面。

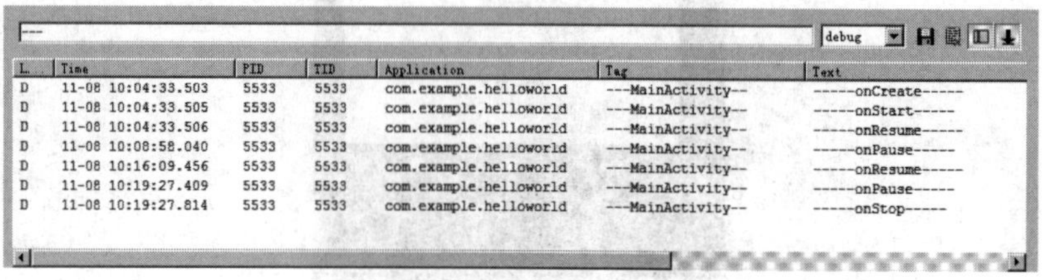

L...	Time	PID	TID	Application	Tag	Text
D	11-08 10:04:33.503	5533	5533	com.example.helloworld	---MainActivity--	-----onCreate-----
D	11-08 10:04:33.505	5533	5533	com.example.helloworld	---MainActivity--	-----onStart-----
D	11-08 10:04:33.506	5533	5533	com.example.helloworld	---MainActivity--	-----onResume-----
D	11-08 10:08:58.040	5533	5533	com.example.helloworld	---MainActivity--	-----onPause-----
D	11-08 10:16:09.456	5533	5533	com.example.helloworld	---MainActivity--	-----onResume-----
D	11-08 10:19:27.409	5533	5533	com.example.helloworld	---MainActivity--	-----onPause-----
D	11-08 10:19:27.814	5533	5533	com.example.helloworld	---MainActivity--	-----onStop-----

图 5.10　返回桌面时输出的日志

在桌面找到应用图标，单击进入，MainActivity 重新切换至前台，执行 onRestart()、onStart()、onResume()方法，LogCat 中会看到如图 5.11 所示的界面。

L...	Time	PID	TID	Application	Tag	Text
D	11-08 10:04:33.503	5533	5533	com.example.helloworld	---MainActivity--	-----onCreate-----
D	11-08 10:04:33.505	5533	5533	com.example.helloworld	---MainActivity--	-----onStart-----
D	11-08 10:04:33.506	5533	5533	com.example.helloworld	---MainActivity--	-----onResume-----
D	11-08 10:08:58.040	5533	5533	com.example.helloworld	---MainActivity--	-----onPause-----
D	11-08 10:16:09.456	5533	5533	com.example.helloworld	---MainActivity--	-----onResume-----
D	11-08 10:19:27.409	5533	5533	com.example.helloworld	---MainActivity--	-----onPause-----
D	11-08 10:19:27.814	5533	5533	com.example.helloworld	---MainActivity--	-----onStop-----
D	11-08 10:21:21.534	5533	5533	com.example.helloworld	---MainActivity--	-----onRestart-----
D	11-08 10:21:21.580	5533	5533	com.example.helloworld	---MainActivity--	-----onStart-----
D	11-08 10:21:21.581	5533	5533	com.example.helloworld	---MainActivity--	-----onResume-----

图 5.11　重新进入应用时输出的日志

单击界面中的退出按钮，整个应用退出，将执行 onPause()、onStop()、onDestory()方法，LogCat 中将看到如图 5.12 所示的日志。

L...	Time	PID	TID	Application	Tag	Text
D	11-08 10:04:33.506	5533	5533	com.example.helloworld	---MainActivity--	-----onResume-----
D	11-08 10:08:58.040	5533	5533	com.example.helloworld	---MainActivity--	-----onPause-----
D	11-08 10:16:09.456	5533	5533	com.example.helloworld	---MainActivity--	-----onResume-----
D	11-08 10:19:27.409	5533	5533	com.example.helloworld	---MainActivity--	-----onPause-----
D	11-08 10:19:27.814	5533	5533	com.example.helloworld	---MainActivity--	-----onStop-----
D	11-08 10:21:21.534	5533	5533	com.example.helloworld	---MainActivity--	-----onRestart-----
D	11-08 10:21:21.580	5533	5533	com.example.helloworld	---MainActivity--	-----onStart-----
D	11-08 10:21:21.581	5533	5533	com.example.helloworld	---MainActivity--	-----onResume-----
D	11-08 10:23:04.131	5533	5533	com.example.helloworld	---MainActivity--	-----onPause-----
D	11-08 10:23:08.382	5533	5533	com.example.helloworld	---MainActivity--	-----onStop-----
D	11-08 10:23:08.383	5533	5533	com.example.helloworld	---MainActivity--	-----onDestroy-----

图 5.12　退出应用时输出的日志

至此整个 MainActivity 的生命周期完成。手动将上述例子实现一遍之后，相信大家对 Activity 的生命周期状态以及在不同状态之间切换时回调的方法有了较为清晰的理解。

另外需要注意的是，在实际开发中会遇到横竖屏切换的问题。在例 4-8 中已经讲了横竖屏切换时设置的问题。但大家需要知道的是，当手机横竖屏切换时，Activity 的生命周期可能会销毁重建。如果不希望横竖屏切换时生命周期销毁重建，可以设置对应 Activity 的 android:configChanges 属性，具体代码如下：

```
android:configChanges="orientation|keyboardHidden|screenSize"
```

如果希望某个界面不随手机的晃动而切换横竖屏，可以参考如下设置：

```
android:screenOrientation="portrait"//竖屏
android:screenOrientation="landscape"//横屏
```

5.2.2　Activity 的 4 种启动模式

在表 5.1 最后一行中，提到配置 Activity 时的属性 lanuchMode——启动模式。该属性支持 4 种属性值，如表 5.4 所示。

表 5.4　Activity 启动模式

属　性　值	作　　用
standard	标准模式，不配置时默认这种启动模式
singleTop	栈顶单例模式
singleTask	栈内单例模式
singleInstance	全局单例模式

可能大家会有疑问，为什么要为 Activity 指定启动模式？启动模式有什么用？前面介绍过，Android 系统以栈（Task）的形式管理应用中的 Activities：先启动的 Activity 放在 Task 栈底，后启动的 Activity 放在 Task 栈顶，满足“先进后出”（First-In Last-Out）的原则。

Activity 的启动模式，就是负责管理 Activity 的启动方式、已经实例化的 Activity，并控制 Activity 与 Task 之间的加载关系。

下面详细介绍这 4 种启动模式。

1．standard 模式

standard 模式是默认的启动模式，当一个 Activity 在清单文件中没有配置 launchMode 属性时默认就是 standard 模式启动。在这种模式下，每次启动目标 Activity 时，Android 总会为目标 Activity 创建一个新的实例，并将该实例放入当前 Task 栈中（还是原来的 Task 栈，并没有启动新的 Task）。

下面来看一个 standard 启动实例。

【例 5-5】 standard 启动实例。

```
public class MainActivity extends AppCompatActivity {
    final String TAG = "---MainActivity---";
    private Button start;
    @Override
    protected void onCreate(Bundle savedInstanceState) {
        super.onCreate(savedInstanceState);
        setContentView(R.layout.activity_main);
        start = (Button) findViewById(R.id.start);
        Log.d(TAG, "--创建了新的MainActivity实例");
        start.setOnClickListener(new View.OnClickListener() {
            @Override
            public void onClick(View v) {
                Intent intent = new Intent(MainActivity.this,
                    MainActivity.class);
                startActivity(intent);
            }
        });
    }
}
```

上面代码中，通过 Button 按钮的单击事件启动自身，这里通过日志验证是否会产生 MainActivity 实例。运行程序，单击几次 Button，可以看到 LogCat 窗口中出现日志，如图 5.13 所示。

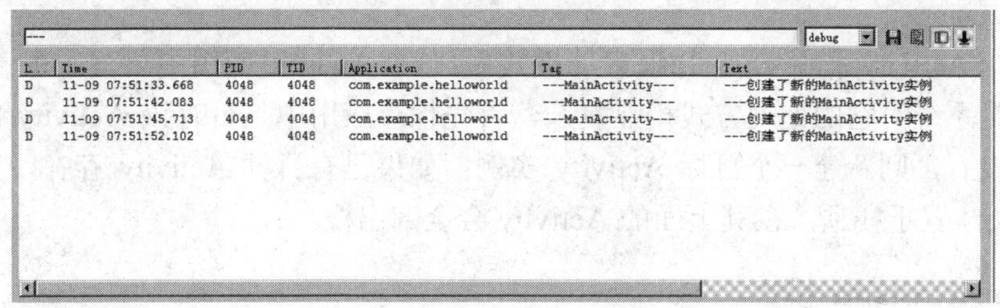

L...	Time	PID	TID	Application	Tag	Text
D	11-09 07:51:33.668	4048	4048	com.example.helloworld	---MainActivity---	---创建了新的MainActivity实例
D	11-09 07:51:42.083	4048	4048	com.example.helloworld	---MainActivity---	---创建了新的MainActivity实例
D	11-09 07:51:45.713	4048	4048	com.example.helloworld	---MainActivity---	---创建了新的MainActivity实例
D	11-09 07:51:52.102	4048	4048	com.example.helloworld	---MainActivity---	---创建了新的MainActivity实例

图 5.13　standard 模式下启动目标 Activity

可以看出，每单击一次 Button 按钮，就会实例化一个 MainActivity。

2．singleTop 模式

这种模式与 standard 模式很相似，不同点是：当要启动的目标 Activity 已经位于栈顶时，系统不会重新创建新的目标 Activity 实例，而是直接复用栈顶已经创建好的 Activity。

如果把例 5-5 中的 MainActivity 在清单文件中设置 launchMode 为 singleTop，那么单击 Button 按钮时不会重新创建新的 MainActivity 实例，来看清单文件中的配置代码：

```
<activity android:name="com.example.helloworld.MainActivity"
    android:configChanges="orientation|screenSize"
    android:launchMode="singleTop">
    <intent-filter>
        <action android:name="android.intent.action.MAIN" />
        <category android:name="android.intent.category.LAUNCHER"/>
    </intent-filter>
</activity>
```

配置完成之后，运行程序后来看 LogCat 窗口中的日志，如图 5.14 所示。

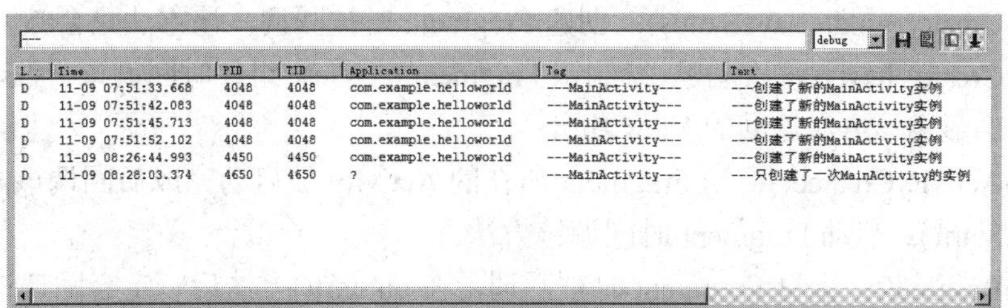

L...	Time	PID	TID	Application	Tag	Text
D	11-09 07:51:33.668	4048	4048	com.example.helloworld	---MainActivity---	---创建了新的MainActivity实例
D	11-09 07:51:42.083	4048	4048	com.example.helloworld	---MainActivity---	---创建了新的MainActivity实例
D	11-09 07:51:45.713	4048	4048	com.example.helloworld	---MainActivity---	---创建了新的MainActivity实例
D	11-09 07:51:52.102	4048	4048	com.example.helloworld	---MainActivity---	---创建了新的MainActivity实例
D	11-09 08:26:44.993	4450	4450	com.example.helloworld	---MainActivity---	---创建了新的MainActivity实例
D	11-09 08:28:03.374	4650	4650	?	---MainActivity---	---只创建了一次MainActivity的实例

图 5.14　singleTop 模式下启动目标 Activity

从图 5.14 中可以看出，多次单击 Button 按钮后只打印了一次日志，内容为“---只创建了一次 MainActivity 的实例”，说明只实例化了一次 MainActivity。

不过要注意的是，如果要启动的目标 Activity 不是位于栈顶，那么系统将会重新实例化目标 Activity，并将其加入 Task 栈中，这时 singleTop 模式与 standard 模式完全一样。

3．singleTask 模式

当一个 Activity 采用 singleTask 启动模式后，整个 Android 应用中只有一个该 Activity 实例。只是系统对它的处理方式稍显复杂，首先检查应用中是否有该 Activity 的实例存在，如果没有，则新建一个目标 Activity 实例；如果已有目标 Activity 存在，则会把该目标 Activity 置于栈顶，在其上面的 Activity 会全部出栈。

4．singleInstance 模式

设置为 singleInstance 模式的 Activity 将独占一个任务栈 task，此时可以把该 Activity 看作是一个应用，这个应用与其他 Activity 是相互独立的，它有自己的上下文 Activity。

例如，现有以下三个 Activity：Act1、Act2、Act3，其中 Act2 为 singleInstance 模式。它们之间的跳转关系为：Act1→Act2→Act3，现在在 Act3 中按下返回键，由于 Act2 位于一个独立的 task 中，它不属于 Act3 的上下文 activity，所以此时将直接返回到 Act1。这就是 singleInstance 模式。

5.3 Fragment 详解

Fragment 代表 Activity 的子模块，是 Activity 界面的一部分或一种行为。Fragment 拥有自己的生命周期，也可以接收自己的输入事件。

5.3.1 Fragment 的生命周期

与 Activity 一样，Fragment 也有自己的生命周期，如图 5.15 所示。

在图 5.15 中展示了 Fragment 生命周期中被回调的所有方法。

- onCreate(Bundle saveStatus)：创建 Fragment 时被回调，该方法只会被回调一次。
- onCreateView()：每次创建、绘制该 Fragment 的 View 组件时回调该方法，Fragment 将会显示该方法返回的 View 组件。
- onActivityCreated()：当 Fragment 所在的 Activity 被启动完成后回调该方法。
- onStart()：启动 Fragment 时回调该方法。
- onResume()：恢复 Fragment 时被回调，在 onStart()方法后一定会回调该方法。
- onPause()：暂停 Fragment 时被回调。
- onDestroyView()：销毁该 Fragment 所包含的 View 组件时被回调。
- onDestroy()：销毁该 Fragment 时被回调。
- onDetach()：将该 Fragment 从宿主 Activity 中删除、替换完成时回调该方法，在

onDestroy()方法后一定会回调 onDetach()方法，且只会被回调一次。

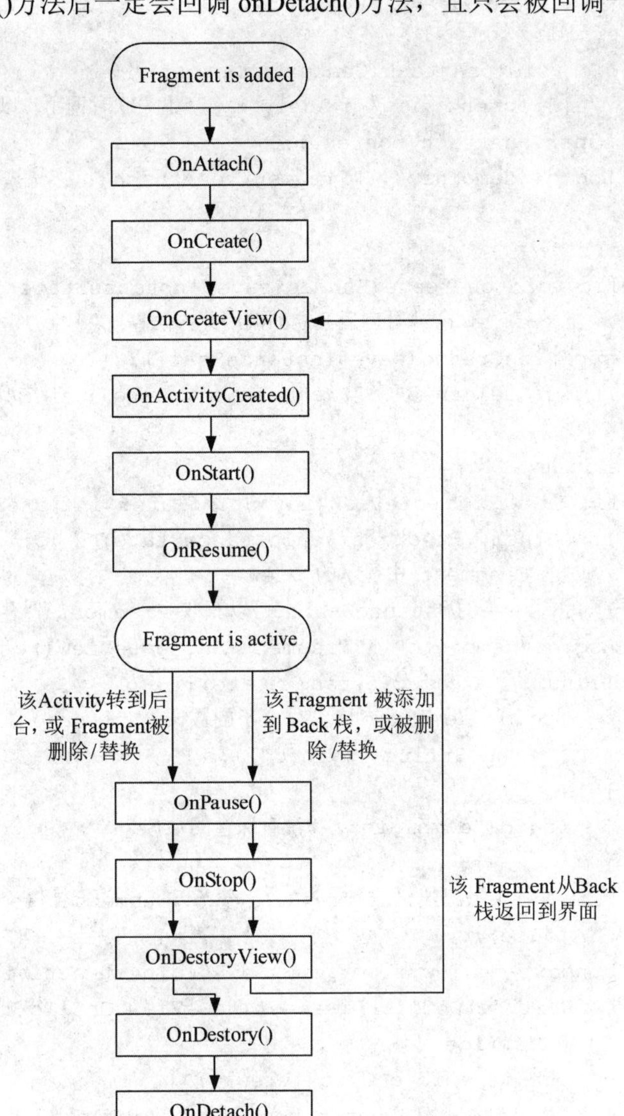

图 5.15 Fragment 的生命周期

与开发 Activity 时一样，开发 Fragment 时也是根据需要选择指定的方法进行重写，Fragment 中最常被重写的方法是 onCreateView()。下面以一个示例展示 Fragment 的生命周期，如例 5-6 所示。

【例 5-6】 Fragment 的生命周期。

```
public class LifecycleFragment extends Fragment {
    private View view;
```

```
    private Button btnNext;
    @Override
    public void onAttach(Context context) {
        //当 Fragment 第一次与 Activity 产生关联时调用，以后不再调用
        super.onAttach(context);
        Log.d("demoinfo", "Fragment onAttach() 方法执行！");
    }
    @Override
    public void onCreate(Bundle savedInstanceState) {
        //在 onAttach 执行完后会立刻调用此方法
        super.onCreate(savedInstanceState);
        Log.d("demoinfo", "Fragment onCreate() 方法执行！");
    }
    @Override
    public View onCreateView(LayoutInflater inflater, ViewGroup
        container, Bundle savedInstanceState) {
        //创建 Fragment 中显示的 view
        //其中 savedInstanceState 可以获取 Fragment 保存的状态
        Log.d("demoinfo", "Fragment onCreateView() 方法执行！");
        if(null != savedInstanceState){
            Log.d("demoinfo", "保存了的数据： "+ savedInstanceState
                .getString("myinfo"));
        }else {
            Log.d("demoinfo", "没有保存的数据！");
        }
        view = inflater.inflate(R.layout.fragment_lifecycle,container,
            false);
        btnNext = view.findViewById(R.id.next_activity);
        btnNext.setOnClickListener(new View.OnClickListener() {
            @Override
            public void onClick(View v) {
                Intent intent = new Intent(getActivity(),
                    NextActivity.class);
                startActivity(intent);
            }
        });
        return view;
    }
    @Override
    public void onActivityCreated(Bundle savedInstanceState) {
        //在 Activity.onCreate() 方法调用后会立刻调用此方法，
        //表示窗口已经初始化完毕，此时可以调用控件了
        super.onActivityCreated(savedInstanceState);
        Log.d("demoinfo", "Fragment onActivityCreated() 方法执行！");
```

```
    }
    @Override
    public void onStart() {
        //开始执行与控件相关的逻辑代码
        super.onStart();
        Log.d("demoinfo", "Fragment onStart() 方法执行！");
    }
    @Override
    public void onResume() {
        //Fragment 从创建到显示的最后一个回调的方法
        super.onResume();
        Log.d("demoinfo", "Fragment onResume() 方法执行！");
    }
    @Override
    public void onPause() {
        //当发生界面跳转时，临时暂停
        super.onPause();
        Log.d("demoinfo", "Fragment onPause() 方法执行！");
    }
    @Override
    public void onStop() {
        //当该方法返回时，Fragment 将从屏幕上消失
        super.onStop();
        Log.d("demoinfo", "Fragment onStop() 方法执行！");
    }
    @Override
    public void onSaveInstanceState(Bundle outState) {
        super.onSaveInstanceState(outState);
        Log.d("demoinfo", "Fragment onSaveInstanceState==()方法执行！");
        outState.putString("myinfo", "haha");
    }
    @Override
    public void onDestroyView() {
        //当 fragment 状态被保存，或者从回退栈弹出，该方法被调用
        super.onDestroyView();
        Log.d("demoinfo", "Fragment onDestroyView() 方法执行！");
    }
    @Override
    public void onDestroy() {
        //当 Fragment 不再被使用时，如按返回键，就会调用此方法
        super.onDestroy();
        Log.d("demoinfo", "Fragment onDestroy() 方法执行！");
    }
    @Override
```

```
    public void onDetach() {
        //Fragment 生命周期的最后一个方法，
        //执行完后将不再与 Activity 关联，将释放所有 Fragment 对象和资源
        super.onDetach();
        Log.d("demoinfo", "Fragment onDetach() 方法执行！");
    }
}
```

Fragment 必须依附于 Activity 才能使用，本例中 LifecycleFragment 依附于 MainActivity，具体代码如下所示：

```
public class MainActivity extends AppCompatActivity {
    @Override
    protected void onCreate(Bundle savedInstanceState) {
        super.onCreate(savedInstanceState);
        setContentView(R.layout.activity_main);
        FragmentManager fm = getFragmentManager();
        FragmentTransaction ft = fm.beginTransaction();
        ft.add(R.id.fragment_layout, new LifecycleFragment());
        ft.commit();
    }
}
```

MainActivity 中添加 LifecycleFragment 的方式稍后讲解。可以看到在 LifecycleFragment 的界面中包含一个 Button 按钮，单击该按钮跳转到下一个 Activity。现在运行例 5-6 中的程序，当加载 LifecycleFragment 时将执行 onAttach()、onCreate()、onCreateView()、onActivityCreate()、onStart()、onResume()等方法，在 logcat 窗口中将看到如图 5.16 所示的界面。

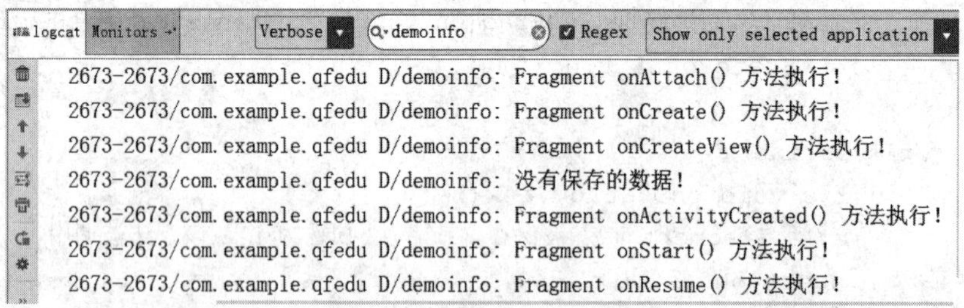

图 5.16 启动 Fragment 时回调的方法

单击 LifecycleFragment 界面中的 Button 按钮，进入 NextActivity 界面，此时 LifecycleFragment 进入后台，Fragment 的生命周期方法将会执行 onPause()、onSaveInstanceState()、onStop()方法，在 logcat 窗口中将会看到如图 5.17 所示的界面。

在 NextActivity 界面单击返回键，重新回到 LifecycleFragment 界面，此时 Fragment 的生命周期方法将会执行 onStart()、onResume()方法，查看 logcat 窗口，如图 5.18 所示。

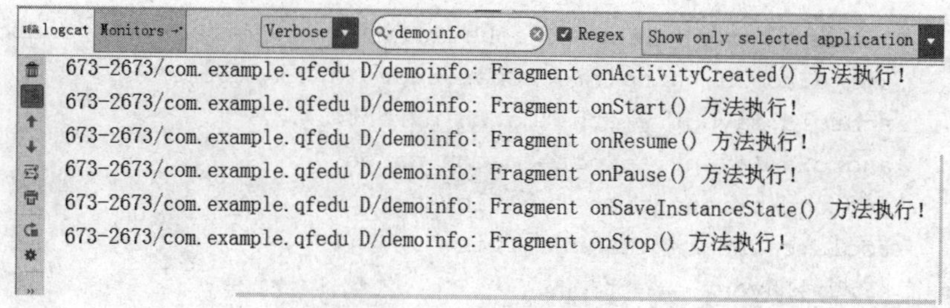

图 5.17 Fragment 进入后台

```
logcat  Monitors  Verbose  demoinfo  Regex  Show only selected application
673-2673/com.example.qfedu D/demoinfo: Fragment onResume() 方法执行!
673-2673/com.example.qfedu D/demoinfo: Fragment onPause() 方法执行!
673-2673/com.example.qfedu D/demoinfo: Fragment onSaveInstanceState() 方法执行!
673-2673/com.example.qfedu D/demoinfo: Fragment onStop() 方法执行!
673-2673/com.example.qfedu D/demoinfo: Fragment onStart() 方法执行!
673-2673/com.example.qfedu D/demoinfo: Fragment onResume() 方法执行!
```

图 5.18 Fragment 从后台到前台

返回到 LifecycleFragment 后单击返回键返回到桌面，该 Fragment 将会被完全结束，LifecycleFragment 被销毁，此时可以看到 logcat 窗口如图 5.19 所示。

```
logcat  Monitors  Verbose  demoinfo  Regex  Show only selected application
2673-2673/com.example.qfedu D/demoinfo: Fragment onResume() 方法执行!
2673-2673/com.example.qfedu D/demoinfo: Fragment onPause() 方法执行!
2673-2673/com.example.qfedu D/demoinfo: Fragment onStop() 方法执行!
2673-2673/com.example.qfedu D/demoinfo: Fragment onDestroyView() 方法执行!
2673-2673/com.example.qfedu D/demoinfo: Fragment onDestroy() 方法执行!
2673-2673/com.example.qfedu D/demoinfo: Fragment onDetach() 方法执行!
```

图 5.19 Fragment 被销毁

5.3.2 创建 Fragment

与创建 Activity 类似，开发者实现的 Fragment 必须继承 Fragment 基类，接下来实现 Fragment 与实现 Activity 非常相似，它们都需要实现与 Activity 类似的回调方法，例如 onCreate()、onCreateView()、onStart()、onResume()、onPause()、onStop()等。

对于大部分 Fragment 而言，通常都会重写 onCreate()、onCreateView()和 onPause()这三个方法，实际开发中也可以根据需要重写 Fragment 的任意回调方法。

下面通过一个示例示范 Fragment 的创建，如例 5-7 所示。

【例 5-7】 Fragment 的创建。

```
<LinearLayout
```

```
    xmlns:android="http://schemas.android.com/apk/res/android"
    xmlns:tools="http://schemas.android.com/tools"
    android:layout_width="match_parent"
    android:layout_height="match_parent"
    android:orientation="vertical"
    tools:context=".MainActivity" >
    <FrameLayout
        android:layout_weight="1"
        android:id="@+id/content"
        android:layout_width="wrap_content"
        android:layout_height="0dp" >
    </FrameLayout>
    <android.support.v4.app.FragmentTabHost
        android:id="@+id/tab"
        android:layout_width="fill_parent"
        android:layout_height="wrap_content" />
</LinearLayout>
```

activity_main.xml 布局文件代码如上所示，其中 FrameLayout 用于放置 Framgent，控件 FragmentTabHost 则用于导航 Fragment，本例中创建了两个 Fragment，单击 FragmentTabHost 可实现切换。

```
public class MyFragment extends ListFragment{
    String show1[] = {"1.1","1.2","1.3","1.4"};
    String show2[] = {"2.1","2.2","2.3","2.4"};
    @Override
    public void onActivityCreated(Bundle savedInstanceState) {
        super.onActivityCreated(savedInstanceState);
        String show[] = null;
        Bundle bundle = getArguments();
        if(bundle == null)
            show = show1;
        else {
            show = show2;
            Toast.makeText(getActivity(),(CharSequence)bundle.get("key"),
                1).show();
        }
        setListAdapter(new ArrayAdapter<String>(getActivity(),
            android.R.layout.simple_list_item_1, show));
    }
}
```

上面 MyFragment 继承 ListFragment 并重写了 onActivityCreated()方法，当该 Fragment 的“宿主”Activity 启动后回调该方法，“宿主”Activity 程序如下：

```
public class MainActivity extends FragmentActivity {
    protected void onCreate(Bundle savedInstanceState) {
        super.onCreate(savedInstanceState);
```

```
        setContentView(R.layout.activity_main);
        FragmentTabHost tabHost = (FragmentTabHost)
            findViewById(R.id.tab);
        tabHost.setup(this, getSupportFragmentManager(), R.id.content);
        tabHost.addTab(tabHost.newTabSpec("tab1").setIndicator("Tab1"),
            MyFragment.class, null);
        Bundle b = new Bundle();
        b.putString("key", "I am tab2");
        tabHost.addTab(tabHost.newTabSpec("tab2").setIndicator("Tab2",
            getResources().getDrawable(R.drawable.ic_launcher)),
                MyFragment.class, b);
    }
}
```

在 MyFragment 中 simple_list_item_1.xml 的代码很简单，只包含一个 TextView 用于显示数组 show1、show2 中的内容。

5.3.3 Fragment 与 Activity 通信

在 Activity 中显示 Fragment 则必须将 Fragment 添加到 Activity 中。将 Fragment 添加到 Activity 中有如下两种方式。

- 在布局文件中添加：在布局文件中使用<fragment.../>元素添加 Fragment,其中<fragment.../> 的 android:name 属性必须指定 Fragment 的实现类。
- 在 Java 代码中添加：Java 代码中通过 FragmentTransaction 对象的 relpace()或 add()方法来替换或添加 Fragment。

在第二种方式中，Activity 的 getFragmentManager()方法返回 FragmentManager，通过调用 FragmentManager 的 beginTransaction()方法获取 FragmentTransaction 对象。

要实现 Activity 与 Fragment 通信，首先需要获取对应的对象。在 Activity 中获取 Fragement，以及在 Fragment 中获取 Activity 的方法如下。

（1）Fragment 获取它所在的 Activity：调用 Fragment 的 getActivity()方法即可返回它所在的 Activity。

（2）Activity 获取它包含的 Fragment：调用 Activity 关联的 FragmentManager 的 findFragmentByld(int id)或 findFragmentByTag(string tag)方法即可获取指定的 Fragment。

在界面布局文件中使用 <fragment.../>元素添加 Fragment 时，可以为 <fragment.../>元素指定 android:id 或 android:tag 属性，这两个属性都可用于标识该 Fragment，接下来 Activity 将可通过 findFragmentByld(int id)或 findFragmentByTag(string tag)来获取该 Fragment。

考虑到有 Activity 与 Fragment 互相传递数据的情况，可以按照以下三种方式进行。

（1）Activity 向 Fragment 传递数据：在 Activity 中创建 Bundle 数据包，并调用 Fragment 的 setArguments(Bundle bundle)方法即可将 Bundle 数据包传给 Fragment。

（2）Fragment 向 Activity 传递数据或 Activity 需要在 Fragment 运行中进行实时通信：在 Fragment 中定义一个内部回调接口，再让包含该 Fragment 的 Activity 实现该回调接口，这样 Fragment 即可调用该回调方法将数据传给 Activity。

（3）通过广播的方式。

5.3.4 Fragment 管理与 Fragment 事务

前面介绍了 Activity 与 Fragment 交互相关的内容，其实 Activity 管理 Fragment 主要依靠 FragmentManager。

FragmentManager 的功能如下。

（1）使用 findFragmentByld()或 findFragmentByTag()方法来获取指定 Fragment。

（2）调用 popBackStack()方法将 Fragment 从后台找到弹出（模拟用户按下 Back 键）。

（3）调用 addOnBackStackChangeListener()注册一个监听器，用于监听后台栈的变化。如果需要添加、删除、替换 Fragment，则需要借助 FragmentTransaction 对象，该对象代表 Activity 对 Fragment 执行的多个改变。

FragmentTransaction 也被翻译为 Fragment 事务。与数据库事务类似的是，数据库事务代表了对底层数组的多个更新操作；而 Fragment 事务则代表了 Activity 对 Fragment 执行的多个改变操作。

每个 FragmentTransaction 可以包含多个对 Fragment 的修改，比如包含调用多个 add()、replace()和 remove()操作，最后调用 commit()提交事务即可。

在调用 commit()之前，开发者也可调用 addToBackStack()将事务添加到 back 栈，该栈由 Activity 负责管理，这样允许用户按返回键返回到前一个 Fragment 状态。

```
// 创建一个新的 Fragment 并打开事务
Fragment newFragment = new ExampleFragment();
FragmentTransaction transaction =
    getFragmentManager().beginTransaction();
// 替换该界面中 fragment_container 容器内的 Fragment
transaction.replace(R.id.fragment_container, newFragment);
//将事务添加到 back 栈，允许用户按返回键返回到替换 Fragment 之前的状态
transaction.addToBackStack(null);
// 提交事务
transaction.commit();
```

在上面的示例代码中，newFragment 替换了当前界面布局中 ID 为 fragment_container 的容器内的 Fragment，由于程序调用了 addToBackStack()将该 replace 操作添加到了 back 栈中，因此用户可以通过按下返回键返回替换之前的状态。

5.4 本章小结

本章主要介绍了 Android 四大组件之一 Activity 以及 Fragment 的开发，学习本章的

重点是掌握 Activity 的生命周期以及如何开发 Activity，掌握 Fragment 的生命周期以及开发过程。学习完本章内容，大家需动手进行实践，为后面学习打好基础。

5.5　习　　题

1．填空题

（1）在 Android 应用中四大基本组件是________、________、________、________。

（2）Activity 必须在________中配置才可以使用。

（3）Activity 被启动的方式有________和________两种方式。

（4）关闭 Activity 有________和________两种方式。

（5）Activity 的生命周期分为 4 种状态，分别是______、______、______、______。

2．选择题

（1）如果不希望横竖屏切换时 Activity 生命周期被销毁重建，可以设置对应 Activity 的（　　）属性。

A．android:configChanges　　B．android:action

C．android:name　　D．android:theme

（2）下列选项中，Activity 默认的启动模式是（　　）。

A．standard　　B．singleTop

C．singleTask　　D．singleInstance

（3）对于大部分 Fragment 而言，通常都会重写（　　）这三个方法。

A．onCreate()　　B．onCreateView()

C．onPause()　　D．onStop()

（4）将 Fragment 添加到 Activity 中有（　　）两种方式。

A．布局文件中使用<fragment.../>元素

B．Intent

C．startFragment

D．Java 程序中使用 FragmentTransaction

3．思考题

简述 Fragment 事务与数据库事务类似的地方。

4．编程题

编写程序实现在 Activity 中添加多个 Fragment。

第 6 章 chapter 6

使用 Intent 和 IntentFilter 进行通信

本章学习目标

- 理解 Intent 对 Android 应用的作用。
- 掌握 Intent 的使用方法。
- 掌握 Intent 几种常用属性的使用方法。

Intent 封装了 Android 应用程序需要启动某个组件的“意图”，也是应用程序组件之间通信的重要媒介，组件之间将要交换的数据封装成 Bundle 对象，然后使用 Intent 携带该 Bundle 对象，这样就实现了两个组件之间的数据交换。

6.1 Intent 对象简述

在第 1 章介绍 Android 组件时简单介绍了 Intent 和 IntentFilter 的概念，在第 5 章例 5-2 中举例示范了显式与隐式两种方式启动目标 Activity。并且前面介绍的很多例子也都使用到了 Intent，相信大家已经对 Intent 不陌生了。下面对 Intent 对象进行更全面的介绍。

前面已经介绍过，Activity、Service 和 BroadcastReceiver 都是通过 Intent 启动，并且可以通过 Intent 传递数据，表 6.1 列出了使用 Intent 启动不同组件的方法。

表 6.1 使用 Intent 启动不同组件的方法

组 件 类 型	启 动 方 法
Activity	startActivity(Intent intent) startActivityForResult(Intent intent, int requestCode)
Service	ComponentName startService(Intent service) boolean bindService(Intent service, ServiceConnection conn, int flags)
BroadcastReceiver	sendBroadcast(Intent intent) sendBroadcast(Intent intent, String receiverPermission) sendOrderedBroadcast(Intent intent, String receiverPermission) sendOrderedBroadcast(Intent intent, String receiverPermission, BroadcastReceiver resultReceiver, Handler scheduler, int initialCode, String initialData, Bundle initialExtras) sendStickyBroadcast(Intent intetn) sendStickyOrderedBroadcast(Intent intent, BroadcastReceiver resultReceiver, Handler scheduler, int initialCode, String initialData, Bundle initialExtras)

关于 Service 与 BroadcastReceiver 的启动，在后面的章节中会详细讲解。这里只介绍 Intent 的相关内容。Intent 包含的属性主要包括 Component、Action、Category、Data、Type、Extra 和 Flag 这 7 种。其中 Extra 属性在前面的很多示例中都有涉及，这里就不做介绍了。接下来详细介绍剩余 6 个属性的作用以及使用示例。

6.2 Intent 属性及 intent-filter 配置

6.2.1 Component 属性

Component 单词有“组件”的意思，顾名思义，使用 Component 属性时需要传入目标组件名，来看一个具体的使用示例。

【例 6-1】 Component 属性使用示例。

```
1  public class FirstActivity extends AppCompatActivity {
2      @Override
3      protected void onCreate(Bundle savedInstanceState) {
4          super.onCreate(savedInstanceState);
5          setContentView(R.layout.activity_first);
6          setTitle("FirstActivity");
7          Button btn = (Button) findViewById(R.id.btn);
8          btn.setOnClickListener(new View.OnClickListener() {
9              @Override
10             public void onClick(View v) {
11                 ComponentName componentName = new ComponentName(
12                         FirstActivity.this, SecondActivity.class);
13                 Intent intent = new Intent();
14                 intent.setComponent(componentName);
15                 startActivity(intent);
16             }
17         });
18     }
19 }
```

可以看到在上面第 11～15 行代码中，Component 属性中指定了要启动的 Activity 名称，很明显这里采用了显式 Intent 启动 Activity。在之前的例子中，也有很多采用显式 Intent 启动目标 Activity 的例子，可以发现在这些例子中，显式启动目标组件是以下的方式：

```
Intent intent = new Intent(Context packageContext, Class<?> cls);
startActivity(intent);
```

显式启动明确指定了当前组件名与目标组件名。那么上面代码中的显式启动方式，与例 6-1 中的显式启动方式有什么区别呢？其实是一样的。例 6-1 中第 11～15 行首先创建了 ComponentName 对象，并将该对象设置成 Intent 对象的 Component 属性，这样应用程序即可根据该 Intent“意图”启动指定的 SecondActivity。当为 Intent 设置 Component

属性时，Intent 提供了一个构造器用来直接指定目标组件名称。

当程序通过显式 Intent（无论上面两种中的哪一种）启动目标组件时，被启动的组件不需要配置 intent-filter 元素就能被启动。

例 6-1 中的 SecondActivity 布局文件中只有一个 TextView，这里不予展示，直接来看 Java 代码：

```
1   public class SecondActivity extends AppCompatActivity {
2       @Override
3       protected void onCreate(Bundle savedInstanceState) {
4           super.onCreate(savedInstanceState);
5           setContentView(R.layout.activity_second);
6           setTitle("SecondActivity");
7           ComponentName componentName = getIntent().getComponent();
8           TextView tv = (TextView) findViewById(R.id.tv);
9           tv.setText("组件包名：" + componentName.getPackageName()
10              + "\n组件类名：" + componentName.getClassName());
11      }
12  }
```

运行结果如图 6.1 所示。

图 6.1　Intent 的 Component 属性

上面程序中第 7 行代码用来接收传过来的 Component 属性，TextView 组件用于显示 Component 中的组件名和包名。

6.2.2　Action、Category 属性与 intent-filter 配置

Action 与 Category 的属性值都是普通的字符串，其中 Action 设置 Intent 要完成的抽

象动作，Category 为 Action 添加额外的附加类别信息。通常这两个属性是结合使用的，在之前的很多示例中，观察对应的 AnroidManifest.xml 清单文件就会发现，凡是作为程序的入口 Activity，都会配置以下几行代码：

```
<intent-filter>
    <action android:name="android.intent.action.MAIN" />
    <category android:name="android.intent.category.LAUNCHER" />
</intent-filter>
```

上面代码中 action 与 category 都指定了 name 值，其中 action 指定 name 值为“android.intent.action.MAIN”，该值是 Android 系统指定程序入口时必须配置的。Category 指定 name 值为“android.intent.category.LAUNCHER”，该值也是 Android 系统自带的，用于指定 Activity 显示顶级程序列表。

在例 5-2 中，演示了 Activity 的显式与隐式两种启动方式，其中隐式启动方式是在 AndroidManifest.xml 中为目标 Activity 配置 Action，然后在上一个 Activity 对应的启动目标 Activity 代码处添加 setAction 方法，该方法里设置的值与配置的 Action 属性值必须是一致的。大家需要知道的是，这里的 Action 设置的 name 值是开发者自己添加的。

Android 系统本身提供了大量标准的 Action、Category 常量，其中用于启动 Activity 的 Action 常量以及对应的字符串如表 6.2 和表 6.3 所示。

表 6.2　系统自带的启动 Activity 的 Action 常量及字符串

Action 常量	对应字符串	说　明
ACTION_MAIN	android.intent.action.MAIN	应用程序入口
ACTION_VIEW	android.intent.action.VIEW	查看指定数据
ACTION_ATTACH_DATA	android.intent.action.ATTACH_DATA	指定某块数据将被附加到其他地方
ACTION_CALL	android.intent.action.CALL	直接向指定用户打电话
ACTION_SENDTO	android.intent.action.SENDTO	向其他人发送消息
ACTION_ANSWER	android.intent.action.ANSWER	应答电话
ACTION_SEARCH	android.intent.action.SEARCH	执行搜索

表 6.3　系统自带的 Category 常量及字符串

Category 常量	对应字符串	说　明
CATEGORY_DEFAULT	android.intent.category.DEFAULT	默认的 Category
CATEGORY_LAUNCHER	android.intent. category.LAUNCHER	Activity 显示顶级程序列表
CATEGORY_BROWSABLE	android.intent. category. BROWSABLE	指定该 Activity 能被浏览器安全调用
CATEGORY_HOME	android.intent. category. HOME	设置该 Activity 随系统启动而运行
CATEGORY_TAB	android.intent. category. TAB	指定 Activity 作为 TabActivity 的 Tab 页
CATEGORY_TEST	android.intent.category.TEST	该 Activity 是一个测试

表 6.2 与表 6.3 列出来的只是部分常用的 Action 常量、Category 常量。还有很多这两种常量没有介绍到，若大家有需要可查看 Android API 文档中关于 Intent 的介绍。

下面通过一个示例介绍系统自带的 Action、Category 用法。

【例 6-2】 返回系统 Home 桌面。

该示例将会提供一个按钮，当用户单击该按钮时返回 Home 桌面，布局文件这里不做展示，来看 Java 代码：

```
1  public class MainActivity extends AppCompatActivity {
2      @Override
3      protected void onCreate(Bundle savedInstanceState) {
4          super.onCreate(savedInstanceState);
5          setContentView(R.layout.activity_main);
6          Button back = (Button) findViewById(R.id.back);
7          back.setOnClickListener(new View.OnClickListener() {
8              @Override
9              public void onClick(View v) {
10                 Intent intent = new Intent();
11                 intent.setAction(Intent.ACTION_MAIN);
12                 intent.addCategory(Intent.CATEGORY_HOME);
13                 startActivity(intent);
14             }
15         });
16     }
17 }
```

上面第 11 行和第 12 行分别设置了 Action 与 Category 属性值，Action 属性值设置为“Intent.ACTION_MAIN”，从表 6.2 得知此常量是指定程序入口，Category 属性值设置为“Intent.CATEGORY_HOME”，对比表 6.3 得知此常量是指定目标 Activity 要随系统启动而运行，满足这两项要求的只有 Android 系统的 Home 桌面。运行上面的程序，单击返回按钮就会回到 Home 桌面。

需要指出的是，一个 Intent 对象最多只能包括一个 Action 属性，程序可调用 Intent 的 setAction(String str)方法设置 Action 属性值；但是一个 Intent 对象可以包含多个 Category 属性，程序调用 addCategory(String str)方法为 Intent 添加 Category 属性。当程序创建 Intent 时，系统默认为该 Intent 添加 Category 属性值为 Intent.CATEGORY_DEFAULT 的常量。

一般来说，使用 Action 与 Category 属性是为了隐式启动组件，无论是自己实现的组件还是系统组件。

6.2.3 Data、Type 属性与 intent-filter 配置

Data 属性通常用于向 Action 属性提供可操作的数据。Data 属性接收一个 URI 对象，URI 全称为 Universal Resource Identifier，意为通用资源标识符，它代表要操作的数据，Android 中可用的每种资源，包括图像、视频片段、音频资源等都可以用 URI 来表示。

一般采用如下格式表示 URI：

```
scheme://host:port/path
```

scheme 是协议名称，常见的有 content、market、http、file、svn 等，当然也可以自定义，如支付宝使用 alipay，迅雷使用 thunder 等。举一个 URI 的例子大家更容易理解，如某个图片的 URI：

```
content://media/external/images/media/4
```

上面一行代码中 content 代表 scheme 部分，media 是 host 部分，port 部分被省略，external/images/media/4 是 path 部分。

Type 属性用于指定该 Data 属性所指定 URI 对应的 MIME 类型。这种 MIME 类型可以是任意自定义的MIME类型，只要符合 abc/xyz 格式的字符串即可。MIME（Multipurpose Internet Mail Extensions，多功能 Internet 邮件扩充服务）是一种多用途网际邮件扩充协议，目前也应用到浏览器。

Data 属性与 Type 属性是有执行顺序的，且后设置的会覆盖先设置的，如果希望 Intent 既有 Data 属性又有 Type 属性，则需要调用 Intent 的 setDataAndType()方法。

下面通过一个实例代码演示这两种属性的使用以及它们同时存在的情形。该示例的布局文件只包含三个按钮，这里不做展示，Java 代码如下。

【例 6-3】 属性演示。

```
public class MainActivity extends AppCompatActivity {
    @Override
    protected void onCreate(Bundle savedInstanceState) {
        super.onCreate(savedInstanceState);
        setContentView(R.layout.activity_main);
        Button data = (Button) findViewById(R.id.dataAttr);
        Button type = (Button) findViewById(R.id.typeAttr);
        Button dataAndType = (Button) findViewById(R.id.dataAndType);
        data.setOnClickListener(new View.OnClickListener() {
            @Override
            public void onClick(View v) {
                Intent intent = new Intent();
                intent.setData(Uri.parse("https://www.baidu.com"));
                startActivity(intent);
            }
        });
        type.setOnClickListener(new View.OnClickListener() {
            @Override
            public void onClick(View v) {
                Intent intent = new Intent();
                intent.setType("abc/xyz");
                Toast.makeText(MainActivity.this,
```

```
                    intent.toString(), Toast.LENGTH_LONG).show();
            }
        });
        dataAndType.setOnClickListener(new View.OnClickListener() {
            @Override
            public void onClick(View v) {
              Intent intent = new Intent();
              intent.setDataAndType(Uri.parse("https://www.baidu.com")
                  , "abc/xyz");
              Toast.makeText(MainActivity.this,
                    intent.toString(), Toast.LENGTH_LONG).show();
            }
        });
    }
}
```

运行上述程序，会看到相应的结果，这里不展示结果图。

6.2.4 Flag 属性

Flag 属性用于为该 Intent 添加一些额外的控制旗标，通过调用 Intent 的 addFlags()方法来添加控制旗标。Android 系统自带的 Flag 属性值有如表 6.4 所示的几个。

表 6.4 Android 系统的 Flag 属性值

Flag 属性值	说　明
FLAG_ACTIVITY_BROUGHT_TO_FRONT	再次启动通过该 Flag 启动的 Activity 时，只是将该 Activity 带到前台
FLAG_ACTIVITY_CLEAR_TOP	相当于启动模式中的 singleTask 模式，将要启动的目标 Activity 之上的 Activity 全部清除
FLAG_ACTIVITY_NO_ANIMATION	控制启动 Activity 时不使用过渡动画
FLAG_ACTIVITY_NO_HISTORY	被该 Flag 启动的 Activity 不会保留在 Activity 栈中
FLAG_ACTIVITY_SINGLE_TOP	相当于启动模式中的 singleTop 模式

Android 系统为 Intent 提供了大量的 Flag，每个 Flag 都有其对应的功能，在实际开发中如果用到，请参考关于 Intent 的 API 官方文档。

6.3 本章小结

本章主要介绍了 Intent 对象以及它的诸多属性，大家要掌握使用 Intent 启动 Activity 的两种方式，以及使用它的属性完成一些基本的操作，比如使用 URI 属性启动系统相册等。学习完本章内容，大家一定要动手进行实践并归纳总结，为后面学习打好基础。

6.4 习 题

1．填空题

（1）在 Android 中启动目标 Activity 有________和________两种方法。

（2）Intent 可用于启动________、________以及________Android 组件。

（3）Intent 包含的属性主要有________、________、________、________、________、和________这 6 种。

（4）使用 Component 属性时需要传入________。

（5）Action 设置 Intent 要________，Category 为 Action 添加________。

2．选择题

（1）一个 Intent 对象包括一个 Action 属性，还可以包含（　　）Category 属性。

A．一个　　B．三个

C．两个　　D．多个

（2）Data 属性接收一个（　　）对象。

A．URL　　B．Drawable

C．Resource　　D．URI

（3）Data 属性与 Type 属性是（　　）执行顺序的。

A．无　　B．有

C．同时　　D．覆盖

（4）通过调用 Intent 的 addFlags()方法可设置目标 Activity（　　）。

A．启动模式　　B．启动时间

C．启动位置　　D．返回数据

3．思考题

简述设置启动目标 Activity 为 singleTask 模式的两种方式。

4．编程题

编写实现隐式启动目标 Activity 为 singleTop 模式。

第7章 chapter 7

Android 应用的资源

本章学习目标

- 掌握 Android 应用的资源和作用。
- 掌握 Android 应用的资源的存储方式。
- 掌握在 XML 布局文件中使用资源。
- 掌握在 Java 程序中使用资源。

请大家思考一个问题，在项目后期遇到需要更改 ImageView 组件显示的本地图片的问题时该如何解决？现提供两种解决方式：第一种是把原来的图片删除之后填充一张命名不同的图片，第二种是名称不变，而使用另一张图片覆盖原来的图片，这两种方式哪种比较好呢？显然，第二种方式优于第一种。因为第二种方式把图片资源单独放置，因而便于修改，同时也提高了程序的解耦性。本章内容就来讲解 Android 应用的资源以及它的使用。

7.1 Android 应用资源概述

Android 应用资源可分为两大类：第一种是无法通过 R 资源清单类访问的原生资源，保存在 assets 目录下，应用程序需要通过 AssetManager 以二进制流的形式读取该资源。第二种是可以通过 R 资源清单类访问的资源，保存在 res 目录下，AndroidSDK 会在编译该应用时自动为该类资源在 R.java 文件中创建索引。

7.1.1 资源的类型以及存储方式

资源的存储方式主要针对在 res 目录下的资源，使用不同的子目录来保存不同的应用资源。当新建一个 Android 项目时，Android Studio 在 res 目录下自动生成几个子目录，如图 7.1 所示。

图 7.1 中，drawable 文件夹中存放各种位图文件，包括*.png、*.9.png、*.jpg、*.gif 等，还包括一些 XML 文件；layout 文件夹中存放各种用户界面的布局文件；menu 文件夹中存放应用程序定义各种菜单的资源；mipmap 文件夹中存放图片资源，按照同一种

图片不同的分辨率存放在不同的 mipmap 文件夹下（这样做是为了让系统根据不同的屏幕分辨率选择相应的图片）；values 文件夹中存放各种简单值的 XML 文件，包括字符串值、整数值、颜色值、数组等。

但在实际开发中，这些自动生成的文件夹有时并不能满足需求，比如要使用动画效果时，需要定义属性动画或者补间动画的 XML 文件，此时就需要在 res 目录下新建两个文件夹，分别命名为 anim 和 animator，其中 anim 目录用于放置补间动画的 XML 文件，animator 目录用于放置属性动画的 XML 文件。另外，如果一个 RadioButton 按钮在不同状态下其对应的文字颜色也不同，此时就需要定义一个 XML 文件用于其颜色变化的设置与选择，而在 res 目录中就需要新建命名为 color 的子目录，用于放置该 XML 文件。

```
▼ res
  ▶ drawable
  ▶ layout
  ▶ menu
  ▶ mipmap-hdpi
  ▶ mipmap-mdpi
  ▶ mipmap-xhdpi
  ▶ mipmap-xxhdpi
  ▶ mipmap-xxxhdpi
  ▶ values
  AndroidManifest.xml
```

图 7.1 res 自动生成的目录

7.1.2 使用资源

在第 2 章介绍 Android 应用的界面编程时介绍，控制 Android 应用的 UI 界面有两种方式，一种是通过在 XML 文件中使用标签的方式来实现 UI 界面，另一种是在 Java 代码中直接创建 UI 界面。相对应地，在 Android 应用中使用资源也可分为在 Java 代码和 XML 文件中使用资源。下面介绍这两种使用资源的方式。

1. 在 Java 代码中使用资源

这种方式很常用，如以下代码所示：

```
TextView tv = (TextView) findViewById(R.id.tv);
ImageView imageView = (ImageView) findViewById(R.id.image_view);
//使用 string 资源中指定的字符串资源
tv.setText(R.string.java_mode);
//使用 drawable 资源中指定的图片
imageView.setImageResource(R.drawable.cashier);
```

在 Android SDK 编译项目时，会在资源清单项 R 类中为 res 目录下所有资源创建索引项，因此在 Java 代码中使用资源主要通过 R 类来完成。

2. 在 XML 中使用资源

当定义 XML 资源文件时，其中的元素可能需要指定不同的值。比如 7.1.1 节提到的 RadioButton 组件，在选中状态下和未选中状态下其文字颜色是不同的。接下来用 RadioGroup+RadioButton 实现仿 QQ 底部栏的操作，具体代码如例 7-1 所示。

【例 7-1】 在 res 目录下新建的 color 子目录中，创建命名为 selector_text_color.xml 文件。

```
<?xml version="1.0" encoding="utf-8"?>
<selector xmlns:android="http://schemas.android.com/apk/res/android">
    <item  android:state_checked="true" android:color="#1296db" />
    <item android:state_checked="false" android:color="#707070" />
</selector>
```

上面程序使用 selector 实现了底部选项卡中文字在不同状态下颜色的切换。底部选项卡除了文字部分外还有图片，图片的切换与文字同理，都是使用 selector 实现，不同的是切换图片的 XML 文件是放在 drawable 目录下。以下是实现“消息”图片切换的代码，该资源命名为 selector_msg.xml。

```
<?xml version="1.0" encoding="utf-8"?>
<selector xmlns:android="http://schemas.android.com/apk/res/android">
    <item android:drawable="@drawable/msg_sel"
     android:state_checked="true"/>
    <item android:drawable="@drawable/msg"
     android:state_checked="false"/>
</selector>
```

其他两个图片的切换与上面程序类似，这里不再赘述。此时图片与文字切换的资源都已经创建完成，接下来直接使用该资源。首先定义相对布局 RelativeLayout 文件，然后在该文件中设置 RadioGroup 位于底部，具体使用代码如下：

```
<RadioGroup
        android:layout_width="match_parent"
        android:layout_height="wrap_content"
        android:layout_alignParentBottom="true"
        android:orientation="horizontal">
       <RadioButton
           style="@style/MTabStyle"
           android:layout_width="wrap_content"
           android:layout_height="match_parent"
           android:text="首页"
           android:checked="true"
           android:drawableTop="@drawable/selector_msg"/>
       <RadioButton
           style="@style/MTabStyle"
           android:layout_width="wrap_content"
```

```
16           android:layout_height="match_parent"
17           android:text="联系人"
18           android:drawableTop="@drawable/selector_cont"/>
19       <RadioButton
20           style="@style/MTabStyle"
21           android:layout_width="wrap_content"
22           android:layout_height="match_parent"
23           android:text="首页"
24           android:drawableTop="@drawable/selector_state"/>
25   </RadioGroup>
```

上面代码中第 12、18 和 24 行就是使用了前面定义切换图片的资源。可能大家已经发现，上面代码中并没有使用切换文字的资源。实际上这里使用了 values 目录下的 styles 文件，将三个 RadioButton 中相同的代码抽出来作为一个公共资源，其中切换文字颜色也是其中一项，所以上面代码没有显示引用。公共资源抽出之后，在 RadioButton 标签下使用 style 属性引用即可，MTabStyle 具体代码如下：

```
1     <style name="MTabStyle">
2         <item name="android:button">@null</item>
3         <item name="android:gravity">center</item>
4         <item name="android:layout_weight">1</item>
5         <item name="android:textSize">16sp</item>
6         <item name="android:minHeight">48dp</item>
7         <item name="android:drawablePadding">1dp</item>
8         <item name="android:paddingTop">6dp</item>
9         <item name="android:paddingBottom">6dp</item>
10        <item name="android:textColor">
11            @color/selector_text_color</item>
12        <item name="android:background">@color/bg</item>
13    </style>
```

上面代码第 10 行和第 11 行引用了 selector_text_color.xml 文件，该文件的作用就是改变 RadioButton 不同状态下对应的文字颜色。

7.2 字符串、颜色与样式资源

字符串、颜色与样式资源是 Android Studio 新建项目时默认新建的资源，它们对应的 XML 文件都放在/res/values 目录下，其默认的文件名以及在 R 类中对应的内部类如表 7.1 所示。

表 7.1 字符串、颜色、尺寸资源表

资源类型	资源文件的默认名	对应于 R 类中内部类的名称
字符串资源	/res/values/strings.xml	R.string
颜色资源	/res/values/colors.xml	R.color
尺寸资源	/res/values/styles.xml	R.style

7.2.1 颜色值的定义

Android 中的颜色值是通过红（Red）、绿（Green）、蓝（Blue）三原色以及一个透明度（Alpha）值来表示的，以“#”开头，后面拼接 Alpha-Red-Green-Blue 的形式。若 Alpha 值省略代表该色值完全不透明。

Android 颜色值支持常见的 4 种形式：#RGB、#ARGB、#RRGGBB、#AARRGGBB，其中 A、R、G、B 都代表一个十六进制的数，A 代表透明度，R 代表红色数值，G 代表绿色数值，B 代表蓝色数值。

7.2.2 定义字符串、颜色与样式资源文件

当用 Android Studio 新建一个 Android 项目后，在/res/values 目录下默认创建表 7.1 所示的三个文件，分别用于放置对应的资源。这三个文件的根元素都是<resource…/>，只是内部元素不同而已。

如下文件是字符串资源文件：

```
<resources>
    <string name="app_name">HelloWorld</string>
    <string name="hello_world">Hello World!</string>
    <string name="alert_dialog">消息提示对话框</string>
    <string name="progress_dialog">进度条对话框</string>
    <string name="date_dialog">日期对话框</string>
    <string name="time_dialog">时间对话框</string>
    <string name="simpleListDialog">简单列表项对话框</string>
    <string name="singleChoiceDialog">单选列表项对话框</string>
    <string name="multiChoiceDialog">多选列表项对话框</string>
    <string name="customDialog">自定义 View 对话框</string>
    <string name="java_mode">Java 方式使用资源</string>
</resources>
```

可以看出字符串资源中每个<string…/>元素定义一个字符串，并使用 name 属性定义字符串的名称，<string>与</string>中间的内容就是该字符串的值。

颜色资源文件如下：

```
<resources>
    <color name="colorPrimary">#3F51B5</color>
```

```
    <color name="colorPrimaryDark">#303F9F</color>
    <color name="colorAccent">#FF4081</color>
    <color name="red">#f00</color>
    <color name="black">#000</color>
    <color name="white">#fff</color>
    <color name="bg">#fff</color>
</resources>
```

与字符串资源类似，<color…/>元素定义一个字符串常量，使用 name 属性定义颜色的名称，<color>与</color>中间的内容就是该颜色的值。

接着看样式资源文件：

```
<resources>
    <!-- Base application theme. -->
    <style name="AppTheme" parent="Theme.AppCompat.Light.DarkActionBar">
        <!-- Customize your theme here. -->
        <item name="colorPrimary">@color/colorPrimary</item>
        <item name="colorPrimaryDark">@color/colorPrimaryDark</item>
        <item name="colorAccent">@color/colorAccent</item>
    </style>
    <style name="MTabStyle">
        <item name="android:button">@null</item>
        <item name="android:gravity">center</item>
        <item name="android:layout_weight">1</item>
        <item name="android:textSize">16sp</item>
        <item name="android:minHeight">48dp</item>
        <item name="android:drawablePadding">1dp</item>
        <item name="android:paddingTop">6dp</item>
        <item name="android:paddingBottom">6dp</item>
        <item name="android:textColor">
            @color/selector_text_color</item>
        <item name="android:background">@color/bg</item>
    </style>
</resources>
```

与上面两种资源类似，样式资源也是以<resource…/>作为根标签，每个<style…/>元素定义一个常量值，用 name 属性定义样式的名称，再用<item…/>标签指定对应的样式值。在上面代码中可以看到在例 7-1 中引用的样式资源“MTabStyle”。

7.3 数组资源

Android 中的数组资源与上面介绍的三种资源类似，也是放在/res/values 目录中，该资源文件以 arrays.xml 命名。其根元素也是<resource…/>，不同的是子元素的使用，一般使用如表 7.2 所示的三种子元素。

表 7.2 数组资源的三个子元素

子 元 素	说 明
<array..,/>	定义普通类型的数组
<string-array…/>	定义字符串数组
<integer-array…/>	定义整型数组

为了在 Java 代码中访问已定义数组，Resources 提供了如表 7.3 所示的方法。

表 7.3 Resources 提供的方法

方 法	作 用
getStringArray(int id)	根据资源文件中字符串数组资源的名称获取实际的字符串数组
getIntArray(int id)	根据资源文件中整型数组资源的名称获取实际的整型数组
obtainTypedArray(int id)	根据资源文件中普通数组资源的名称获取实际的普通数组

TypedArray 代表一个通用类型的数组，该类提供了 getXxx(int index)方法来获取指定索引处的数组元素。

下面通过案例展示数组资源的两种使用方式，该示例分别用在 Java 程序中使用资源和在 XML 文件中使用资源的方式展示了两首诗词。

【例 7-2】 数组资源使用示例。

```
<resources>
    <string-array name="in_quiet_night">
        <item>床前明月光，疑是地上霜。</item>
        <item>举头望明月，低头思故乡。</item>
    </string-array>
    <string-array name="scarborough_fair">
        <item>问尔所之，是否如适。</item>
        <item>蕙兰芫荽，郁郁香芷。</item>
        <item>彼方淑女，凭君寄辞。</item>
        <item>伊人曾在，与我相知。</item>
        <item>嘱彼佳人，备我衣缁。</item>
        <item>蕙兰芫荽，郁郁香芷。</item>
        <item>勿用针砧，无隙无疵。</item>
        <item>伊人何在，慰我相思。</item>
    </string-array>
</resources>
```

上面程序中定义了两个数组，其中第一个数组用在 Java 程序中，第二个数组用在 XML 文件中。先来看布局文件 activity_main.xml 中的代码：

```
<LinearLayout
    xmlns:android="http://schemas.android.com/apk/res/android"
```

```
    android:layout_width="match_parent"
    android:layout_height="match_parent"
    android:layout_margin="16dp"
    android:orientation="vertical">
    <TextView
        android:layout_width="match_parent"
        android:layout_height="wrap_content"
        android:text="@string/java_mode"
        android:textSize="18sp"
        android:textColor="@color/colorAccent"/>
    <ListView
        android:id="@+id/list_in_java"
        android:layout_width="match_parent"
        android:divider="@null"
        android:layout_height="wrap_content"/>
    <TextView
        android:layout_width="match_parent"
        android:layout_height="wrap_content"
        android:text="@string/xml_mode"
        android:textSize="18sp"
        android:layout_marginTop="16dp"
        android:textColor="@color/colorAccent"/>
   <ListView
      android:layout_width="match_parent"
      android:layout_height="wrap_content"
      android:divider="@null"
      android:entries="@array/scarborough_fair">
   </ListView>
</LinearLayout>
```

在布局文件中使用了两个 ListView，分别用于显示两个数组。Java 代码如下：

```
public class MainActivity extends AppCompatActivity {
    private ListView listView;
    private String[] lines;
    @Override
    protected void onCreate(Bundle savedInstanceState) {
        super.onCreate(savedInstanceState);
        setContentView(R.layout.activity_main);
        setTitle("数组资源使用举例");
        lines = getResources().getStringArray(R.array.in_quiet_night);
        listView = (ListView) findViewById(R.id.list_in_java);
        BaseAdapter ba = new BaseAdapter() {
            @Override
            public int getCount() {
                return lines.length;
            }
            @Override
            public Object getItem(int position) {
```

```
            return lines[position];
        }
        @Override
        public long getItemId(int position) {
            return position;
        }
        @Override
        public View getView(int position, View convertView,
            ViewGroup parent) {
            TextView textView = new TextView(MainActivity.this);
            textView.setTextSize(16);
            textView.setPadding(16,6,6,6);
            textView.setTextColor(R.color.black);
            textView.setText(lines[position]);

            return textView;
        }
    };
    listView.setAdapter(ba);
  }
}
```

运行结果如图 7.2 所示。

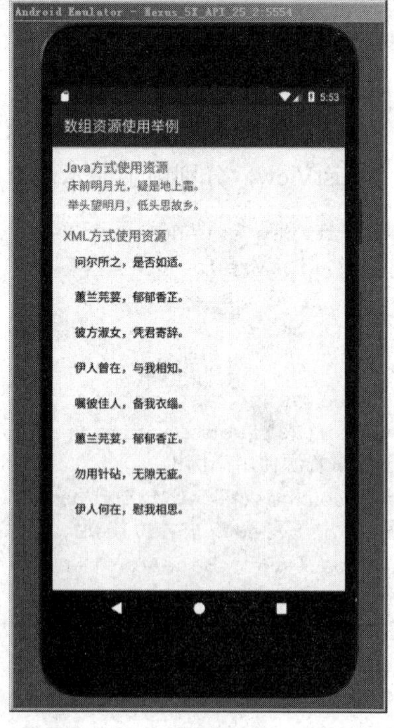

图 7.2　使用数组资源的两种方式

以上代码第 9 行就是使用数组资源的关键代码，关于数组资源的使用就介绍到这里，下面介绍 Drawable 资源的使用。

7.4 使用 Drawable 资源

Drawable 资源是 Android 应用中使用最广泛的资源，在 7.1 节中已经介绍过在/res/drawable 目录下可以放置图片资源也可以放置一些 XML 文件。实际上 Drawable 资源通常就保存在/res/drawable 目录下，下面来详细介绍几种 Drawable 资源。

7.4.1 图片资源

图片资源的创建很简单，开发者只需要将符合格式的图片放入/res/drawable 目录下，Android SDK 就会在编译应用中自动加载该图片，并在 R 资源清单类中生成该资源的索引。需要注意的是，图片的命名格式必须符合 Java 标识符的命名规则，否则项目编译时会报错。

当系统在 R 资源清单类中生成了指定资源的索引后，就可以在 Java 代码中引用该图片资源，引用格式如下：

```
R.drawable.<image_name>
```

在 XML 中引用格式如下：

```
@drawable/<image_name>
```

除此之外，为了在程序中获取实际的图片资源，Resources 提供了 Drawable getDrawable(int id)方法，该方法即可根据 Drawable 资源在 R 资源清单类中的 ID 来获取实际的 Drawable 对象。

7.4.2 StateListDrawable 资源

StateListDrawable 用于组织多个 Drawable 对象。在例 7-1 中使用 selector 实现 RadioButton 中文字颜色的切换，这里的 selector 就是 StateListDrawable 资源，StateListDrawable 对象所显示的 Drawable 对象会随着目标组件状态的改变而自动切换。

现在大家已经知道，定义 StateListDrawable 对象的 XML 文件的根元素是<selector…/>，该元素可包含多个<item…/>元素，且<item…/>元素中可指定如表 7.4 所示的几个属性。

关于<item…/>元素中的属性还有很多，表 7.4 中只列举了常用的几种，大家可根据需要使用 Android API 查询。

下面来看一个使用 StateListDrawable 资源改变 CheckBox 背景的示例，首先准备两种图片用于在不同状态下 CheckBox 的背景，分别命名为 checkbox_normal 和 checkbox_selected，具体代码如下。

表 7.4　item 可指定的属性

属　性	作　用
android:color	指定颜色
android:drawable	指定 Drawable 对象
android:state_selected	代表是否处于已被选中状态
android:state_pressed	代表是否处于已被按下状态
android:state_checkable	代表是否处于可勾选的状态
android:state_enabled	代表是否处于可用状态
android:state_active	代表是否处于激活状态
android:state_checked	代表是否处于已勾选的状态
android:state_window_focused	代表窗口是否处于已得到焦点状态

【例 7-3】 StateListDrawable 资源使用示例。

```
<selector xmlns:android="http://schemas.android.com/apk/res/android">
    <item android:state_checked="true"
        android:drawable="@drawable/button_selected"/>
    <item android:state_focused="true"
        android:drawable="@drawable/button_selected"/>
    <item android:state_enabled="true"
        android:drawable="@drawable/button_normal"/>
    <item  android:drawable="@drawable/button_normal" />
</selector>
```

上面代码新建在 drawable 目录下，命名为 checkbox_drawable.xml。需要注意的是，上面代码中的几个<item.../>的顺序是有要求的，默认第一个<item.../>状态是用户操作后会显示的状态，比如该示例中如果用户单击了 CheckBox，CheckBox 的背景会切换为第一个<item.../>中的图片。在 XML 文件使用 checkbox_drawable.xml 的具体代码如下：

```
<RelativeLayout
    xmlns:android="http://schemas.android.com/apk/res/android"
    android:layout_width="match_parent"
    android:layout_height="match_parent"
    android:layout_margin="16dp"
    android:gravity="center">
   <CheckBox
       android:id="@+id/btn"
       android:layout_width="wrap_content"
       android:layout_height="wrap_content"
       android:button="@null"
       android:background="@drawable/checkbox_drawable"/>
</RelativeLayout>
```

上面程序中第 12 行代码引用了命名为 checkbox_drawable.xml 的 StateListDrawable 资源，用于切换 CheckBox 的背景，而 Java 代码中不需要任何修改，只要显示该布局界面即可。这里不展示结果图，大家可自行动手实践练习。

7.4.3 AnimationDrawable 资源

AnimationDrawable 中是动画资源，Android 中的动画在实际开发中会经常用到，本节只是先介绍一下如何定义 AnimationDrawable 资源。下面以补间动画为例开始讲解 AnimationDrawable 资源的使用，补间动画是在两个帧之间通过平移、变换计算出来的动画。

定义补间动画的 XML 资源文件以<set…/>元素作为根元素，根元素下可以指定以下 4 个元素。

- alpha：设置透明度的改变。
- scale：设置图片进行缩放变换。
- translate：设置图片进行位移变化。
- rotate：设置图片进行旋转。

补间动画的 XML 资源是放在/res/anim/路径下，且该路径需要大家自行创建，Android Studio 默认不会包含该路径。

补间动画是在两个关键帧间进行平移、变换设置的动画，通常这两个关键帧是指一个图片的开始状态和结束状态，通过设置这两个帧的透明度、位置、缩放比、旋转度，再设置动画的持续时间，Android 系统会自动使用动画效果把这张图片从开始状态变换到结束状态。

下面以一个示例示范使用 AnimationDrawable 资源定义补间动画，如例 7-4 所示。

【例 7-4】 res/anim/tween_anim.xml。

```
<set xmlns:android="http://schemas.android.com/apk/res/android"
    android:shareInterpolator="true"
    android:duration="6000">
    <!--定义缩放变化-->
    <scale android:fromXScale="1.0"
        android:toXScale="1.5"
        android:fromYScale="1.0"
        android:toYScale="0.5"
        android:pivotX="50%"
        android:pivotY="50%"
        android:fillAfter="true"
        android:duration="2000"/>
    <!--定义位移变化-->
    <translate android:fromXDelta="10"
        android:toXDelta="100"
```

```
        android:fromYDelta="30"
        android:toYDelta="-60"
        android:duration="2000"/>
</set>
```

在 MainActivity 中使用 res/anim/tween_anim.xml，代码如下所示：

```
public class MainActivity extends AppCompatActivity {
    private Button btnStart;
    private ImageView imag;
    private Animation anim;
    @Override
    protected void onCreate(Bundle savedInstanceState) {
        super.onCreate(savedInstanceState);
        setContentView(R.layout.activity_main);
        btnStart = findViewById(R.id.btn_start);
        imag = findViewById(R.id.image);
        //加载动画资源
        anim = AnimationUtils.loadAnimation(this, R.anim.tween_anim);
        btnStart.setOnClickListener(new View.OnClickListener() {
            @Override
            public void onClick(View v) {
                //开始动画
                imag.startAnimation(anim);
            }
        });
    }
}
```

MainActivity 中的界面布局只有一个 ImageView 和一个 Button，这里不展示布局文件代码。

在例 7-4 中访问 AnimationDrawable 资源的方式使用了 R.anim.file_name 的形式，在 XML 文件中访问时将采用@anim/file_name 的形式。此外，还要注意加载动画资源的方法。

7.5 使用原始 XML 资源

在某些时候，Android 应用有一些初始化的配置信息、应用相关的数据资源需要保存，Android 推荐使用 XML 方式来保存它们，这种资源被称为原始 XML 资源。下面介绍如何定义、获取原始 XML 资源。

7.5.1 定义使用原始 XML 资源

原始 XML 资源一般保存在/res/xml/路径下，而之前介绍的 Android Studio 新建项目时默认目录中，并没有包含该 xml 子目录，所以开发者需要手动创建 xml 子目录。创建成功之后，与前面介绍的资源引用方式一样，其引用方式也有两种。在 XML 中引用格式如下：

```
@xml/file_name
```

在 Java 中引用格式如下：

```
R.xml.file_name
```

获取实际的 XML 文档同样是通过 Resources 类中的两个方法。

- getXml(int id)：获取 XML 文档，并使用一个 XmlPullParser 来解析该 XML 文档，该方法返回一个解析器对象 XmlResourceParser（该对象是 XmlPullParser 的子类）。
- openRawResource(int id)：获取 XML 文档对应的输入流，返回 InputStream 对象。

Android 系统默认使用内置的 Pull 解析器来解析 XML 文件，即直接调用 getXml(int id)方法获取 XML 文档，并将其解析。除了 Pull 解析方式之外，还可以使用 DOM 方式和 SAX 方式对 XML 文档进行解析。

Pull 解析采用事件处理的方式来解析 XML 文档，当 Pull 解析器开始解析之后，通过调用 Pull 解析器的 next()方法获取下一个解析事件（开始文档、结束文档、开始标签、结束标签等），当处于某个元素处时，可调用 XmlPullParser 的 getAttributeValue()方法来获取该元素的属性值，也可调用 XmlPullParser 的 nextText()方法来获取文本节点的值。

如果采用 DOM 或者 SAX 方式解析 XML 资源，则需要调用 openRawResource(int id)方法获取 XML 资源对应的输入流，通过这种方式可自行解析该 XML 资源。

7.5.2 使用原始 XML 文件

下面通过一个示例介绍使用 Pull 解析器来解析 XML 文件。在 res 目录下新建 xml 目录，并在 xml 中新建文件 person_list.xml，如例 7-5 中所示。

【例 7-5】 person_list.xml。

```
<?xml version="1.0" encoding="utf-8"?>
<Person>
    <person age="23" sex="男">李雷</person>
    <person age="23" sex="女">韩梅梅</person>
    <person age="18" sex="女">雷波</person>
</Person>
```

新建好 XML 文件后就可以来解析，在 Java 代码中使用如下：

```
public class MainActivity extends AppCompatActivity {
    private TextView startPull, showText;
    @Override
    protected void onCreate(Bundle savedInstanceState) {
```

```
        super.onCreate(savedInstanceState);
        setContentView(R.layout.activity_main);
        startPull = findViewById(R.id.start_pull);
        showText = findViewById(R.id.show_text);
        startPull.setOnClickListener(new View.OnClickListener() {
            @Override
            public void onClick(View v) {
                //根据xml资源的id获取解析该资源的解析器，
                //其中XmlResourceParser是XmlPullParser的子类
                XmlResourceParser xrp =
                    getResources().getXml(R.xml.person_list);
                try {
                    StringBuilder sb = new StringBuilder();
                    //还没到文档的结尾
                    while (xrp.getEventType() !=
                         XmlResourceParser.END_DOCUMENT) {
                        //如果遇到开始标签
                        if (xrp.getEventType() ==
                             XmlResourceParser.START_TAG) {
                            //获取该标签的标签名
                            String tagName = xrp.getName();
                            //如果遇到person标签
                            if (tagName.equals("person")) {
                                //根据属性名获取属性值
                                String perName =
                                    xrp.getAttributeValue(null, "age");
                                sb.append("年龄：");
                                sb.append(perName);
                                //根据属性索引获取属性值
                                String perAge = xrp.getAttributeValue(1);
                                sb.append("，性别：");
                                sb.append(perAge);
                                sb.append("，姓名：");
                                //获取文本节点的值
                                sb.append(xrp.nextText());
                            }
                            sb.append("\n");
                        }
                        //获取解析器的下一个事件
                        xrp.next();
                    }
                    showText.setText(sb.toString());
                } catch (XmlPullParserException e) {
                    e.printStackTrace();
```

```
49                } catch (IOException e) {
50                    e.printStackTrace();
51                }
52            }
53        });
54    }
55 }
```

上面程序中第 19～45 行代码用于不断获取 Pull 解析的解析事件，程序中通过 while 循环将整个 XML 文档解析出来。activity_main.xml 布局文件中包含两个 TextView 控件，其中 startPull 设置了单击事件用于开始解析，showText 则用于显示解析出来的内容。

7.6 样式和主题资源

样式和主题资源都用于对 Android 应用进行“美化”，只要充分利用 Android 应用中的样式和主题资源，大家就可以开发出美轮美奂的 Android 应用。

7.6.1 样式资源

在例 7-1 中实际上已经使用到了样式资源，样式资源是指在 Android 应用中为某个组件设置样式时，该样式所包含的全部格式将会应用于该组件，如例 7-1 中 MTabStyle 样式所示。

一个样式相当于多个格式的合集，其他 UI 组件通过 style 属性来指定样式。Android 中的样式资源文件也放在/res/values/目录中，样式资源的根元素是<resources…/>，该元素内可包含多个<style…/>子元素，而每个子元素就是定义一个样式。<style…/>子元素指定如下两个属性。

- name：指定样式的名称。
- parent：指定该样式所继承的父样式。当继承某个父样式时，该样式将会获得父样式中定义的全部格式，也可以选择覆盖父样式中的全部格式。

<style…/>子元素中又包含多个<item…/>项，每个<item…/>定义一个格式项。例如如下样式资源文件：

```
<?xml version="1.0" encoding="utf-8"?>
<resources>
    <style name="CodeFont" parent="@android:style/TextAppearance.Medium">
        <item name="android:layout_width">fill_parent</item>
        <item name="android:layout_height">wrap_content</item>
        <item name="android:textColor">#00FF00</item>
        <item name="android:typeface">monospace</item>
    </style>
```

```
</resources>
```

一旦定义了上面的样式资源后，就可以通过如下语法格式在 XML 资源中使用：

```
@style/file_name
```

7.6.2 主题资源

与样式资源非常相似，主题资源的 XML 文件通常也放在/res/values 目录下，主题同样使用<style.../>元素来定义主题。但两者在使用场合上有所区别，主题是在清单文件中使用，样式是在布局文件中使用，具体如下：

（1）主题不能作用于单个的 View 组件，主题应该对整个应用中的所有 Activity 起作用，或对指定的 Activity 起作用。

（2）主题定义的格式应该是改变窗口的外观的格式，例如窗口标题、窗口边框等。

下面通过一个实例来介绍主题资源的用法。该主题资源自定义了 Activity 中的 Title 大小和背景覆盖，定义主题的<style…/>片段如下：

```
<!-- 自定义的主题样式 -->
<style name="myTheme" parent="android:Theme">
    <item name="android:windowTitleBackgroundStyle">@style/myThemeStyle
         </item>
    <item name="android:windowTitleSize">50dip</item>
</style>
<!-- 主题中 Title 的背景样式 -->
<style name="myThemeStyle">
    <item name="android:background">#FF0000</item>
</style>
```

定义了上面主题后，接下来就可以在 Java 代码中使用该主题，例如如下代码：

```
publi void onCreate(Bundle savedInstanceState) {
        super.onCreate(savedInstanceState);
        setTheme(R.style.myTheme);
        setContentView(R.layout.main);
}
```

上面程序是在代码中设置主题资源，大部分时候在 AndroidManifest.xml 文件中对指定应用、指定 Activity 应用主题更加简单。

7.7 本章小结

本章主要介绍了 Android 应用资源的相关内容。Android 应用资源是一种非常优秀、高度解耦的设计，通过使用资源文件，Android 应用可以把各种字符串、图片、颜色、界面布局等交给 XML 文件配置管理，这样就避免了在 Java 代码中以硬编码的方式直接定义这些内容。学习完本章内容，需要掌握 Android 应用资源的存储文件、Android 应用资源的使用方式，为后面学习打好基础。

7.8 习　题

1．填空题

（1）Android 应用资源可分为两大类，第一类________，第二类________。
（2）使用属性动画效果时，需要在 res 目录下新建________文件夹。
（3）在 Android 应用中使用资源也可分为在________和________使用资源。
（4）字符串、颜色与样式资源都放在________目录下。
（5）Android 中的颜色值是通过________来表示的。

2．选择题

（1）若 Android 中颜色值省略 Alpha 值则表示该色值（　　）。
A．完全透明　B．完全不透明　C．半透明　D．黑色
（2）字符串、颜色与样式资源三个文件的根元素都是（　　）。
A．<string…/>　B．<color…/>　C．<resource…/>　D．<style…/>
（3）Android 中的数组资源也是放在/res/values 目录中，以（　　）命名。
A．arrays.xml　B．strings.xml　C．colors.xml　D．styles.xml
（4）Drawable 资源中可以放置（　　）。（多选）
A．图片资源　B．XML 文件　C．字符串资源　D．样式资源
（5）定义补间动画的 XML 资源文件以（　　）元素作为根元素。
A．<set…/>　B．<alpha…/>　C．<scale…/>　D．<translate…/>

3．思考题

简述 Android 中两类应用资源的区别。

4．编程题

编写程序实现 Button 被按下和松开后颜色的变化。

第 8 章 chapter 8

图形与图像处理

本章学习目标

- 掌握使用 Bitmap 与 BitmapFactory 处理图片。
- 掌握自定义绘图。
- 掌握图形的特效处理。
- 掌握三种动画的使用。
- 掌握 SurfaceView 的绘图机制。

一个 App 的成败，首先取决于是否具有优秀的 UI 界面，而除了交互功能之外还需要丰富的图片背景和动画去支撑。本章内容就是通过对图形与图像的处理极大限度地提升用户界面体验。通过本章节的学习，大家应熟练掌握 Android 系统的图形与图像处理。

8.1 使用简单图片

在实际开发中应用到的图片不仅仅包括.png、.gif、.png、.jpg 和各种 Drawable 系对象，还包括位图 Bitmap，而且对图片的处理也是一个影响程序的高效性和健壮性的重要因素。在第 8 章已经讲解过 Drawable 资源，下面讲解与之相关的两个类——Bitmap 与 BitmapFactory。

Bitmap 代表一张位图，扩展名可以是.bmp 或者.dib。位图是 Windows 标准格式图形文件，它将图像定义为由点（像素）组成，每个点可以由多种色彩表示，包括 2、4、8、16、24 和 32 位色彩。例如，一幅 1024×768 分辨率的 32 位真彩图片，其所占存储字节数为：1024×768×32/8=3072KB，虽然位图文件图像效果很好，但是非压缩格式的，需要占用较大存储空间，更不利于网络传输。利用 Bitmap 可以获取图像文件信息，借助 Matrix 进行图像剪切、旋转、缩放等操作，再以指定格式保存图像文件。

通常构造一个类的对象时，都是使用该类的构造方法实现。而 Bitmap 采用的是工厂设计模式而设计，所以创建 Bitmap 时一般不调用其构造方法，可通过如下两种方式构建 Bitmap 对象。

1．通过 Bitmap 的静态方法 static Bitmap createBitmap()（表 8.1）

表 8.1　可构建 Bitmap 对象的 Bitmap 静态方法

方法名（部分方法）	用 法 说 明
createBimap(Bitmap src)	复制位图
createBitmap(Bitmap src,int x ,int y,int w,int h)	从源位图 src 的指定坐标(x,y)开始，截取宽为 w、高为 h 的部分，用于创建新的位图对象
createScaledBitmap(Bitmap src,int w ,int h,boolean filter)	对源位图 src 缩放成宽为 w、高为 h 的新位图
createBitmap(int w ,int h,Bitmap.Config config)	创建一个宽为 w、高为 h 的新位图（config 为位图的内部配置枚举类）
createBitmap(Bitmap src,int x ,int y,int w,int h,Matrix m,boolean filter)	从源位图 src 的指定坐标(x,y)开始，截取宽为 w、高为 h 的部分，按照 Matrix 变换创建新的位图对象

2．通过 BitmapFactory 工厂类的 static Bitmap decodeXxx()

BitmapFactory 是一个工具类，它用于提供大量的方法，这些方法可用于从不同的数据源来解析、创建 Bitmap 对象，BitmapFactory 包含如表 8.2 所示的常用方法。

表 8.2　可构建 Bitmap 对象的 BitmapFactory 静态方法

方法名（部分方法）	用 法 说 明
decodeByteArray(byte[] data, int offset, int length)	从指定字节数组的 offset 位置开始，将长度为 length 的数据解析成位图
decodeFile(String pathName)	从 pathName 对应的文件解析成的位图对象
decodeFileDescriptor(FileDescriptor fd)	从 FileDescriptor 中解析成的位图对象
decodeResource(Resource res,int id)	根据给定的资源 id 解析成位图
decodeStream(InputStream in)	把输入流解析成位图

在实际开发中，创建 Bitmap 对象时需考虑内存溢出（Out Of Memory，OOM）的问题，当上一个创建的 Bitmap 对象还没被回收而又创建下一个 Bitmap 对象时就会出现该问题。为此 Android 提供了如下两个方法来判断 Bitmap 对象是否被回收，若没有则强制回收。

- boolean isRecycled()：判断该 Bitmap 对象是否已被回收。
- void recycle()：若 Bitmap 对象没有回收则强制回收。

下面通过一个示例演示利用 BitmapFactory 创建 Bitmap 并使用 ImageView 显示该 Bitmap 对象。

【例 8-1】 循环显示 assets 目录中的图片。

```
public class MainActivity extends AppCompatActivity {
    private ImageView imageView;
    private Button btn;
    private AssetManager asset = null;
    private String[] images = null;
```

```
    private int imageTh = 0;
    @Override
    protected void onCreate(Bundle savedInstanceState) {
        super.onCreate(savedInstanceState);
        setContentView(R.layout.activity_main);
        setTitle("assets 中的图片展示器");
        imageView = (ImageView) findViewById(R.id.image_view);
        btn = (Button) findViewById(R.id.btn);
        btn.setOnClickListener(onClickListener);
        try {
            asset = getAssets();
            //获取 assets 目录下的全部文件
            images = asset.list("");
            Log.d("--------", "图片列表长度" + images.length);
        } catch (IOException e) {
            e.printStackTrace();
        }
    }
    View.OnClickListener onClickListener=new View.OnClickListener(){
        @Override
        public void onClick(View v) {
            //防止数组越界
            if (imageTh >= images.length) {
                imageTh = 0;
            }
            //判断是否为图片资源，如果是则加载下一张
            while (!images[imageTh].endsWith(".png")
                    && !images[imageTh].endsWith(".jpg")
                    && !images[imageTh].endsWith(".gif")) {
                imageTh++;
                if (imageTh >= images.length) {
                    imageTh = 0;
                }
            }
            InputStream assetFile = null;
            try {
                //打开 assets 资源对应的输入流
                assetFile = asset.open(images[imageTh++]);
                Log.d("------", "第几张图片" + imageTh);
            } catch (IOException e) {
                e.printStackTrace();
            }
            //拿到 BitmapDrawable 对象
            BitmapDrawable bitmapDrawable =
                    (BitmapDrawable) imageView.getDrawable();
            if (bitmapDrawable != null
                    && !bitmapDrawable.getBitmap().isRecycled()) {
                //如果图片未收回则强制收回
                bitmapDrawable.getBitmap().recycle();
```

```
55                }
56                //ImageView 显示 Bitmap 对象中的图片
57                imageView.setImageBitmap(
58                    BitmapFactory.decodeStream(assetFile));
59            }
60        };
61    }
```

运行结果如图 8.1 所示。

图 8.1 循环展示 assets 中的图片

上面 Java 代码对应的 XML 布局很简单，只有一个 ImageView 和一个 Button，故不展示布局文件。注意上面第 49～55 行代码，通过 BitmapDrawable 的 getBitmap()方法获取 Bitmap 对象之后，首先判断上一个 Bitmap 是否已经回收，若没有则强制回收。然后调用 BitmapFactory 从指定的输入流解析并且创建 Bitmap 对象。

8.2 绘　　图

在第 2 章介绍 Android 应用的界面编程中，已经介绍了自定义 UI 组件的过程以及常用的继承方法。之所以需要自定义 UI 组件，是因为系统提供的原生组件并不能满足实际开发的需求。本节内容同理，绘图也是为了满足实际开发的需求。下面来讲解绘图时常用的几个类。

8.2.1 Android 绘图基础：Canvas、Paint 等

在第 2 章讲解自定义 UI 组件时已经提醒过大家，在 Android 应用开发的面试题中甚至实际开发中，自定义 View 的三个方法都是被考查的关键，这三个方法分别是 onMeasure()、onLayout()和 onDraw()。

其中重写 onDraw()方法时将用到 Canvas 类，Canvas 单词本身有“油画布”的含义。Android 通过 Canvas 类暴露了很多 drawXxx 方法，开发者可以通过这些方法绘制各种各样的图形。Canvas 绘图有三个基本要素：Canvas、绘图坐标系以及 Paint。Canvas 是画布，通过 Canvas 的各种 drawXxx 方法将图形绘制到 Canvas 上面，在 drawXxx 方法中需要传入要绘制的图形的坐标形状，还要传入一个画笔 Paint。drawXxx 方法以及传入其中的坐标决定了要绘制的图形的形状，比如 drawCircle 方法，用来绘制圆形，需要传入圆心的 x 和 y 坐标，以及圆的半径。drawXxx 方法中传入的画笔 Paint 决定了绘制的图形的一些外观，比如绘制的图形的颜色，再比如绘制的是圆面还是圆的轮廓线等。

Android 系统的设计吸收了很多现有系统的诸多优秀之处，比如 Canvas 绘图。Canvas 不是 Android 所特有的，Flex 和 Silverlight 都支持 Canvas 绘图，Canvas 也是 HTML5 标准中的一部分，主流的现代浏览器都支持用 JavaScript 在 Canvas 上绘图，如果大家用过 HTML5 中的 Canvas，就会发现与 Android 的 Canvas 绘图 API 很相似。

关于 Canvas 类的 drawXxx 方法以及 Paint 类的 setXxx 方法，大家可查阅相关 API 学习，这里简单介绍一些常用的方法。

表 8.3 列出了 Canvas 类中的绘制方法。

表 8.3　Canvas 类中的绘制方法

部 分 方 法	说　明
drawArc(RectF oval, float startAngle, float sweepAngle, boolean useCenter, Paint paint)	绘制圆弧
drawBitmap(Bitmap bitmap, float left, float top, Paint paint)	在指定点绘制位图
drawCircle(float cx, float cy, float radius, Paint paint)	从指定点绘制一个圆
drawLine(float startX, float startY, float stopX, float stopY, Paint paint)	绘制一条直线
drawPoint(float x, float y, Paint paint)	绘制一个点

表 8.4 列出了 Paint 类中的常用方法。

表 8.4　Paint 类中的常用方法

部 分 方 法	说　明
setARGB(int a, int r, int g, int b)/setColor(int color)	设置颜色
setAntiAlias(boolean aa)	设置是否抗锯齿
setShader(Shader shader)	设置画笔的填充效果
setStrokeWidth(float width)	设置画笔的笔触宽度
setStrokeJoin(Paint.Join join)	设置画笔拐弯处的连接风格
setPathEffect(PathEffect effect)	设置绘制路径时的路径效果

下面通过一个示例演示多个形状的绘制，如例 8-2 所示。

【例 8-2】 自定义 View 类 MyView。

```
public class MyView extends View {
    public MyView(Context context, AttributeSet attrs) {
        super(context, attrs);
    }
    // 重写该方法，进行绘图
    @Override
    protected void onDraw(Canvas canvas) {
        super.onDraw(canvas);
        // 把整张画布绘制成白色
        canvas.drawColor(Color.WHITE);
        Paint paint = new Paint();
        // 去锯齿
        paint.setAntiAlias(true);
        paint.setColor(Color.BLUE);
        paint.setStyle(Paint.Style.STROKE);
        paint.setStrokeWidth(3);
        // 绘制圆形
        canvas.drawCircle(200, 200, 150, paint);
        // 绘制正方形
        canvas.drawRect(50, 400, 350, 700, paint);
        // 绘制矩形
        canvas.drawRect(50, 750, 350, 950, paint);
        // 绘制圆角矩形
        RectF rel = new RectF(50, 1000, 350, 1150);
        canvas.drawRoundRect(rel, 75, 75, paint);
        // 绘制椭圆
        RectF rell = new RectF(50, 1200, 350, 1350);
        canvas.drawOval(rell, paint);
        // -----设置填充风格后绘制------
        paint.setStyle(Paint.Style.FILL);
        paint.setColor(Color.RED);
        // 绘制圆形
        canvas.drawCircle(600, 200, 150, paint);
        // 绘制正方形
        canvas.drawRect(700, 400, 400, 700, paint);
        // 绘制矩形
        canvas.drawRect(700, 750, 400, 950, paint);
        // 绘制圆角矩形
        RectF re2 = new RectF(700, 1000, 400, 1150);
        canvas.drawRoundRect(re2, 75, 75, paint);
        // 绘制椭圆
        RectF re21 = new RectF(700, 1200, 400, 1350);
        canvas.drawOval(re21, paint);
        canvas.drawPath(path4, paint);
        // -----设置渐变器后绘制--------
        // 为 Paint 设置渐变器
```

```
        Shader mShader = new LinearGradient(0, 0, 40, 60, new int[] {
                Color.RED, Color.GREEN, Color.BLUE, Color.YELLOW },
                    null, Shader.TileMode.REPEAT);
        paint.setShader(mShader);
        // 设置阴影
        paint.setShadowLayer(45, 10, 10, Color.GRAY);
        // 绘制圆形
        canvas.drawCircle(1200, 200, 150, paint);
    }
}
```

运行结果如图 8.2 所示。

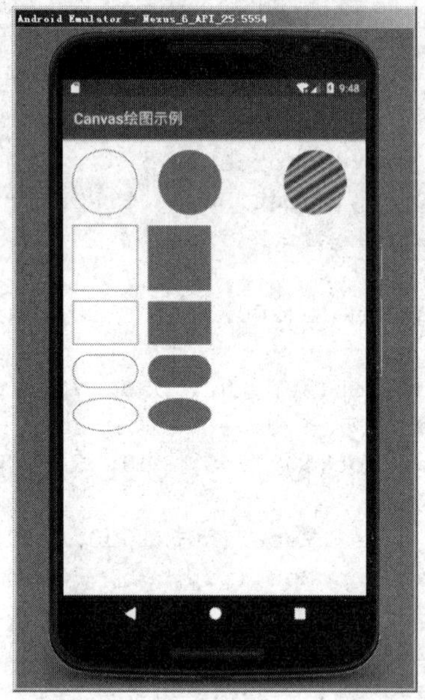

图 8.2　Canvas 绘图示例

8.2.2　Path 类

Path 类是一个非常有用的类，它可以预先在 View 上将 N 个点连成一条“路径”，然后调用 Canvas 的 drawPath(path，paint)方法即可沿着路径绘制图形。实际上除了 Path 类，Android 还为路径绘制提供了 PathEffect 类来定义绘制效果，而 PathEffect 包含了如下几种绘制效果，每一种都是它的子类，具体如下：

- ComposePathEffect；
- CornerPathEffect；
- DashPathEffect；
- DiscretePathEffect；
- PathDashPathEffect；

- SumPathEffect。

下面通过一个示例示范这 6 种 PathEffect 子类的绘制效果，每一种子类绘制一条线，如例 8-3 所示。

【例 8-3】 自定义 View 类 MyPathEffectView。

```
public class MyPathEffectView extends View {
    // 路径效果的相位
    float phase;
    // 7 种不同路径效果的数组
    PathEffect[] effects = new PathEffect[7];
    // 颜色 ID 数组
    int[] colors;
    // 画笔
    private Paint paint;
    // 声明路径对象
    Path path;
    public MyPathEffectView(Context context) {
        super(context);
        paint = new Paint();
        paint.setStyle(Paint.Style.STROKE);
        paint.setStrokeWidth(4);
        // 创建并初始化 Path
        path = new Path();
        path.moveTo(0, 0);
        for (int i = 0; i <= 150; i++) {
            // 生成 15 个点，随机生成它们的 Y 坐标，并将它们连成一条 Path
            path.lineTo(i * 20, (float) Math.random() * 60);
        }
        // 初始化 7 个颜色
        colors = new int[]{Color.BLACK, Color.BLUE, Color.CYAN,
                Color.GREEN, Color.MAGENTA, Color.RED, Color.YELLOW};
    }
    @Override
    protected void onDraw(Canvas canvas) {
        // 将背景填充为白色
        canvas.drawColor(Color.WHITE);
        // -----下面开始初始化 7 种路径效果-------
        // 不使用路径效果
        effects[0] = null;
        // 使用 CornerPathEffect 路径效果
        effects[1] = new CornerPathEffect(10);
        // 初始化 DiscretePathEffect
        effects[2] = new DiscretePathEffect(3.0f, 5.0f);
        // 初始化 DashPathEffect
        effects[3] = new DashPathEffect(new float[] { 20, 10, 5, 10 },
                phase);
        // 初始化 PathDashPathEffect
```

```
        Path p = new Path();
        p.addRect(0, 0, 8, 8, Path.Direction.CCW);
        effects[4] = new PathDashPathEffect(p, 12, phase,
              PathDashPathEffect.Style.ROTATE);
        // 初始化 ComposePathEffect
        effects[5] = new ComposePathEffect(effects[2], effects[4]);
        // 初始化 SumPathEffect
        effects[6] = new SumPathEffect(effects[4], effects[3]);
        // 将画布移动到（8，8）处开始绘制
        canvas.translate(8, 8);
        // 依次使用 7 种不同路径效果、7 种不同颜色来绘制路径
        for (int i = 0; i < effects.length; i++) {
           paint.setPathEffect(effects[i]);
           paint.setColor(colors[i]);
           canvas.drawPath(path, paint);
           canvas.translate(0, 60);
        }
        // 改变 phase 值，形成动画效果
        phase += 1;
        // 重绘
        invalidate();
    }
}
```

运行结果如图 8.3 所示。

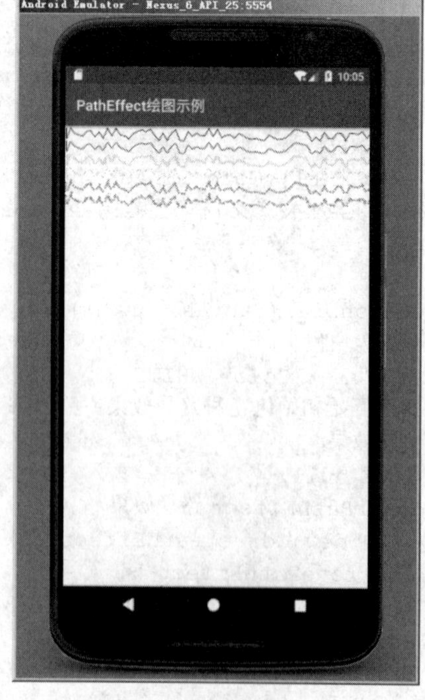

图 8.3　Canvas 绘图示例

8.3 图形特效处理

图形特效处理可以让开发者开发出更炫酷的 UI 界面，相比于前面介绍的图形支持，本节内容更适合开发一些特殊效果。

8.3.1 使用 Matrix 控制变换

Matrix 单词是“矩阵”的意思，在 Android 中 Matrix 是一个 3×3 的矩阵，它对图片的处理有 4 个基本类型：平移（Translate）、缩放（Scale）、旋转（Rotate）、倾斜（Skew）。使用 Matrix 控制图形或组件变换的步骤如下：

（1）获取 Matrix 对象；

（2）调用 Matrix 的方法进行相应变换；

（3）将程序对 Matrix 所做的变换应用到指定图形或组件。

Matrix 提供了一些方法来控制图片变换，如表 8.5 所示。

表 8.5 Matrix 提供的变换图形方法

部分方法	说明
setTranslate(float dx,float dy)	控制 Matrix 进行位移
setSkew(float kx,float ky)	控制 Matrix 进行倾斜，kx、ky 为 X、Y 方向上的比例
setSkew(float kx,float ky,float px,float py)	控制 Matrix 以 px、py 为轴心进行倾斜，kx、ky 为 X、Y 方向上的倾斜比例
setRotate(float degrees)	控制 Matrix 进行 degress 角度的旋转，轴心为（0,0）
setRotate(float degrees,float px,float py)	控制 Matrix 进行 degress 角度的旋转，轴心为(px,py)
setScale(float sx,float sy)	设置 Matrix 进行缩放，sx、sy 为 X、Y 方向上的缩放比例
setScale(float sx,float sy,float px,float py)	设置 Matrix 以(px,py)为轴心进行缩放，sx、sy 为 X、Y 方向上的缩放比例

Matrix 类位于 android.graphics.Matrix 包下，是 Android 提供的一个矩阵工具类，它本身并不能对图像或 View 进行变换，但它可与其他 API 结合来控制图形、View 的变换，如 Canvas。

图片在内存中存放的是一个个的像素点，而对于图片的变换主要就是处理图片的每个像素点，对每个像素点进行相应的变换，即可完成对图像的变换。上面已经列举了 Matrix 进行变换的常用方法，下面以一个示例来讲解如何通过 Matrix 进行变换。

【例 8-4】 对图片进行平移、缩放、旋转处理。

```
public class MatrixDemoActivity extends AppCompatActivity {
    private ImageView iv_qianfeng;
    private Bitmap baseBitmap;
    private Paint paint;
```

```
    private ImageView iv_after;
    @Override
    protected void onCreate(Bundle savedInstanceState) {
        super.onCreate(savedInstanceState);
        setContentView(R.layout.activity_matrix_demo);
        setTitle("Matrix 使用示例");
        iv_qianfeng = (ImageView) findViewById(R.id.qianfeng);
        iv_after = (ImageView) findViewById(R.id.iv_after);
        baseBitmap = BitmapFactory.decodeResource(getResources(),
            R.drawable.qianfeng);
        // 设置画笔，消除锯齿
        paint = new Paint();
        paint.setAntiAlias(true);
    }
    /* 缩放图片：横向放大 2 倍，纵向放大 4 倍*/
    public void bitmapScale(View view) {
        float x = 2.0f;
        float y = 4.0f;
        // 因为要将图片放大，所以要根据放大的尺寸重新创建 Bitmap
        Bitmap afterBitmap = Bitmap.createBitmap(
                (int) (baseBitmap.getWidth() * x),
                (int) (baseBitmap.getHeight() * y),
                baseBitmap.getConfig());
        Canvas canvas = new Canvas(afterBitmap);
        // 初始化 Matrix 对象
        Matrix matrix = new Matrix();
        // 根据传入的参数设置缩放比例
        matrix.setScale(x, y);
        // 根据缩放比例，把图片画到 Canvas 上 1
        canvas.drawBitmap(baseBitmap, matrix, paint);
        iv_after.setImageBitmap(afterBitmap);
    }
    /*图片旋转 180 度*/
    public void bitmapRotate(View view) {
        float degrees = 180f;
        // 创建一个和原图一样大小的图片
        Bitmap afterBitmap =
             Bitmap.createBitmap(baseBitmap.getWidth(),
                  baseBitmap.getHeight(), baseBitmap.getConfig());
        Canvas canvas = new Canvas(afterBitmap);
        Matrix matrix = new Matrix();
        // 根据原图的中心位置旋转
        matrix.setRotate(degrees, baseBitmap.getWidth() / 2,
                baseBitmap.getHeight() / 2);
```

```
            canvas.drawBitmap(baseBitmap, matrix, paint);
            iv_after.setImageBitmap(afterBitmap);
        }
        /* 平移图片*/
        public void bitmapTranslate(View view) {
            float dx = 20f;
            float dy = 20f;
            // 需要根据移动的距离来创建图片的拷贝图大小
            Bitmap afterBitmap = Bitmap.createBitmap(
                    (int) (baseBitmap.getWidth() + dx),
                    (int) (baseBitmap.getHeight() + dy),
                   baseBitmap.getConfig());
            Canvas canvas = new Canvas(afterBitmap);
            Matrix matrix = new Matrix();
            // 设置移动的距离
            matrix.setTranslate(dx, dy);
            canvas.drawBitmap(baseBitmap, matrix, paint);
            iv_after.setImageBitmap(afterBitmap);
        }
```

运行结果如图 8.4 所示。

图 8.4 Matrix 示例结果图

上面程序对应的 XML 文件的布局很简单，这里不展示布局文件。选择按钮控制变换图片，可以看到相应的结果图展示在第一张图片的下方。这里不展示变换后的结果图，希望大家自行实践练习。

8.3.2 使用 drawBitmapMesh 扭曲图像

Mesh 有“网状物”的意思，使用 drawBitmapMesh 扭曲图片，就是将图片分割成网格状，网格的交叉点就是需要获取的坐标点，获取之后改变坐标点，图片就会呈现不同的形状。“水波荡漾”“风吹旗帜”等特效就是通过 drawBitmapMesh 方法实现的。

Canvas 提供了 drawBitmapMesh(Bitmap bitmap, int meshWidth, int meshHeight, float[] verts, int vertOffset, int[] colors, int colorOffset, Paint paint)方法，该方法关键参数的说明如下。

- bitmap: 指定需要扭曲的原位图。
- meshWidth: 该参数控制在横向上把该原位图划分成多少格。
- meshHeight: 该参数控制在纵向上把该原位图划分为多少格。
- verts: 该参数是一个长度为(meshWidth + 1)*(meshHeight+1)* 2 的数组，它记录了扭曲后的位图各“顶点”位置。虽然它是一维数组，但是记录的数据是形如(x0, y0),(x1, y1),(x2, y2),…,(xN, yN)格式的数据，这些数组元素控制对 bitmap 位图的扭曲效果。
- vertOffset: 控制 verts 数组中从第几个数组元素开始才对 bitmap 进行扭曲(忽略 vertOffset 之前数据的扭曲效果)。

下面通过示例实现“风吹旗帜”的 UI 界面效果，如例 8-5 所示。

【例 8-5】 自定义 MydrawBitmapMesh 实现“飘动”效果。

```
public class MydrawBitmapMesh extends View {
    private Bitmap mbitmap;
    //将图片划分成 200 个小格
    private static final int WIDTH = 200;
    private static final int HEIGHT = 200;
    //坐标点数
    private int COUNT = (WIDTH+1)*(HEIGHT+1);
    private float[] verts = new float[COUNT*2];
    private float[] origs = new float[COUNT*2];
    private float k;
    public MydrawBitmapMesh(Context context, AttributeSet attrs) {
        super(context, attrs);
        init();
    }
    @Override
    protected void onDraw(Canvas canvas) {
```

```
        super.onDraw(canvas);
        for(int i=0; i < HEIGHT+1; i++){
            for(int j=0; j < WIDTH+1; j++){
                //x 坐标不变
                verts[(i*(WIDTH+1)+j)*2+0] += 0;
                //增加 k 值是为了让相位产生移动，从而可以飘动起来
                float offset = (float)Math.sin((float)j
                     / WIDTH*2*Math.PI+k);
                //y 坐标改变，呈现正弦曲线
                verts[(i*(WIDTH+1)+j)*2+1] =
                    origs[(i*(WIDTH+1)+j)*2+1] + offset*50;
            }
        }
        k+=0.4f;
       //对 mBitmap 按照 verts 进行扭曲，从第一个点（由第 5 个参数 0 控制）开始扭曲
        canvas.drawBitmapMesh(mbitmap, WIDTH, HEIGHT, verts,
            0, null, 0, null);
        canvas.drawBitmap(mbitmap, 100, 700, null);
        invalidate();
    }
    public void init(){
        int index = 0;
        mbitmap = BitmapFactory.decodeResource(getResources(),
            R.drawable.qianfeng);
        float bitmapwidth = mbitmap.getWidth();
        float bitmapheight = mbitmap.getHeight();
        for(int i = 0;i < HEIGHT+1; i++){
            float fy = bitmapwidth / HEIGHT*i;
            for(int j = 0;j < WIDTH+1;j++){
                float fx = bitmapheight / WIDTH*j;
                //偶数位记录 x 坐标  奇数位记录 Y 坐标
                origs[index*2+0] = verts[index*2+0] = fx;
                origs[index*2+1] = verts[index*2+1] = fy;
                index++;
            }
        }
    }
}
```

运行结果如图 8.5 所示。

图 8.5 drawBitmapMesh 示例结果图

上面程序利用正弦函数的公式动态改变 verts 数组里所有数组元素的值，这样就控制了 drawBitmapMesh()方法的扭曲效果，从而模拟“风吹旗帜”的效果。由于是动态效果，图 8.5 中只能看到扭曲的一个瞬间，大家动手实践将会看到想要的效果图。

8.4 逐帧动画

逐帧动画是将每张静态图片快速播放，利用人眼的“视觉暂留”而给用户造成“动画”的错觉。

在 Android 中逐帧（Frame）动画需要得到 AnimationDrawable 类的支持，AnimationDrawable 类主要用来创建一个逐帧动画，并且可以对帧进行拉伸。在程序中获取 AnimationDrawable 对象后，把该对象设置为 ImageView 的背景即可使用 AnimationDrawable.start()方法播放逐帧动画。

AnimationDrawable 资源的使用很简单，在/res/drawable 目录下新建 XML 文件，该文件以<animation-list.../>为根元素，使用<item…/>子元素定义动画的全部帧。下面示例实现了水位逐渐上升的动画效果，如例 8-6 所示。

【例 8-6】 水位逐渐上升。

```
<animation-list
    xmlns:android="http://schemas.android.com/apk/res/android"
    android:oneshot="false">
    <item android:drawable="@drawable/shui1"
        android:duration="50"/>
    <item android:drawable="@drawable/shui2"
        android:duration="50"/>
    <item android:drawable="@drawable/shui3"
        android:duration="50"/>
   <!--省略多个类似的 item-->
   …
</animation-list>
```

上面 XML 文件命名为 ripple.xml，animation-list 中 onshot 属性表示其是否无限播放，item 子元素中 duration 属性表示每帧的持续时间。

```
public class FrameAnimActivity extends AppCompatActivity
    implements View.OnClickListener {
    private ImageView imageView;
    private AnimationDrawable animationDrawable;
    private Button animStart,animStop;
    @Override
    protected void onCreate(Bundle savedInstanceState) {
        super.onCreate(savedInstanceState);
        setContentView(R.layout.activity_frame_anim);
        imageView = (ImageView) findViewById(R.id.image_view);
        animStart = (Button) findViewById(R.id.btn_start);
        animStop = (Button)findViewById(R.id.btn_stop);
        animStart.setOnClickListener(this);
        animStop.setOnClickListener(this);
        animationDrawable = (AnimationDrawable)
            imageView.getBackground();
    }
    @Override
    public void onClick(View v) {
        switch (v.getId()) {
            case R.id.btn_start:
                animationDrawable.start();
                break;
            case R.id.btn_stop:
                animationDrawable.stop();
                break;
        }
```

```
    }
}
```

运行结果如图 8.6 所示。

图 8.6　水位上升动画

上面程序对应的布局文件中，只有两个 Button 和一个 ImageView，其中 ImageView 背景设置为上面的 ripple 资源，两个 Button 分别控制动画的播放和暂停。由于是动画效果，所以图 8.6 只是动画的一帧，大家自行练习可看到动画效果。

8.5　补间动画

补间动画是指开发者只需设置动画开始、动画结束等关键帧，而动画变化的中间帧是由系统计算并补齐。

8.5.1　补间动画与插值器 Interpolator

对补间（Tween）动画而言，开发者无须像逐帧动画那样定义动画过程中的每一帧，只要定义动画开始和结束的关键帧，并设置动画的持续时间即可。而中间的变化过程需要的帧是通过 Animation 类支持的。

Android 中使用 Animation 代表抽象的动画类，它包括如表 8.6 所示的几种子类。

表 8.6 Animation 的子类

子 类	说 明	使 用 方 法
AlphaAnimation	透明度改变的动画	指定开始与结束时的透明度以及动画持续时间，透明度可从 0 到 1
ScaleAnimation	大小缩放的动画	指定开始与结束时的缩放比以及动画持续时间，pivotX、pivotY 指定缩放中心坐标
TranslateAnimation	位移变化的动画	指定开始与结束时的位置坐标以及动画持续时间
RotateAnimation	旋转动画	指定开始与结束的旋转角度以及动画持续时间，pivotX、pivotY 指定旋转轴心坐标

一旦为补间动画指定三个必要信息，Android 系统就会根据动画的开始帧、结束帧、持续时间计算出需要在中间“补入”多少帧，并计算所有补入帧的图形。

为了控制在动画期间需要动态“补入”多少帧，具体在动画运行的哪些时刻补入帧，需要借助插值器 Interpolator。插值器的本质是一个动画执行控制器，它可以控制动画执行过程中的速度变化，比如以匀速、加速、减速、抛物线速度等各种速度变化。

Interpolator 是一个空接口，继承自 TimeInterpolator。Interpolator 接口中定义了 float getInterpolation(float input)方法，开发者可通过实现 Interpolator 来控制动画的变化速度。Android 系统为 Interpolator 提供了几个常用实现类，分别用于实现不同的动画变化速度，如表 8.7 所示。

表 8.7 Interpolator 的常用实现类

实 现 类	说 明
LinearInterpolator	动画以均匀的速度改变
AccelerateInterpolator	动画开始时缓慢改变速度，之后加速
AccelerateDecelerateInterpolator	动画开始和结束时改变速度较慢，中间部分加速
CycleInterpolator	动画循环播放特定的次数，变化速度按正弦曲线改变
DecelerateInterpolator	在动画开始时改变速度较快，然后开始减速

在动画资源文件中使用上述实现类，只需要在定义补间动画的<set…/>元素中使用 android:interpolator 属性，该属性的属性值可以指定 Android 默认支持的 Interpolator，其格式为：

```
@android:anim/linear_interpolator
@android:anim/accelerate_interpolator
@android:anim/accelerate_decelerate_interpolator
...
```

可以看出在资源文件中使用 interpolator 时，其格式与实现类的类名是对应的。资源文件定义完成之后，开发者需要在程序中通过 AnimationUtils 得到补间动画的 Animation 对象后，调用 View 的 startAnimation(Animation anim)方法开始对该 View 执行动画即可。

8.5.2 位置、大小、旋转度与透明度改变的补间动画

在项目中一般采用动画资源文件来定义补间动画，本节来看一个示例，该示例是将

一张图片从大到小缩放，期间结合旋转与透明度的设置，具体代码如例 8-7 所示。

【例 8-7】 补间动画示例。

```
<set
    xmlns:android="http://schemas.android.com/apk/res/android"
    android:interpolator="@android:anim/linear_interpolator">
    <scale
        android:fromXScale="1.0"
        android:toXScale="0.01"
        android:fromYScale="1.0"
        android:toYScale="0.01"
        android:pivotX="50%"
        android:pivotY="50%"
        android:fillAfter="true"
        android:duration="3000"/>
    <alpha
        android:fromAlpha="1"
        android:toAlpha="0.05"
        android:duration="3000"/>
    <rotate
        android:fromDegrees="0"
        android:toDegrees="1800"
        android:pivotY="50%"
        android:pivotX="50%"
        android:duration="3000"/>
</set>
```

上面资源文件放置在/res/anim 子目录下，命名为 tween_anim.xml，该资源文件定义了缩放、透明度、旋转三种动画效果。在该子目录下再定义一个命名为 tween_anim_reverse.xml 的资源文件，内容与 tween_anim.xml 中一样，但动画效果完全相反，大家只需把相应数值改变即可，这里不展示 tween_anim_reverse.xml 代码，Java 代码如下：

```
public class TweenAnimActivity extends AppCompatActivity
                    implements View.OnClickListener {
    private Button play, reversePlay;
    private ImageView logo;
    private Animation clockwise, anticlockwise;
    @Override
    protected void onCreate(Bundle savedInstanceState) {
        super.onCreate(savedInstanceState);
        setContentView(R.layout.activity_tween_anim);
        setTitle("补间动画示例");
        play = (Button) findViewById(R.id.btn_play);
        reversePlay = (Button) findViewById(R.id.btn_reverse_play);
        logo = (ImageView) findViewById(R.id.iv_logo);
```

```
        //加载第一个动画资源
        clockwise = AnimationUtils.loadAnimation(this,
            R.anim.tween_anim);
        //动画结束后保留结束状态
        clockwise.setFillAfter(true);
        anticlockwise = AnimationUtils.loadAnimation(this,
            R.anim.tween_anim_reverse);
        anticlockwise.setFillAfter(true);
        play.setOnClickListener(this);
        reversePlay.setOnClickListener(this);
    }
    @Override
    public void onClick(View v) {
        switch (v.getId()) {
            case R.id.btn_play:
                logo.startAnimation(clockwise);
                break;
            case R.id.btn_reverse_play:
                logo.startAnimation(anticlockwise);
                break;
        }
    }
}
```

运行结果如图 8.7 所示。

图 8.7　补间动画示例

上面 Java 代码首先通过 AnimationUtils 加载出动画资源，然后通过 startAnimation()方法设置给 ImageView 动画效果。

8.6 属性动画

属性动画相比补间动画的功能更强大，主要表现在以下两方面：

（1）补间动画只能定义两个关键帧在平移、旋转、缩放、透明度 4 个方面的变化，而属性动画则可以定义任何属性的变化。

（2）补间动画只能对 UI 组件指定动画，但属性动画几乎可以对任何对象指定动画（不管它是否显示在屏幕上）。

下面具体介绍属性动画以及它的使用。

8.6.1 属性动画 API

属性动画涉及的 API 如下。

- Animator：提供创建属性动画的基类。一般是继承该类并重写它的指定方法。
- ValueAnimator：属性动画主要的时间引擎，负责计算各个帧的属性值。该类定义了属性动画的绝大部分核心功能，包括计算各帧的相关属性值，负责处理更新事件，按属性值的类型控制计算规则等。属性动画主要由两部分组成：①计算各帧的相关属性值；②为指定对象设置这些计算后的值。其中 ValueAnimator 只负责第 1 部分的内容。
- ObjectAnimator：ValueAnimator 的子类，实际开发中 ObjectAnimator 比 ValueAnimator 更常用。
- AnimatorSet：Animator 的子类，用于组合多个 Animator，并指定它们的播放次序。
- IntEvaluator：用于计算 int 类型属性值的计算器。
- FloatEvaluator：用于计算 float 类型属性值的计算器。
- ArgbEvaluator：用于计算以十六进制形式表示的颜色值的计算器。
- TypeEvaluator：计算器接口，通过实现该接口自定义计算器。

在上面介绍的 API 中 ValueAnimator 与 ObjectAnimator 是最重要的，下面重点介绍这两个 API 的使用。

1．使用 ValueAnimator 创建动画

使用 ValueAnimator 创建动画有如下 4 个步骤：

（1）调用 ValueAnimator 的 ofInt()、ofFloat()或 ofObject()静态方法创建 ValueAnimator 实例。

（2）调用 ValueAnimator 的 setXxx()方法设置动画持续时间、插值方式、重复次数等。

（3）调用 ValueAnimator 的 start()方法启动动画。

（4）为 ValueAnimator 注册 AnimatorUpdateListener 监听器，在该监听器中可以监听 ValueAnimator 计算出来的值的改变，并将这些值应用到指定对象上。

例如以下代码片段：

```
ValueAnimator va = ValueAnimator.ofFloat(0f, 1f);
va.setDuration(1000);
va.start();
```

上面代码片段实现了在 1s 内，帧的属性值从 0 到 1 的变化。

如果使用自定义的计算器，如以下代码所示：

```
ValueAnimator.ofObject(new MyTypeEvaluator(), startValue, endValue);
va.setDuration(1000);
va.start();
```

上面的代码片段仅仅是计算动画过程中变化的值，并没有应用到对象上，所以不会有任何动画效果。如果大家想利用 ValueAnimator 创建出动画效果，还需要注册一个监听器 AnimatorUpdateListener，该监听器负责更新对象的属性值。在实现这个监听器上，可以通过 getAnimatedValue()方法获取当前帧的属性值，并将该计算出来的值应用到指定对象上。当该对象的属性持续改变时，动画效果就产生了。

2．使用 ObjectAnimator 创建动画

ObjectAnimator 继承自 ValueAnimator，因此可直接将 ValueAnimator 在动画中计算出来的值应用到指定对象的指定属性中，由于 ValueAnimator 已经注册了一个监听器来完成该操作，因此 ObjectAnimator 不需要注册 AnimatorUpdateListener 监听器。

使用 ObjectAnimator 的 ofInt()、ofFloat()或 ofObject()静态方法创建 ObjectAnimator 时，需要指定具体的对象，以及对象的属性名。

例如以下代码片段：

```
ObjectAnimator oa = ObjectAnimator.ofFloat(foo, "alpha", 0f, 1f);
oa.setDuration(1000);
oa.start();
```

使用 ObjectAnimator 时需要注意以下几点：

- 要为该对象对应的属性提供 setter 方法，例如上面示例代码中需要为 foo 对象提供 setAlpha(float value)方法。
- 调用 ObjectAnimator 的 ofInt()、ofFloat()或 ofObject()工厂方法时，如果 values 参数只提供一个值（正常是需要提供开始值和结束值），那么该值会被认为是结束值。此时该对象应该为该属性提供一个 getter 方法，该 getter 方法的返回值将被作为开始值。
- 在对 View 对象执行动画效果时，往往需要在 onAnimationUpdate()事件监听方法中调用 View.invalidate()方法来刷新屏幕显示，比如对 Drawable 对象的 color 属性执行动画。

8.6.2 使用属性动画

属性动画既可作用于 UI 组件，也可以作用于普通对象，定义属性动画有以下两种方式。

- 使用 ValueAnimator 或 ObjectAnimator 的静态工厂方法创建动画。
- 使用资源文件来定义动画。

使用属性动画的步骤如下。

（1）创建 ValueAnimator 或 ObjectAnimator 对象。

（2）根据需要为 Animator 对象设置属性。

（3）如果需要监听 Animator 的动画开始事件、动画结束事件、动画重复事件、动画值改变事件，并根据事件提供相应的处理代码，则应该为 Animator 对象设置事件监听器。

（4）如果有多个动画需要按次序或同时播放，则需要使用 AnimatorSet。

（5）调用 Animator 对象的 start()方法启动动画。

下面通过一个示例示范属性动画的使用，如例 8-8 所示，本例中示范了平移、旋转、缩放、透明度的动画使用以及动画组合和插值器的使用。

【例 8-8】 布局文件 activity_object.xml。

```
<LinearLayout
    xmlns:android="http://schemas.android.com/apk/res/android"
    xmlns:tools="http://schemas.android.com/tools"
    android:layout_width="match_parent"
    android:layout_height="match_parent"
    android:orientation="vertical"
    android:padding="5dp" >
    <LinearLayout
        android:layout_width="match_parent"
        android:layout_height="wrap_content"
        android:orientation="horizontal" >
        <Button
            android:id="@+id/btn_object_alpha"
            android:layout_width="0dp"
            android:layout_height="wrap_content"
            android:layout_weight="1"
            android:layout_gravity="center_horizontal"
            android:text="开始灰度动画"
            android:textColor="#000000"
            android:textSize="17sp" />
        <Button
```

```
            android:id="@+id/btn_object_rotation"
            android:layout_width="0dp"
            android:layout_height="wrap_content"
            android:layout_weight="1"
            android:layout_gravity="center_horizontal"
            android:text="开始旋转动画"
            android:textColor="#000000"
            android:textSize="17sp" />
        <Button
            android:id="@+id/btn_object_scale"
            android:layout_width="0dp"
            android:layout_height="wrap_content"
            android:layout_weight="1"
            android:layout_gravity="center_horizontal"
            android:text="开始缩放动画"
            android:textColor="#000000"
            android:textSize="17sp" />
        <Button
            android:id="@+id/btn_object_translation"
            android:layout_width="0dp"
            android:layout_height="wrap_content"
            android:layout_weight="1"
            android:layout_gravity="center_horizontal"
            android:text="开始平移动画"
            android:textColor="#000000"
            android:textSize="17sp" />
    </LinearLayout>
    <LinearLayout
        android:layout_width="match_parent"
        android:layout_height="wrap_content"
        android:orientation="horizontal" >
        <Button
            android:id="@+id/btn_object_start"
            android:layout_width="0dp"
            android:layout_height="wrap_content"
            android:layout_weight="1"
            android:layout_gravity="center_horizontal"
            android:text="开始属性动画组合"
            android:textColor="#000000"
            android:textSize="17sp" />
        <Button
            android:id="@+id/btn_object_value"
            android:layout_width="0dp"
            android:layout_height="wrap_content"
```

```
            android:layout_weight="1"
            android:layout_gravity="center_horizontal"
            android:text="开始插值器估值器"
            android:textColor="#000000"
            android:textSize="17sp" />
    </LinearLayout>
    <TextView
        android:id="@+id/tv_object_text"
        android:layout_width="wrap_content"
        android:layout_height="100dp"
        android:layout_gravity="center"
        android:background="#aaffaa"
        android:text="展示动画效果区域"
        android:textColor="#000000"
        android:textSize="17sp" />
</LinearLayout>
```

布局文件中使用了Button与TextView组件，其中Button用于控制动画效果，TextView用于展示动画效果，ObjectActivity对应的代码如下：

```
public class ObjectActivity extends AppCompatActivity
    implements View.OnClickListener {
    private final static String TAG = "AnimatorActivity";
    private TextView tv_object_text;
    private Button btn_object_alpha,btn_object_rotation,
        btn_object_scale, btn_object_start,
            btn_object_translation, btn_object_value;
    @Override
    protected void onCreate(Bundle savedInstanceState) {
        super.onCreate(savedInstanceState);
        setContentView(R.layout. activity_object);
        tv_object_text = (TextView) findViewById(R.id.tv_object_text);
        btn_object_alpha = (Button) findViewById(R.id.btn_object_alpha);
        btn_object_rotation = (Button)
            findViewById(R.id.btn_object_rotation);
        btn_object_scale = (Button) findViewById(R.id.btn_object_scale);
        btn_object_translation = (Button)
            findViewById(R.id.btn_object_translation);
        btn_object_start = (Button) findViewById(R.id.btn_object_start);
        btn_object_value = (Button) findViewById(R.id.btn_object_value);
        btn_object_alpha.setOnClickListener(this);
        btn_object_rotation.setOnClickListener(this);
        btn_object_scale.setOnClickListener(this);
        btn_object_translation.setOnClickListener(this);
        btn_object_start.setOnClickListener(this);
```

```
        btn_object_value.setOnClickListener(this);
    }
    // 组合动画
    private void animatorSet() {
        ObjectAnimator anim1 = ObjectAnimator.ofFloat(tv_object_text,
            "alpha", 1f, 0.1f, 1f, 0.5f, 1f);
        ObjectAnimator anim2 = ObjectAnimator.ofFloat(tv_object_text,
            "rotation", 0f, 360f);
        ObjectAnimator anim3 = ObjectAnimator.ofFloat(tv_object_text,
            "scaleY", 1f, 3f, 1f);
        ObjectAnimator anim4 = ObjectAnimator.ofFloat(tv_object_text,
            "translationY", 0f, 300f);
        AnimatorSet animSet = new AnimatorSet();
        AnimatorSet.Builder builder = animSet.play(anim1);
       // anim3 先执行，然后再同步执行 anim1、anim2，最后执行 anim4
        builder.with(anim2).after(anim3).before(anim4);
        animSet.setDuration(6000);
        animSet.start();
    }
    // 插值器和估值器
    @TargetApi(Build.VERSION_CODES.JELLY_BEAN_MR2)
    private void animatorValue() {
        ObjectAnimator anim1 = ObjectAnimator.ofInt(tv_object_text,
            "backgroundColor", 0xFFFF0000, 0xFFFFFFFF);
        anim1.setInterpolator(new AccelerateInterpolator());
        anim1.setEvaluator(new ArgbEvaluator());
        ObjectAnimator anim2 = ObjectAnimator.ofFloat(tv_object_text,
            "rotation", 0f, 360f);
        anim2.setInterpolator(new DecelerateInterpolator());
        anim2.setEvaluator(new FloatEvaluator());
        ObjectAnimator anim3 = ObjectAnimator.ofObject(tv_object_text,
            "clipBounds", new RectEvaluator(), new Rect(0,0,250,100),
                new Rect(0,0,100,50), new Rect(0,0,250,100));
        anim3.setInterpolator(new LinearInterpolator());
        ObjectAnimator anim4 = ObjectAnimator.ofInt(tv_object_text,
            "textColor", 0xFF000000, 0xFF0000FF);
        anim4.setInterpolator(new BounceInterpolator());
        anim4.setEvaluator(new IntEvaluator());
        AnimatorSet animSet = new AnimatorSet();
        AnimatorSet.Builder builder = animSet.play(anim1);
        // anim3 先执行，然后再同步执行 anim1、anim2，最后执行 anim4
        builder.with(anim2).after(anim3).before(anim4);
        animSet.setDuration(6000);
        animSet.start();
    }
    @Override
    public void onClick(View v) {
        if (v.getId() == R.id.btn_object_alpha) {
            ObjectAnimator anim1 = ObjectAnimator.ofFloat(tv_object_text,
```

```
                "alpha", 1f, 0.1f, 1f, 0.5f, 1f);
            anim1.start();
        } else if (v.getId() == R.id.btn_object_rotation) {
            ObjectAnimator anim2 = ObjectAnimator.ofFloat(tv_object_text,
                "rotation", 0f, 360f);
            anim2.start();
        } else if (v.getId() == R.id.btn_object_scale) {
            ObjectAnimator anim3 = ObjectAnimator.ofFloat(tv_object_text,
                "scaleY", 1f, 3f, 1f);
            anim3.start();
        } else if (v.getId() == R.id.btn_object_translation) {
            ObjectAnimator anim4 = ObjectAnimator.ofFloat(tv_object_text,
                "translationY", 0f, 300f);
            anim4.start();
        } else if (v.getId() == R.id.btn_object_start) {
            animatorSet();
        } else if (v.getId() == R.id.btn_object_value) {
            animatorValue();
    }
}
}
```

运行结果如图 8.8 所示。

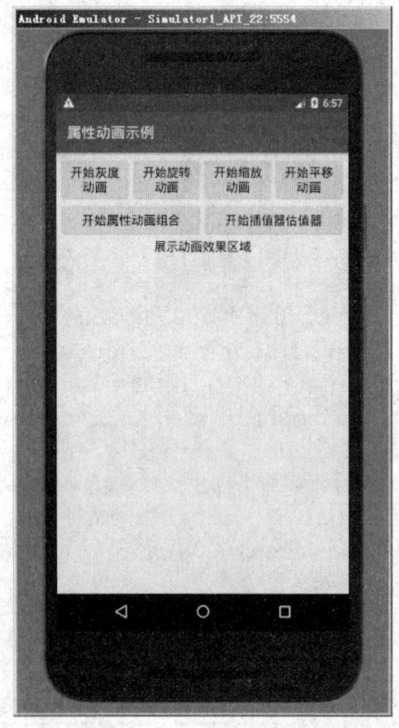

图 8.8　属性动画示例

8.7 使用 SurfaceView 实现动画

前面介绍的很多示例中都使用到了自定义 View 类来绘图，但当 View 的绘图机制相比于 SurfaceView 还是存在缺陷，比如：

（1）View 缺乏双缓存机制。

（2）当 View 上的图片需要更新时必须重新绘制。

（3）新建的线程无法直接更新组件。

基于以上 View 的缺陷，Android 一般推荐使用 SurfaceView 来绘制图片，尤其是在游戏开发中，SurfaceView 的优势更明显。

SurfaceView 一般与 SurfaceHolder 结合使用，SurfaceHolder 用于向与之关联的 SurfaceView 上绘图，调用 SurfaceView 的 getHolder()方法即可获取 SurfaceView 关联的 SurfaceHolder。

SurfaceHolder 提供了如下方法来获取 Canvas 对象。

- Canvas lockCanvas()：锁定整个 SurfaceView 对象，获取该 SurfaceView 上的 Canvas。
- Canvas lockCanvas(Rect dirty)：锁定 SurfaceView 上 Rect 划分的区域，获取该 SurfaceView 上的 Canvas。
- unlockCanvasAndPost(canvas)：用于 Canvas 绘图完成之后释放绘图、提交所绘制的图形。

这两个方法的区别在于 SurfaceView 更新区域不同，第二个方法是对 Rect 划分的区域进行更新。

下面通过一个示例示范 SurfaceView 绘图，该示例中通过手指单击屏幕绘制一个星形图片，并且该图片在屏幕上随机移动，如例 8-9 所示。

【例 8-9】 布局文件 activity_main.xml。

```
<LinearLayout
   xmlns:android="http://schemas.android.com/apk/res/android"
   xmlns:tools="http://schemas.android.com/tools"
   android:layout_width="match_parent"
   android:layout_height="match_parent"
   android:orientation="vertical"
   tools:context="com.example.qfedu.MainActivity">
   <Button
      android:id="@+id/button_erase"
      android:text="清除"
      android:layout_width="match_parent"
```

```
        android:layout_height="wrap_content" />
    <SurfaceView
        android:id="@+id/surface"
        android:layout_gravity="center"
        android:layout_width="match_parent"
        android:layout_height="match_parent" />
</LinearLayout>
```

布局文件很简单，对应的 MainActivity 代码如下所示：

```
public class MainActivity extends AppCompatActivity implements
    View.OnClickListener, View.OnTouchListener, SurfaceHolder.Callback{
    private SurfaceView mSurface;
    private Button erase;
    private DrawingThread mThread;
    @Override
    protected void onCreate(Bundle savedInstanceState) {
        super.onCreate(savedInstanceState);
        setContentView(R.layout.activity_main);
        erase = (Button) findViewById(R.id.button_erase);
        mSurface = (SurfaceView)findViewById(R.id.surface);
        mSurface.setOnTouchListener(this);
        erase.setOnClickListener(this);
        mSurface.getHolder().addCallback(this);
    }
    @Override
    public void surfaceCreated(SurfaceHolder holder) {
        mThread = new DrawingThread(holder,
                BitmapFactory.decodeResource(getResources(),
                    R.drawable.start));
        mThread.start();
    }
    @Override
    public void surfaceChanged(SurfaceHolder holder, int format,
        int width, int height) {
        mThread.updateSize(width, height);
    }
    @Override
    public void surfaceDestroyed(SurfaceHolder holder) {
        mThread.quit();
        mThread = null;
    }
    @Override
    public void onClick(View v) {
```

```
        mThread.clearItems();
    }
    @Override
    public boolean onTouch(View v, MotionEvent event) {
        if (event.getAction() == MotionEvent.ACTION_DOWN) {
            mThread.addItem((int)event.getX(), (int)event.getY());
        }
        return true;
    }
    /*HandlerThread 是一个方便的框架辅助类，用来生成后台工作线程以处理收到的消息*/
    private static class DrawingThread extends HandlerThread implements
        Handler.Callback {
        private static final int MSG_ADD = 100;
        private static final int MSG_MOVE = 101;
        private static final int MSG_CLEAR = 102;
        private int mDrawingWidth, mDrawingHeight;
        private SurfaceHolder mDrawingSurface;
        private Paint mPaint;
        private Handler mReceiver;
        private Bitmap mIcon;
        private ArrayList<DrawingItem> mLocations;
        // 定义一个记录图像是否开始渲染的旗帜
        private boolean mRunning;
        private class DrawingItem {
            // 当前位置的标识
            int x, y;
            // 动作方向的标识
            boolean horizontal, vertical;
            public DrawingItem(int x, int y, boolean horizontal,
                boolean vertical) {
                this.x = x;
                this.y = y;
                this.horizontal = horizontal;
                this.vertical = vertical;
            }
        }
        public DrawingThread(SurfaceHolder holder, Bitmap icon) {
            super("DrawingThread");
            mDrawingSurface = holder;
            mLocations = new ArrayList<>();
            mPaint = new Paint(Paint.ANTI_ALIAS_FLAG);
            mIcon = icon;
        }
        @Override
```

```
    protected void onLooperPrepared() {
        mReceiver = new Handler(getLooper(), this);
        // 开始渲染
        mRunning = true;
        mReceiver.sendEmptyMessage(MSG_MOVE);
    }
    @Override
    public boolean quit() {
        // 退出之前清除所有的消息
        mRunning = false;
        mReceiver.removeCallbacksAndMessages(null);
        return super.quit();
    }
    @Override
    public boolean handleMessage(Message msg) {
        switch (msg.what) {
            case MSG_ADD:
                // 在触摸的位置创建一个新的条目，该条目的开始方向是随机的
                DrawingItem newItem = new DrawingItem(msg.arg1,
                    msg.arg2, Math.round(Math.random()) == 0,
                        Math.round(Math.random()) == 0);
                mLocations.add(newItem);
                break;
            case MSG_CLEAR:
                // 删除所有对象
                mLocations.clear();
                break;
            case MSG_MOVE:
                if (!mRunning) return true;
                // 锁定 SurfaceView，并返回到要绘图的 Canvas
                Canvas canvas = mDrawingSurface.lockCanvas();
                if (canvas == null) {
                    break;
                }
                // 首先清空 Canvas
                // 如果没有这句代码，当图标移动时会在图标之前的位置出现拖尾痕迹
                canvas.drawColor(Color.BLACK);
                // 绘制每个条目
                for (DrawingItem item : mLocations) {
                    // 更新位置
                    item.x += (item.horizontal ? 5 : -5);
                    if (item.x >= (mDrawingWidth - mIcon.getWidth())){
```

```
                            item.horizontal = false;
                        }
                        if (item.x <= 0) {
                            item.horizontal = true;
                        }
                        item.y += (item.vertical ? 5 : -5);
                        if (item.y >= (mDrawingHeight - mIcon.getHeight()))
                        {
                            item.vertical = false;
                        }
                        if (item.y <= 0) {
                            item.vertical = true;
                        }
                        canvas.drawBitmap(mIcon, item.x, item.y, mPaint);
                    }
                    // 解锁 Canvas，并渲染当前的图像
                    mDrawingSurface.unlockCanvasAndPost(canvas);
                    break;
            }
            // 发送下一帧
            if (mRunning) {
                mReceiver.sendEmptyMessage(MSG_MOVE);
            }
            return true;
        }
        public void updateSize(int width, int height){
            mDrawingWidth = width;
            mDrawingHeight = height;
        }
        public void addItem(int x, int y) {
            // 通过 Message 参数将位置传给处理程序
            Message msg = Message.obtain(mReceiver, MSG_ADD, x, y);
            mReceiver.sendMessage(msg);
        }
        public void clearItems(){
            mReceiver.sendEmptyMessage(MSG_CLEAR);
        }
    }
}
```

运行结果如图 8.9 所示。

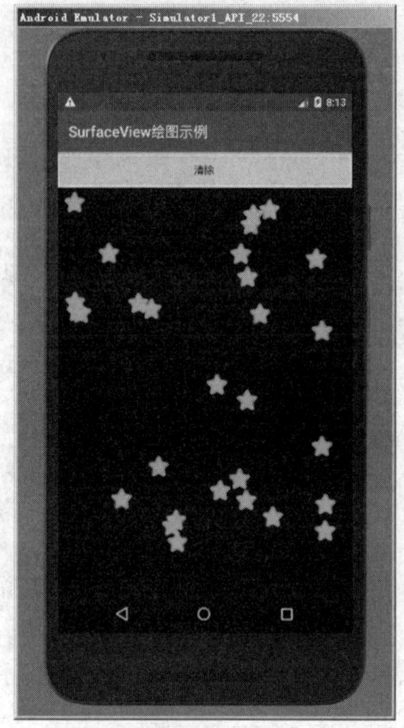

图 8.9　SufaceView 绘图示例

图 8.9 是运行程序在屏幕中多次显示的结果，图中的图片都是在移动的。

8.8　本章小结

本章主要介绍了 Android 程序中的图形与图像处理，从绘图开始，接着讲解图形的特效处理，最后讲解 Android 中动画使用以及 SurfaceView 的绘图机制，学习完本章内容，大家需动手进行实践，为后面学习打好基础。

8.9　习　题

1．填空题

（1）Bitmap 代表一张________，扩展名可以是________或者________。

（2）Bitmap 采用的是________模式而设计，所以创建 Bitmap 时一般不调用其构造方法。

（3）Android 提供了________、________两个方法来判断 Bitmap 对象是否被回收。

（4）自定义 View 的三个重要方法是________、________及________。

（5）Canvas 的各种 drawXxx 方法中需要传入________，还要传入一个________。

2．选择题

（1）Matrix 对图片的处理有 4 个基本类型，不包括下列选项中的（　　）。

A．Translate　　B．Scale

C．Rotate　　D．Alpha

（2）Matrix 本身并不能对图像或 View 进行变换，但它可与（　　）结合来控制图形、View 的变换。

A．Canvas　　B．Bitmap

C．Path　　D．Paint

（3）使用 drawBitmapMesh 可以实现以下（　　）效果。（多选）

A．水波荡漾　　B．风吹旗帜

C．图片透明　　D．裁剪图片

（4）Interpolator 是一个空接口，开发者可通过实现 Interpolator 来控制动画的（　　）。

A．变化速度　　B．开始帧数

C．结束帧数　　D．播放时间

（5）下列选项中不属于补间动画的三个必要信息的是（　　）。

A．开始帧数　　B．结束帧数

C．动画持续时间　　D．动画的变化速度

3．思考题

简述属性动画相比补间动画的优势。

4．编程题

使用属性动画编写一个简单的动画程序。

第9章 chapter 9

Android 数据存储与 I/O

本章学习目标

- 掌握 SharedPreferences 的概念与使用。
- 掌握 Android 文件的 I/O。
- 掌握 Android 中的 SQLite 数据库。
- 掌握 Android 的手势支持。

所有应用程序都必然涉及数据的输入输出，即 I/O 操作。如果只有少量数据需要保存，则使用普通文件保存即可；若有大量的数据需要存储和访问，就需要借助数据库。Android 系统内置了 SQLite 数据库，并且提供大量便捷的 API 用于访问 SQLite 数据库。

9.1 使用 SharedPreferences

在一些应用程序中，有些数据需要在应用程序启动时就需要获取到，比如各种配置信息，通常这些数据都是通过 SharedPreferences 保存的。

9.1.1 SharedPreferences 简介

SharedPreferences 保存的数据主要是简单类型的 key-value 键值对。SharedPreferences 是一个接口，所以程序无法直接创建 SharedPreferences 对象，只能通过 Context 提供的 getSharedPreferences(String name, int mode)方法来获取 SharedPreferences 实例。

SharedPreferences 并没有提供写入数据的能力，而是通过其内部接口首先获取到 Editor 对象，通过 Editor 提供的方法向 SharedPreferences 写入数据，Editor 提供的方法如表 9.1 所示。

表 9.1 Editor 提供的方法

方 法	说 明
SharedPreferences.Editor clear()	清空 SharedPreferences 中所有的数据
SharedPreferences.Editor putXxx(String key, xxx value)	向 SharedPreferences 存入指定 key 对应的数据，Xxx 是几种基本数据类型
SharedPreferences.Editor remove(String key)	删除 SharedPreferences 中指定 key 对应的数据
boolean commit()	当 Editor 编辑完成后，调用该方法提交

SharedPreferences 接口主要负责读取应用程序中的 Preference 数据，提供了如表 9.2 所示方法访问 key-value 对。

表 9.2 SharedPreferences 读取 Preference 数据

方 法	说 明
boolean contains(String key)	判断 SharedPreferences 是否包含特定 key 的数据
abstract Map<String, ?> getAll()	获取 SharedPreferences 数据里全部的 key-value 对
boolean getXxx(String key, xxx defValue)	获取 SharedPreferences 数据中指定 key 对应的 value

下面介绍 SharedPreferences（以下简称 SP）的简单使用。

9.1.2 SP 的存储位置和格式

9.1.1 节提到获取 SP 对象是通过 Context 提供的 getSharedPreferences(String name, int mode)方法来获取，该方法中第一个参数设置保存的 XML 文件名，该文件用于 SharedPreferences 数据，第二个参数支持如表 9.3 所示的几个值。

表 9.3 设置 SharedPreferences 数据读写限制

值	说 明
Context.MODE_PRIVATE	指定该 SharedPreferences 数据只能被本程序读写
Context.MODE_WORLD_READABLE	指定该 SharedPreferences 数据能被其他程序读，但不能写
Context.MODE_WORLD_WRITEABLE	指定该 SharedPreferences 数据能被其他应用程序读写

SharedPreferences 数据是以 key-value 对的形式保存的，下面通过一个示例示范如何向 SharedPreferences 中读写数据。方式是用一个 EditText 让用户输入任何内容，然后单击按钮开始写入 SharedPreferences 中，用另一个 EditText 显示输入的内容，具体代码如例 9-1 所示。

【例 9-1】 SharedPreferences 使用示例。

```
public class SPSaveActivity extends AppCompatActivity
        implements View.OnClickListener{
    private EditText write, read;
    private Button start_write, start_read;
    private SharedPreferences sp;
    private SharedPreferences.Editor editor;
    @Override
    protected void onCreate(Bundle savedInstanceState) {
        super.onCreate(savedInstanceState);
        setContentView(R.layout.activity_sp_save);
        //获取只能被本程序读写的 SharedPreferences 对象
        sp = getSharedPreferences("spDemo", MODE_PRIVATE);
        editor = sp.edit();
        write = (EditText) findViewById(R.id.et_write);
```

```
        start_write = (Button) findViewById(R.id.btn_write);
        read = (EditText) findViewById(R.id.et_read);
        start_read = (Button) findViewById(R.id.btn_read);
        start_write.setOnClickListener(this);
        start_read.setOnClickListener(this);
    }
    @Override
    public void onClick(View v) {
        switch (v.getId()){
            case R.id.btn_write:
               //如果EditText有输入值就写入SharedPreferences中
                if (!write.getText().toString().isEmpty()) {
                    editor.putString("content",write.getText().toString());
                    editor.commit();
                }
                break;
            case R.id.btn_read:
                //读取写入的字符串数据
                String content = sp.getString("content", null);
                read.setText(content);
                break;
        }
    }
}
```

运行程序，输入“123”后单击“写入数据”按钮，最后单击“读出数据”按钮，结果如图9.1所示。

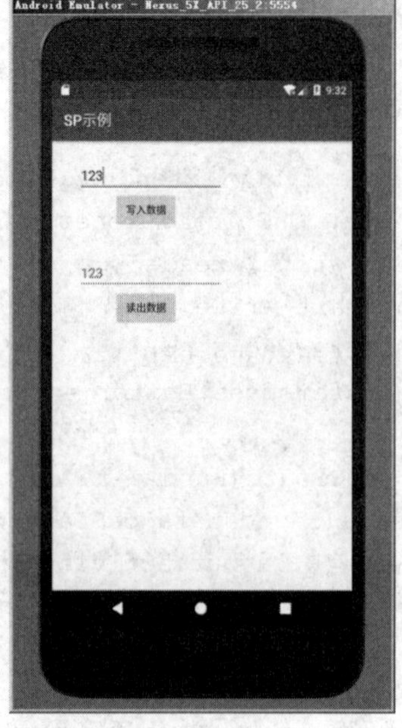

图9.1 SP示例运行结果图

上面程序中，首先获取 SharedPreferences 对象，然后写入用户输入的信息，最后读出该信息并显示出来。

SharedPreferences 数据总是保存在/data/data/<package name>/shared_prefs 目录下，SharedPreferences 数据总是以 XML 格式保存，根元素是<map…/>元素，该元素中每个子元素代表一个 key-value 对，当 value 是整数类型时，使用<int…/>子元素；当 value 是字符串类型时，使用<string…/>子元素。

9.2 File 存储

与 Java 中 I/O 流类似，Android 同样支持用这种方式访问手机存储器上的文件。

9.2.1 打开应用中数据文件的 I/O 流

Context 中提供了如下两个方法来打开应用程序的数据文件夹中的文件 I/O 流。

- FileInputStream openFileInput(String name)：打开应用程序中数据文件夹下 name 文件对应的输入流。
- FileOutputStream openFileOutput(String name, int mode)：打开应用程序中数据文件夹下 name 文件对应的输出流。

在 openFileOutput(String name, int mode)方法中，mode 参数是指打开文件的模式，支持的模式值如表 9.4 所示。

表 9.4 打开文件的模式

模 式 值	说 明
MODE_PRIVATE	该文件只能被本程序读写
MODE_WORLD_READABLE	该文件能被其他程序读，但不能写
MODE_WORLD_WRITEABLE	该文件能被其他应用程序读写
MODE_APPEND	以追加的方式打开该文件，应用程序可以在该文件中追加内容

Android 中还提供了访问应用程序的数据文件夹方法，如表 9.5 所示。

表 9.5 访问文件夹方法

方 法	说 明
getDir(String name, int mode)	在应用程序的数据文件夹下获取或创建 name 对应的子目录
File getFilesDir()	获取文件夹的绝对路径
String[] fileList()	返回文件夹下的全部文件
deleteFile(String name)	删除文件夹下的指定文件

下面通过一个示例示范如何读写应用程序中数据文件夹中的文件。该示例与例 9-1 界面一样，也都是先让用户输入，然后写入文件，最后读出该文件，具体代码如 9-2 所示。

【例 9-2】 读写应用程序文件夹中的文件。

```
public class IOSaveActivity extends AppCompatActivity
        implements View.OnClickListener{
    private final static String FILE_NAME = "FILE_NAME";
    private EditText et_write, et_read;
    private Button start_write, start_read;
    @Override
    protected void onCreate(Bundle savedInstanceState) {
        super.onCreate(savedInstanceState);
        setContentView(R.layout.activity_sp_save);
        setTitle("读写文件示例");
        et_write = (EditText) findViewById(R.id.et_write);
        start_write = (Button) findViewById(R.id.btn_write);
        et_read = (EditText) findViewById(R.id.et_read);
        start_read = (Button) findViewById(R.id.btn_read);
        start_write.setOnClickListener(this);
        start_read.setOnClickListener(this);
    }
    @Override
    public void onClick(View v) {
        switch (v.getId()){
            case R.id.btn_write:
                //将用户输入的内容写入文件
                if (!et_write.getText().toString().isEmpty()) {
                    write(et_write.getText().toString());
                    et_write.setText("");
                }
                break;
            case R.id.btn_read:
                //将写入的内容读出来并显示
                et_read.setText(read());
                break;
        }
    }
    public void write(String content) {
        try {
            //以追加方式打开文件输出流
            FileOutputStream outputStream = openFileOutput(FILE_NAME,
                MODE_APPEND);
            //将 FileOutputStream 包装成 PrintStream
            PrintStream ps = new PrintStream(outputStream);
            //输出文件内容
            ps.print(content);
            //关闭文件输出流
            ps.close();
        } catch (FileNotFoundException e) {
            e.printStackTrace();
        }
    }
```

```
    public String read() {
        try {
            //打开文件输入流
            FileInputStream inputStream = openFileInput(FILE_NAME);
            byte[] buff = new byte[1024];
            int hasRead = 0;
            StringBuilder strb = new StringBuilder("");
            //读取文件内容
            while ((hasRead = inputStream.read(buff)) > 0) {
                strb.append(new String(buff, 0, hasRead));
            }
            //关闭文件输入流
            inputStream.close();
            return strb.toString();
        } catch (Exception e) {
            e.printStackTrace();
        }
        return null;
    }
}
```

运行程序，向写入输入框中输入“123456”，单击“写入数据”按钮，再单击“读出数据”按钮，结果如图 9.2 所示。

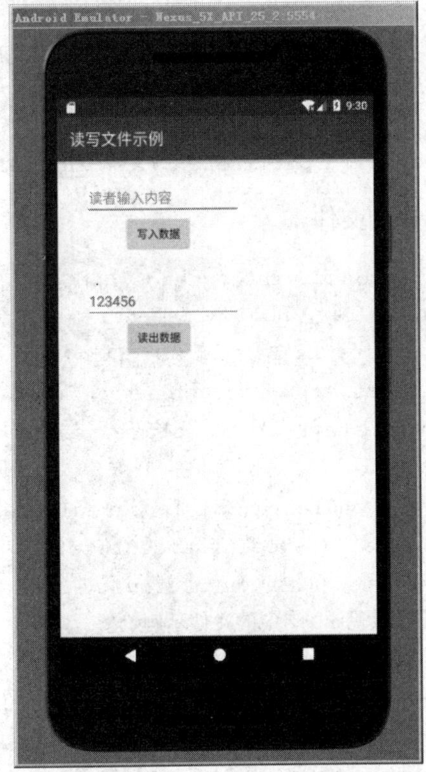

图 9.2 读写文件运行结果图

上面程序中调用 Context 的 openFileInput()、openFileOutput()打开文件输入流或输出流后，读文件直接用节点流读写，写文件采用包装类 PrintStream 处理。

9.2.2 读写 SD 卡上的文件

9.2.1 节内容讲解了如何打开应用程序中数据文件夹中的文件，考虑到手机内置的存储空间受限，应用程序中的大文件数据一般是在 SD 卡上完成读写操作的。在 SD 卡上读写文件的步骤如下.

（1）调用 Environment 的 getExternalStorageState()方法判断手机是否插入 SD 卡，并且该应用程序是否具有读写 SD 卡的权限。很多时候使用如下代码进行判断：

```
Environment.getExternalStorageState().equals(Environment.MEDIA_MOUNTED);
```

（2）调用 Environment 的 getExternalStorageDirectory()方法获取 SD 卡的文件目录。

（3）使用 FileInputStream、FileOutputStream、FileReader 或 FileWriter 读写 SD 卡中的文件。

需要注意的是，读写 SD 卡上的数据时必须在程序的清单文件 AndroidManifest.xml 中添加读写 SD 卡的权限，具体如下所示：

```
<!--在 SD 中创建和删除文件权限-->
<uses-permission
    android:name="android.permission.MOUNT_UNMOUNT_FILESYSTEMS"/>
<!--向 SD 中写入数据权限-->
<uses-permission
    android:name="android.permission.WRITE_EXTERNAL_STORAGE"/>
```

【例 9-3】 读写 SD 卡中的文件。

```
public class SDCardActivity extends AppCompatActivity
        implements View.OnClickListener{
    private final static String SD_FILE_NAME = "/sdFileName";
    private EditText et_write, et_read;
    private Button start_write, start_read;
    @Override
    protected void onCreate(Bundle savedInstanceState) {
        super.onCreate(savedInstanceState);
        setContentView(R.layout.activity_sp_save);
        setTitle("读写 SD 卡中的文件示例");
        et_write = (EditText) findViewById(R.id.et_write);
        start_write = (Button) findViewById(R.id.btn_write);
        et_read = (EditText) findViewById(R.id.et_read);
        start_read = (Button) findViewById(R.id.btn_read);
        start_write.setOnClickListener(this);
```

```
            start_read.setOnClickListener(this);
        }
        @Override
        public void onClick(View v) {
            switch (v.getId()){
                case R.id.btn_write:
                    if (!et_write.getText().toString().isEmpty()) {
                        write(et_write.getText().toString());
                        et_write.setText("");
                    }
                    break;
                case R.id.btn_read:
                    et_read.setText(read());
                    break;
            }
        }
        public void write(String content) {
            try {
                if(Environment.getExternalStorageState().equals(
                    Environment.MEDIA_MOUNTED)) {
                    //获取 SD 卡的目录
                    File sdCardDir =
                        Environment.getExternalStorageDirectory();
                    File targetFile = new File(sdCardDir.getCanonicalPath()
                      + SD_FILE_NAME);
                    //以指定文件创建 RandomAccessFile 对象
                    RandomAccessFile raf =
                        new RandomAccessFile(targetFile, "rw");
                    //将文件记录指针移到最后
                    raf.seek(targetFile.length());
                    //输出文件内容
                    raf.write(content.getBytes());
                    //关闭 RandomAccessFile
                    raf.close();
                }
            } catch (Exception e) {
                e.printStackTrace();
            }
        }
        public String read() {
            try {
                if(Environment.getExternalStorageState().equals(
```

```
                Environment.MEDIA_MOUNTED)) {
                //获取SD卡对应的存储目录
                File sdCardDir =
                    Environment.getExternalStorageDirectory();
                //获取指定文件对应的输入流
                FileInputStream fis = new FileInputStream(
                    sdCardDir.getCanonicalPath() + SD_FILE_NAME);
                //将指定输入流包装成BufferedReader
                BufferedReader br = new BufferedReader(
                    new InputStreamReader(fis));
                StringBuilder sb = new StringBuilder("");
                String line = null;
                //循环读取文件内容
                while ((line = br.readLine()) != null) {
                    sb.append(line);
                }
                br.close();
                return sb.toString();
            }
        } catch (Exception e) {
            e.printStackTrace();
        }
        return null;
    }
}
```

上面代码中 write(String content)方法里使用 RandomAccessFile 向 SD 卡中的指定文件追加内容，若使用 FileOutputStream 向指定文件写入数据，FileOutputStream 会把原有的内容清空再写入数据。read()方法用于读取 SD 卡中指定文件的内容。

9.3 SQLite 数据库

Android 系统集成了一个轻量级的数据库：SQLite，该数据库只是一个嵌入式的数据库引擎，专门适用于资源有限的设备上适量数据的存取。SQLite 允许开发者使用 SQL 语句操作数据库中的数据，但是它并不需要安装，SQLite 数据库只是一个文件。

9.3.1 SQLiteDatabase 简介

SQLiteDatabase 代表一个数据库（其实底层是一个数据库文件），当应用程序获取指定数据库的 SQLiteDatabase 对象后，就可以通过 SQLiteDatabase 对象管理和操作数据库。SQLiteDatabase 提供了几个静态方法打开一个文件对应的数据库，如表 9.6 所示。

表 9.6 打开数据库方法

方 法	说 明
openDatabase(String path, SQLiteDatabase.CursorFactory factory, int flags)	打开 path 文件代表的 SQLite 数据库
openOrCreateDatabase(File file, SQLiteDatabase.CursorFactory factory)	打开或创建 file 文件代表的 SQLite 数据库
openOrCreateDatabase(String path, SQLiteDatabase.CursorFactory factory)	打开或创建 path 文件代表的 SQLite 数据库

获取 SQLiteDatabase 对象后就可调用 SQLiteDatabase 的如下方法来操作数据库，如表 9.7 所示。

表 9.7 操作数据库方法

方 法	说 明
execSQL(String sql, Object[] bindArgs)	执行带占位符的 SQL 语句
execSQL(String sql)	执行 SQL 语句
insert(String table, String nullColumnHack, ContentValues values)	向指定表中插入数据
update(String table,ContentValues values,String whereClause,String[] whereArgs)	更新指定表中的特定数据
delete(String table,String whereClause,String[] whereArgs)	删除指定表中的数据
query(String table, String[] columns,String whereClause,String[] whereArgs,String groupBy,String having,String orderBy)	对指定数据表执行查询
query(String table,String[] columns,String whereClause,String[] whereArgs,String groupBy,String having,String orderBy,String limit)	对指定的数据表执行查询，limit 参数控制最多查询几条记录
query (boolean distinct,String table,String[] columns,String whereClause,String[] whereArgs,String groupBy,String having,String orderBy,String limit)	对指定数据表执行查询，其中第一个参数控制是否去掉重复值
rawQuery(String sql,String[] selectionArgs)	执行带占位符的 SQL 查询
beginTransaction()	开始事物
endTransaction()	结束事物

上面的 insert、update、delete、query 等方法完全可以通过执行 SQL 语句来完成，适用于对 SQL 语句不熟悉的开发者调用。

需要注意的是，上面的 query 方法都返回了一个 Cursor 对象，Cursor 提供了如表 9.8 所示的方法移动查询结果的记录指针。

表 9.8 Cursor 移动指针的方法

方 法	说 明
move(int offset)	将记录指针向上或向下移动指定的行数，offset 为正数就是向下移动，为负数就是向上移动
moveToFirst()	将记录移动到第一行，如果移动成功则返回 true
moveToLast()	将记录移动到最后一行，如果移动成功则返回 true
moveToNext()	将记录移动到下一行，如果移动成功返回 true
moveToPosition(int position)	将记录移动到指定行，如果移动成功则返回 true
moveToPrevious()	将记录移动到上一行，如果移动成功则返回 true

一旦将记录指针移动到指定行后，就可通过调用 Cursor 的 getXxx()方法获取该行的指定列的数据。

9.3.2 创建数据库和表

前面已经讲到，使用 SQLiteDatabase 的静态方法即可打开或创建数据库，例如如下代码：

```
SQLiteDatabase.openOrCreateDatabase("/mnt/db/temp.db3",null);
```

上面的代码就用于打开或创建一个 SQLite 数据库，如果/mnt/db/目录下的 temp.db3 文件（该文件就是一个数据库）存在，那么程序就是打开该数据库；如果该文件不存在，则上面的代码将会在该目录下创建 temp.db3 文件（即对应于数据库）。

上面的代码中没有指定 SQLiteDatabase.CursorFactory 参数，该参数是一个用于返回 Cursor 的工厂，如果指定该参数为 null，则意味着使用默认的工厂。

上面的代码返回一个 SQLiteDatabase 对象，该对象的 execSQL 可执行任意的 SQL 语句。通过如下代码在程序中创建数据表：

```
//定义建表语句
sql = "create table user_inf(user_id integer primary key"
    + "user_name varchar(255),"
    + "user_pass varchar(255))";
//执行 SQL 语句
db.execSQL(sql);
```

在程序中执行上面的代码即可在数据库中创建一个数据表。

9.3.3 使用 SQL 语句操作 SQLite 数据库

SQLiteDatabase 的 execSQL 方法可执行任意 SQL 语句，包括带占位符的 SQL 语句。但由于该方法没有返回值，因此一般用于执行 DDL(data definition language)语句或 DML(data manipulation language)语句；如果需要执行查询语句，则可调用 SQLiteDatabase 的 rawQuery(String sql, String[] selectionArgs)方法。

下面程序示范了如何在 Android 应用中操作 SQLite 数据库。该程序与前面结果例子一样提供了两个输入框，用户可以在这两个输入框中输入内容，当用户单击“插入”按钮时这两个输入框中的内容都会被插入数据库，具体代码如例 9-4 所示。

【例 9-4】 利用 SQL 语句操作数据库。

```
public class TestActivity extends AppCompatActivity
    implements View.OnClickListener{
    private Button doInsert;
    private ListView lv;
```

```
    private EditText title, content;
    private SQLiteDatabase db;
    @Override
    protected void onCreate(Bundle savedInstanceState) {
        super.onCreate(savedInstanceState);
        setContentView(R.layout.activity_test);
        setTitle("SQL 语句操作数据库");
        //创建或打开该数据
        db = SQLiteDatabase.openOrCreateDatabase(
                this.getFilesDir().toString() + "/my.db3", null);
        doInsert = (Button) findViewById(R.id.btn_insert);
        lv = (ListView) findViewById(R.id.list_view);
        title = (EditText) findViewById(R.id.et_title);
        content = (EditText) findViewById(R.id.et_content);
        doInsert.setOnClickListener(this);
    }
    @Override
    public void onClick(View v) {
        switch (v.getId()) {
            case R.id.btn_insert:
                try {
                    insertData(db, title.getText().toString(),
                        content.getText().toString());
                    Cursor cursor = db.rawQuery("select * from news_inf",
                         null);
                    inflateList(cursor);
                } catch (SQLiteException se) {
                    //执行 DDL 创建数据表
                    db.execSQL("create table news_inf(_id integer"
                        + " primary key autoincrement,"
                        + " news_title varchar(50),"
                        + " news_content varchar(50))");
                    //执行 insert 语句插入数据
                    insertData(db, title.getText().toString(),
                        content.getText().toString());
                    //执行查询
                    Cursor cursor = db.rawQuery("select * from news_inf",
                         null);
                    inflateList(cursor);
                }
                break;
        }
    }
    private void insertData(SQLiteDatabase db, String title,
         String content)
    {
```

```
        db.execSQL("insert into news_inf values(null, ?, ?)",
            new String[] {title, content});
    }
    private void inflateList(Cursor cursor) {
        SimpleCursorAdapter adapter = new
            SimpleCursorAdapter(TestActivity.this,
                R.layout.line, cursor, new String[] {"news_title",
                    "news_content"},
                new int[] {R.id.text_left, R.id.text_right},
                    CursorAdapter.FLAG_REGISTER_CONTENT_OBSERVER);
        //显示数据
        lv.setAdapter(adapter);
    }
    @Override
    protected void onDestroy() {
        super.onDestroy();
        //退出程序时关闭 SQLiteDatabase
        if (db != null && db.isOpen()) {
            db.close();
        }
    }
}
```

上面 Activity 中需要用到的布局，其中 activity_test.xml 如下所示：

```
<LinearLayout
    xmlns:android="http://schemas.android.com/apk/res/android"
    xmlns:app="http://schemas.android.com/apk/res-auto"
    xmlns:tools="http://schemas.android.com/tools"
    android:layout_width="match_parent"
    android:layout_height="match_parent"
    android:gravity="center"
    android:layout_margin="16dp"
    android:orientation="vertical"
    tools:context="com.example.qfedu.TestActivity">
    <EditText
        android:id="@+id/et_title"
        android:layout_width="match_parent"
        android:layout_height="wrap_content" />
    <EditText
        android:id="@+id/et_content"
        android:layout_width="match_parent"
        android:layout_height="wrap_content" />
    <Button
        android:id="@+id/btn_insert"
        android:layout_width="match_parent"
        android:layout_height="wrap_content"
        android:text="插入数据"
        android:textSize="18sp"/>
    <ListView
```

```
        android:id="@+id/list_view"
        android:layout_width="match_parent"
        android:layout_height="wrap_content"/>
</LinearLayout>
```

SimpleCursorAdapter 中使用的 item 布局 line.xml 文件如下所示：

```
<LinearLayout
    xmlns:android="http://schemas.android.com/apk/res/android"
    android:layout_width="match_parent"
    android:layout_height="match_parent">
    <TextView
        android:id="@+id/text_left"
        android:layout_width="0dp"
        android:layout_weight="1"
        android:layout_height="wrap_content" />
    <TextView
        android:id="@+id/text_right"
        android:layout_width="0dp"
        android:layout_weight="1"
        android:layout_height="wrap_content" />
</LinearLayout>
```

运行结果如图 9.3 所示。

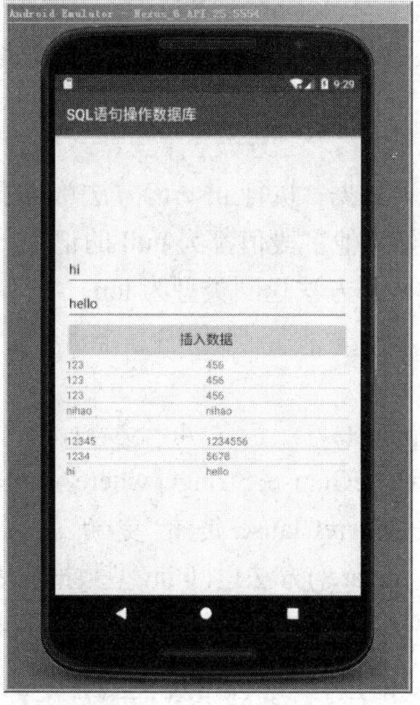

图 9.3　读写文件运行结果图

例 9-4 中将 Cursor 封装成 SimpleCursorAdapter 适配器，该适配器实现了 Adapter 接

口，并且其构造方法的参数与 SimpleAdapter 的构造方法中大致相同，区别是 SimpleAdapter 负责封装集合元素为 Map 的 List，而 SimpleCursorAdapter 负责封装 Cursor。

该例中首先通过 openOrCreateDatabase()方法创建或者打开 SQLite 数据库，当用户单击程序中“插入数据”按钮时，调用 insertData()方法向底层数据表中插入一行记录，并执行查询语句，把底层数据表中的记录查询出来，然后使用 ListView 将查询结果显示出来。

9.3.4 使用特定方法操作 SQLite 数据库

考虑到可能有开发者对 SQL 语法不熟悉，SQLiteDatabase 提供了 insert、update、delete 以及 query 语句来操作数据库。

1. 使用 insert 方法插入记录

SQLiteDatabase 中的 insert 方法包括 3 个参数，具体方法为 insert(String table, String nullColumnHack, ContentValues values)，其中 table 为插入数据的表名，nullColumnHack 是指强行插入 null 值的数据列的列名，当 values 参数为 null 时该参数有效，values 代表一行记录的数据。

insert()方法中的第三个参数 values 代表插入一行记录的数据，该参数类型为 ContentValues，ContentValues 类似于 Map，提供了 put(String key, Xxx values)方法用于存入数据，getAsXxx(String key)方法用于取出数据。具体示例代码片段如下：

```
ContentValues values = new ContentValues();
values.put("name", "小千");
values.put("address", "北京");
long rowid = db.insert("person_inf", null, values);
```

不管 values 参数是否包含数据，执行 insert()方法总会添加一条记录，如果 values 为空，则会添加一条除主键之外其他字段值都为 null 的记录。

另外还需要注意的是 insert()方法返回类型为 long。

2. 使用 update 方法更新记录

SQLiteDatabase 中的 update()方法包含 4 个参数，具体方法为 update(String table, ContentValues values, String whereClause, String[] whereArgs)，其中 table 为更新数据的表名，values 为要更新的数据，whereClause 是指更新数据的条件，whereArgs 为 whereClause 子句传入参数。update()方法返回 int 型数据，表示修改数据的条数。

修改 person_inf 表中所有主键大于 15 的人的姓名和地址，示例代码如下：

```
ContentValues values = new ContentValues();
values.put("name", "小锋");
values.put("address", "北京海淀");
int results = db.update("person_inf", values, "_id>?", new Integer[]{15});
```

上面示例代码可更直观地看出，第四个参数 whereArgs 用于向第三个参数 whereClause 中传入参数。

3．使用 delete 方法删除记录

SQLiteDatabase 中的 delete()方法包含 3 个参数，具体方法为 delete(String table, String whereClause, String[] whereArgs)，其中 table 是要删除数据的表名，whereClause 是删除数据时的要满足的条件，whereArgs 用于为 whereClause 传入参数。

删除 person_inf 表中所有姓名以“小”开头的记录，示例代码如下：

```
int result = db.delete("person_inf", "person_name like ?",
new String[]{"小_"});
```

4．使用 query 方法查询记录

SQLiteDatabase 中的 query()方法包含 9 个参数，具体方法为 query(boolean distinct, String table, String[] columns, String whereClause, String[] selectionArgs, String groupBy, String having, String orderBy, String limit)，参数说明如下。

- distinct：指定是否去除重复记录。
- table：执行查询数据的表名。
- columns：要查询出来的列名，相当于 select 语句 select 关键字后面的部分。
- whereClause：查询条件子句，相当于 select 语句中 where 关键字后面的部分，在条件子句中允许使用占位符“？”。
- selectionArgs：用于为 whereClause 子句中的占位符传入参数值，值在数组中的位置与占位符在语句中的位置必须一致；否则会出现异常。
- groupBy：用于控制分组，相当于 select 语句 group by 关键字后面的部分。
- having：用于对分组进行过滤，相当于 select 语句 having 关键字后面的部分。
- orderBy：用于对记录进行排序，相当于 select 语句 order by 关键字后面的部分。
- limit：用于进行分页。

该方法中参数较多，大家使用时如果不清楚各个参数的意义，可根据 API 查询。下面通过示例代码片段展示 query()方法的使用，查询 person_inf 表中人名以“小”开头的记录。

```
Cursor cursor = db.query("person_inf", new String[]{"_id, name, address"},
"name like ?", new String[]{"小%"}, null, null, "personid desc", "5,10");
cursor.close();
```

query()方法返回的是 Cursor 类型对象。

9.3.5 事务

事务是并发控制的基本单元，SQLiteDatabase 中包含如下两个方法来控制事务。

- beginTransaction()：开始事务。
- endTransaction()：结束事务。

SQLiteDatabase 还提供了如下方法判断当前上下文是否处于事务环境中：

inTransaction()：如果当前上下文处于事务环境中则返回 true，否则返回 false。

当程序执行 endTransaction()方法后有两种选择，一种是提交事务，另一种是回滚事务。选择哪一种取决于 SQLiteDatabase 是否调用了 setTransactionSuccessful()方法设置事务标志，如果设置了该方法则提交事务，否则回滚事务。

示例代码如下：

```
db.beginTransaction();
try{
//执行 DML 语句
...
//调用该方法设置事务成功；否则 endTransaction()方法将回滚事务
db.setTransactionSuccessful();
    }
    finally{
        //由事务的标志决定是提交事务还是回滚事务
        db.endTransaction();
    }
```

9.3.6 SQLiteOpenHelper 类

SQLiteOpenHelper 是 Android 提供的一个管理数据库的工具类，可用于管理数据库的创建和版本更新。

前面介绍了使用 SQLiteDatabase 中的方法打开数据库，但是在实际开发中最常用的是 SQLiteOpenHelper，通过继承 SQLiteOpenHelper 开发子类，并通过子类的 getReadableDatabase()、getWritableDatabase()方法打开数据库。

SQLiteOpenHelper 常用方法如表 9.9 所示。

表 9.9 Cursor 移动指针方法

方 法	说 明
getReadableDatabase()	以读的方式打开数据库对应的 SQLiteDatabase 对象
getWritableDatabase()	以写的方式打开数据库对应的 SQLiteDatabase 对象
onCreate(SQLiteDatabase db)	第一次创建数据库时回调该方法
onUpgrade(SQLiteDatabase db, int oldVersion, int newVersion)	当数据库版本更新时回调该方法
close()	关闭所有打开的 SQLiteDatabase 对象

下面通过一个实例说明 SQLiteOpenHelper 的功能和用法。

【例 9-5】 创建数据库并将结果读取出来显示。

```java
public class MySQLiteHelper extends SQLiteOpenHelper {
    //调用父类构造器
    public MySQLiteHelper(Context context, String name,
        SQLiteDatabase.CursorFactory factory, int version) {
        super(context, name, factory, version);
    }
    /**
     * 当数据库首次创建时执行该方法，一般将创建表等初始化操作放在该方法中执行
     * 重写 onCreate 方法，调用 execSQL 方法创建表
     * */
    @Override
    public void onCreate(SQLiteDatabase db) {
        db.execSQL("create table if not exists hero_info("
                + "id integer primary key,"
                + "name varchar,"
                + "level integer)");
    }
    //当打开数据库时传入的版本号与当前的版本号不同时会调用该方法
    @Override
    public void onUpgrade(SQLiteDatabase db, int oldVersion,
        int newVersion)
    {}
}
```

上面的 MySQLiteHelper 继承了 SQLiteOpenHelper，并重写了基类的 onCreate(SQLiteDatabase db)方法，该方法中执行的建表语句用于初始化系统数据表。如果用户第一次使用该程序，系统将会自动调用 onCreate(SQLiteDatabase db)方法来初始化底层数据库。

MySQLiteHelper 工具类的作用主要是管理数据库的初始化，并允许应用程序通过该工具类获取 SQLiteOpenHelper 对象。接下来的程序就可通过该工具类获取 SQLiteOpenHelper 对象，并利用该对象操作数据库。

```java
public class MainActivity extends AppCompatActivity {
    private TextView tvResult;
    private MySQLiteHelper myHelper;
    @Override
    protected void onCreate(Bundle savedInstanceState) {
        super.onCreate(savedInstanceState);
        setContentView(R.layout.activity_main);
        setTitle("PathEffect 绘图示例");
        tvResult = (TextView) findViewById(R.id.tv_result);
        //创建 MySQLiteOpenHelper 辅助类对象
        myHelper = new MySQLiteHelper(this, "my.db", null, 1);
        //向数据库中插入和更新数据
```

```
        insertAndUpdateData(myHelper);
        //查询数据
        String result = queryData(myHelper);
        tvResult.setTextColor(Color.RED);
        tvResult.setTextSize(20.0f);
        tvResult.setText("名字\t 等级\n"+result);
    }
    //向数据库中插入和更新数据
    public void insertAndUpdateData(MySQLiteHelper myHelper){
        //获取数据库对象
        SQLiteDatabase db = myHelper.getWritableDatabase();
        //使用 execSQL 方法向表中插入数据
        db.execSQL("insert into hero_info(name,level) values('小千',0)");
        //使用 insert 方法向表中插入数据
        ContentValues values = new ContentValues();
        values.put("name", "小锋");
        values.put("level", 5);
        //调用方法插入数据
        db.insert("hero_info", "id", values);
        //使用 update 方法更新表中的数据
        //清空 ContentValues 对象
        values.clear();
        values.put("name", "小锋");
        values.put("level", 10);
        //更新小锋的 level 为 10
        db.update("hero_info", values, "level = 5", null);
        //关闭 SQLiteDatabase 对象
        db.close();
    }
    //从数据库中查询数据
    public String queryData(MySQLiteHelper myHelper){
        String result = "";
        //获得数据库对象
        SQLiteDatabase db = myHelper.getReadableDatabase();
        //查询表中的数据
        Cursor cursor = db.query("hero_info", null, null, null, null,
            null, "id asc");
        //获取 name 列的索引
        int nameIndex = cursor.getColumnIndex("name");
        //获取 level 列的索引
        int levelIndex = cursor.getColumnIndex("level");
        for (cursor.moveToFirst();!(cursor.isAfterLast());
            cursor.moveToNext()) {
            result = result + cursor.getString(nameIndex)+ "\t\t";
            result = result + cursor.getInt(levelIndex)+"       \n";
```

```
58          }
59          cursor.close();//关闭结果集
60          db.close();//关闭数据库对象
61          return result;
62      }
63      @Override
64      protected void onDestroy() {
65          super.onDestroy();
66          if (myHelper != null) {
67              myHelper.close();
68          }
69      }
70  }
```

运行结果如图 9.4 所示。

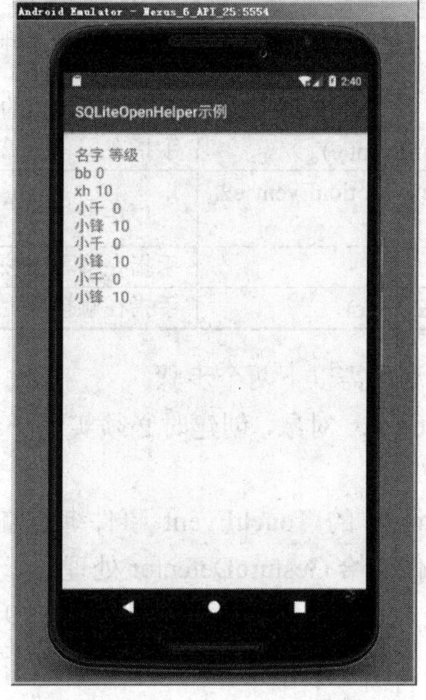

图 9.4　读写文件运行结果图

上面第 46～49 行代码首先根据 SQLiteOpenHelper 获取 SQLiteDatabase 对象，然后利用该对象查询数据。最后在重写的 onDestroy()方法中调用 SQLiteOpenHelper 的 close()方法关闭数据库。

9.4 手　　势

Android 开发中，几乎所有的事件都会和用户进行交互，而最多的交互形式就是手势。手势大概分为两个大类别，一类是左滑/右滑，Google 提供了手势检测并提供了相应的监听器。另一类就是画个圆圈、正方形等特殊手势，这种手势需要开发者自己添加手势识别，并提供了相关的 API 识别用户手势。

9.4.1 手势检测

Android 为手势检测提供了一个 GestureDetector 类，GestureDetector 实例代表了一个手势检测器，创建 GestureDetector 时需要传入一个 GestureDetector.OnGestureListener 实例，GestureDetector.OnGestureListener 是一个监听器，负责对用户的手势行为提供响应。

GestureDetector.OnGestureListener 中包含的事件处理方法如表 9.10 所示。

表 9.10 OnGestureListener 包含的方法

方　法	说　明
boolean onDown(MotionEvent e)	当用户手指按下时触发该方法
boolean onFling(MotionEvent e1, MotionEvent e2, float velocityX, float velocityY)	当用户手指在触摸屏上“拖过”时触发该方法，其中 velocityX、velocityY 代表“拖过”动作在横向、纵向上的速度
abstract void onLongPress(MotionEvent e)	手指在屏幕上长按时触发
boolean onScroll(MotionEvent e1, MotionEvent e2, float distanceX, float distanceY)	手指在屏幕上“滚动”时触发
onShowPress(MotionEvent e)	手指在屏幕上按下，还未移动和松开时触发
boolean onSingleTapUp(MotionEvent e)	手指在触摸屏上单击事件时触发

使用 Android 的手势检测只需以下两个步骤。

（1）创建一个 GestureDetector 对象，创建时必须实现一个 GestureDetector.OnGesture Listener 监听器实例。

（2）为应用程序的 Activity 的 TouchEvent 事件绑定监听器，在事件处理中指定把 Activity 上的 TouchEvent 事件交给 GestureDetector 处理。

下面通过一个实例实现几张图片翻页效果，具体如例 9-6 所示。

【例 9-6】 布局文件。

```
<LinearLayout
    xmlns:android="http://schemas.android.com/apk/res/android"
    xmlns:tools="http://schemas.android.com/tools"
    android:layout_width="match_parent"
    android:layout_height="match_parent"
    android:layout_margin="16dp"
    tools:context="com.example.qfedu.MainActivity">
    <ViewFlipper
        android:id="@+id/flipper"
        android:layout_width="match_parent"
        android:layout_height="match_parent"/>
</LinearLayout>
```

布局文件中使用了一个 ViewFlipper 组件，该组件可使用动画控制多个组件之间的切换，从而实现翻页效果。

该实例的程序代码如下：

```
public class MainActivity extends AppCompatActivity implements
    GestureDetector.OnGestureListener{
    // ViewFlipper实例
    ViewFlipper flipper;
    // 定义手势检测实例
    GestureDetector detector;
    // 定义一个动画数组，用于为ViewFlipper指定切换动画效果
    Animation[] animations = new Animation[4];
    // 定义手势动作亮点之间的最小距离
    final int FLIP_DISTANCE = 50;
    @Override
    protected void onCreate(Bundle savedInstanceState) {
        super.onCreate(savedInstanceState);
        setContentView(R.layout.activity_main);
        setTitle("翻页效果示例");
        // 创建手势检测器
        detector = new GestureDetector(this, this);
        // 获得ViewFlipper实例
        flipper = (ViewFlipper) this.findViewById(R.id.flipper);
        // 为ViewFlipper添加8个ImageView组件
        flipper.addView(addImageView(R.drawable.qianfeng_logo));
        flipper.addView(addImageView(R.drawable.qfedu_java));
        flipper.addView(addImageView(R.drawable.qfedu_bigData));
        flipper.addView(addImageView(R.drawable.qfedu_php));
        flipper.addView(addImageView(R.drawable.qfedu_web));
        // 初始化Animation数组
        animations[0]=AnimationUtils.loadAnimation(this, R.anim.left_in);
        animations[1]=AnimationUtils.loadAnimation(this, R.anim.left_out);
        animations[2]=AnimationUtils.loadAnimation(this, R.anim.right_in);
        animations[3]=AnimationUtils.loadAnimation(this,R.anim.right_out);
    }
    // 定义添加ImageView的工具方法
    private View addImageView(int resId) {
        ImageView imageView = new ImageView(this);
        imageView.setImageResource(resId);
        imageView.setScaleType(ImageView.ScaleType.CENTER);
        return imageView;
    }
    @Override
    public boolean onTouchEvent(MotionEvent event) {
```

```
        // 将该Activity上的触碰事件交给GestureDetector处理
        return detector.onTouchEvent(event);
    }
    @Override
    public boolean onDown(MotionEvent e) {
        return false;
    }
    @Override
    public void onShowPress(MotionEvent e) {}

    @Override
    public boolean onSingleTapUp(MotionEvent e) {
        return false;
    }
    @Override
    public boolean onScroll(MotionEvent e1, MotionEvent e2, float distanceX,
        float distanceY) {
        return false;
    }
    @Override
    public void onLongPress(MotionEvent e) {}
    @Override
    public boolean onFling(MotionEvent e1,MotionEvent e2,
        float velocityX, float velocityY) {
         // 如果第一个触点事件的X坐标大于第二个触点事件的X坐标超过
         // FLIP_DISTANCE，也就是手势从右向左滑
        if (e1.getX() - e2.getX() > FLIP_DISTANCE) {
            // 为flipper设置切换的动画效果
            flipper.setInAnimation(animations[0]);
            flipper.setOutAnimation(animations[1]);
            flipper.showPrevious();
            return true;
        }
        // 如果第二个触点事件的X坐标大于第一个触点事件的X坐标超过
        // FLIP_DISTANCE，也就是手势从右向左滑
        else if (e2.getX() - e1.getX() > FLIP_DISTANCE) {
            // 为flipper设置切换的动画效果
            flipper.setInAnimation(animations[2]);
            flipper.setOutAnimation(animations[3]);
            flipper.showNext();
            return true;
        }
        return false;
    }
```

```
}
```

该程序中当 event1.getX()-event2.getX()的距离大于特定距离时，即可判断用户手势为从右向左滑动，此时设置 ViewFipper 采用动画方式切换为上一个 View；当 event2.getX() – event1.getX()的距离大于特定距离时，则反之。

程序中使用到的几个动画效果如下。

（1）left_in.xml：

```
<set xmlns:android="http://schemas.android.com/apk/res/android">
    <translate
        android:duration="500"
        android:fromXDelta="100%p"
        android:toXDelta="0" />
    <alpha
        android:duration="500"
        android:fromAlpha="0.1"
        android:toAlpha="1.0" />
</set>
```

（2）left_out.xml：

```
<set xmlns:android="http://schemas.android.com/apk/res/android">
    <translate
        android:duration="500"
        android:fromXDelta="0"
        android:toXDelta="-100%p" />
    <alpha
        android:duration="500"
        android:fromAlpha="0.1"
        android:toAlpha="1.0" />
</set>
```

（3）right_in.xml：

```
<set xmlns:android="http://schemas.android.com/apk/res/android">
    <translate
        android:duration="500"
        android:fromXDelta="-100%p"
        android:toXDelta="0" />
    <alpha
        android:duration="500"
        android:fromAlpha="0.1"
        android:toAlpha="1.0" />
</set>
```

（4）right_out.xml：

```
<set xmlns:android="http://schemas.android.com/apk/res/android">
    <translate
        android:duration="500"
        android:fromXDelta="0"
        android:toXDelta="100%p" />
    <alpha
        android:duration="500"
        android:fromAlpha="0.1"
        android:toAlpha="1.0" />
</set>
```

运行程序，结果如图 9.5 所示。

图 9.5　读写文件运行结果图

9.4.2　增加手势

Android 除了提供手势检测之外，还允许应用程序把用户手势（多个持续的触摸事件在屏幕上形成特定的形状）添加到指定的文件中，以备以后使用。如果程序需要，当用户下次再画出该手势时，系统将会识别该手势。

Android 使用 GestureLibrary 来代表手势库，并提供了 GestureLibraries 工具类来创建手势库，GestureLibraries 提供了如下 4 个静态方法从不同位置加载手势库。

- static GestureLibrary fromFile(String path)：从 path 代表的文件中加载手势库。
- static GestureLibrary fromFile(File path)：从 path 代表的文件中加载手势库。
- static GestureLibrary fromPrivateFile(Context context, String name)：从指定应用程

序的数据文件夹的 name 文件中加载手势库。

- static GestureLibrary fromRawResource(Context context, int resourceId)：从 resourceId 所代表的资源中加载手势库。

当程序获取到 GestureLibrary 对象后，就可通过如表 9.11 所示方法添加、识别手势。

表 9.11 GestureLibrary 中的方法

方　法	说　明
void addGesture(String entryName,Gesture gesture)	添加一个名为 entryName 的手势
Set<String> getGestrueEntries()	获取该手势库中的所有手势名称
ArrayList<Gesture> getGestures(String entryName)	获取 entryName 名称对应的全部手势
ArrayList<Prediction> recognize(Gesture gesture)	从当前手势库中识别与 gesture 匹配的全部手势
void removeEntry(String entryName)	删除手势库中识别的 entryName 对应的手势
void removeGesture(String entryName,Gesture gestrue)	删除手势库中 entryName、gesture 对应的手势
boolean save()	当手势库中添加手势或删除手势后调用该方法来保存手势库

Android 提供了一个手势编辑组件：GestureOverlayView，该组件就像一个“绘图组件”，只是用户绘制的是手势，不是图形。

为了监听 GestureOverlayView，Android 提供了 OnGestureListener、OnGesturePerformedListener、OnGesturingListener 三个监听器，分别用于监听手势事件的开始、结束、完成、取消等事件，一般最常用的是 OnGesturePerformedListener，用于提供完成时响应。

下面通过 GestureOverlayView 实现一个简单的手势识别功能，如例 9-7 所示。

【例 9-7】 布局文件。

```
<LinearLayout
    xmlns:android="http://schemas.android.com/apk/res/android"
    xmlns:tools="http://schemas.android.com/tools"
    android:layout_width="match_parent"
    android:layout_height="match_parent"
    android:layout_margin="16dp"
    tools:context="com.example.qfedu.MainActivity">
    <android.gesture.GestureOverlayView
        android:id="@+id/gestures"
        android:layout_width="match_parent"
        android:layout_height="0dp"
        android:layout_weight="1"
        android:gestureStrokeType="multiple"/>
</LinearLayout>
```

由于 GestureOverlayView 并不是标准的视图组件，因此在界面布局中使用时需要使用全限定类名。

上面的布局文件中使用了 gestureStrokeType 参数，该参数控制手势是否需要多一笔完成，如果需要则指定为 multiple。

接下来程序将会为 GestureOverlayView 添加一个 OnGesturePerformedListener 监听器，如以下程序所示：

```
public class MainActivity extends AppCompatActivity {
    private boolean success;
    // 定义手势库
    private GestureLibrary library;
    private GestureOverlayView gestureView;
    @Override
    protected void onCreate(Bundle savedInstanceState) {
        super.onCreate(savedInstanceState);
        setContentView(R.layout.activity_main);
        // 找到手势库
        library = GestureLibraries.fromRawResource(this, R.raw.gestures);
        // 加载手势库
        success = library.load();
        gestureView=(GestureOverlayView) this.findViewById(R.id.gestures);
        // 添加事件监听器
        gestureView.addOnGesturePerformedListener(new GestureListener());
    }
    private final class GestureListener implements
        GestureOverlayView.OnGesturePerformedListener {
        @Override
        public void onGesturePerformed(GestureOverlayView overlay,
                                Gesture gesture) {
            // 如果手势库加载成功
            if (success) {
                // 从手势库中查找匹配的手势,最匹配的记录会放在最前面
                ArrayList<Prediction> predictions =
                    library.recognize(gesture);
                if (!predictions.isEmpty()) {
                    // 获取第一个匹配的手势
                    Prediction prediction = predictions.get(0);
                    // 如果匹配度>30%，就执行下面的操作
                    if (prediction.score > 3) {
                        // 关闭应用
                        if ("agree".equals(prediction.name)) {
                          android.os.Process.killProcess(android.os.Process
                                .myPid());
                          // 拨打电话
                        } else if ("5556".equals(prediction.name)) {
                          Intent intent = new Intent(Intent.ACTION_CALL,
                              Uri.parse("tel:5556"));
```

```
                        if (ActivityCompat.checkSelfPermission(
                            MainActivity.this,
                              Manifest.permission.CALL_PHONE) !=
                                  PackageManager.PERMISSION_GRANTED) {
                           return;
                        }
                        startActivity(intent);
                    }
                }
            }
        }
    }
  }
}
```

上面的程序很简单，实现了一个识别手势的小案例，希望大家能动手实践，这里不展示效果图。

9.5 本章小结

本章主要介绍了Android的输入、输出支持，SQLite数据库以及手势支持。学习完本章内容，大家应重点掌握SQLite数据库并能熟练使用它提供的大量工具类，为后面学习打好基础。

9.6 习　题

1．填空题

（1）SharedPreferences是一个________，只能通过________方法获取实例。

（2）SharedPreferences主要以________形式保存数据。

（3）Context中提供了________、________两个方法来打开应用程序的数据文件夹中文件IO流。

（4）打开或创建file文件代表的SQLite数据库使用________方法。

（5）Android为手势检测提供了________检测器。

2．选择题

（1）下列属于SharedPreferences使用步骤的是（　　）(多选)。

A．getSharedPreferences　　B．Editor

C．向 getSharedPreferences.Editor 中添加数据　　D．editor.commit()

（2）SharedPreferences 数据总是以（　　）格式保存。

A．XML　　B．<map…/>

C．<int…/>　　D．<string…/>

（3）下列选项中，不属于在 SD 卡上读写文件的方法的是（　　）。

A．getExternalStorageState()　　B．getExternalStorageDirectory()

C．FileInputStream　　D．openDatabase()

（4）SQLiteDatabase 中控制事务的两个方法是（　　）。(多选)

A．beginTransaction()　　B．inTransaction()

C．endTransaction()　　D．setTransactionSuccessful()

3．思考题

除了 SQLite 中的事务，前面还有哪些内容使用到了事务？请举例说明。

4．编程题

利用 SQLiteOpenHelper 打开自建的数据库并将数据显示到界面中。

第 10 章 chapter 10

使用 ContentProvider 实现数据共享

本章学习目标

- 掌握 ContentProvider 类的作用和常用方法。
- 掌握 ContentProvider 与 ContentResolver 的关系。
- 掌握如何实现自己的 ContentProvider。
- 掌握使用 ContentResolver 操作数据。
- 掌握系统 ContentProvider 提供的数据。
- 掌握监听 ContentProvider 的数据改变。

可能大家都有过这样的操作，从短信页面将手机号码添加到联系人信息中，这个过程就需要短信应用和联系人应用之间共享数据。为此，Android 提供了 ContentProvider 类，它提供了不同应用之间交换数据的标准 API，比如短信应用中通过 ContentProvider 暴露出数据，联系人应用中通过 ContentResolver 操作 ContentProvider 暴露出来的数据。

一旦某个应用程序通过 ContentProvider 暴露了操作接口，不管该应用程序是否启动，其他应用程序都可通过该接口来操作该应用程序的内部数据，包括增、删、改、查。

10.1 数据共享标准：ContentProvider

10.1.1 ContentProvider 简介

ContentProvider 内容提供者作为 Android 四大组件之一，其作用是在不同的应用程序之间实现数据共享的功能。

ContentProvider 可以理解为一个 Android 应用对外开放的数据接口，只要是符合其定义的 URI 格式的请求，均可以正常访问其暴露出来的数据并执行操作。其他的 Android 应用可以使用 ContentResolver 对象通过与 ContentProvider 同名的方法请求执行。ContentProvider 有很多对外可以访问的方法，并且在 ContentResolver 中均有同名的方法，它们是一一对应的，如图 10.1 所示。

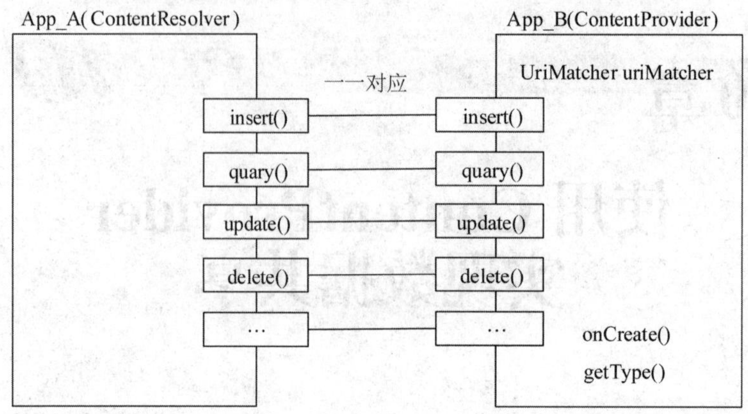

图 10.1　ContentProvider 与 ContentResolver 中的方法一一对应

具体 ContentProvider 如何使用呢？步骤如下所示。

（1）定义自己的 ContentProvider 类，该类需要继承 Android 提供的 ContentProvider 基类。

（2）在 AndroidManifest.xml 文件中注册这个 ContentProvider，与注册 Activity 方式类似，只是注册时需要为它指定 authorities 属性，并绑定一个 URI。

例如：

```
<!--authorities 属性指定为数据 URI 的授权列表，
name 属性指定 ContentProvider 类-->
<provider
    android:authorities="com.qianfeng.providers.demoprovider"
    android:name=".DemoProvider"
    android:exported="true"/>
```

注意上面代码中 authorities 属性即指定 URI。

结合图 10.1，在自定义 ContentProvider 类时，除了需要继承 ContentProvider 之外，还要重写一些方法才能实现暴露数据的功能，方法如表 10.1 所示。

表 10.1　重写 ContentProvider 中的方法

方　法	说　明
boolean onCreate()	在 ContentProvider 被创建时调用
URI insert(URI uri, ContentValues values)	根据该 URI 插入 values 对应的数据
int delete(URI uri, String selection, String[] selectionsArgs)	根据 URI 删除 selection 条件所匹配的全部记录
int update(URI uri, ContentValues values, String selection, String[] select)	根据 URI 修改 selection 条件所匹配的全部记录
Cursor query(URI uri, String[] projection, String selection, String[] selectionArgs, String sortOrder)	根据 URI 查询出 selection 条件所匹配的全部记录，其中 projection 是一个列名列表
String getType(URI uri)	返回当前 URI 所代表的数据的 MIME 类型

从表10.1中的各个方法可以看出，URI是一个非常重要的概念，下面详细介绍关于URI的知识。

10.1.2 URI简介

在第6章介绍Intent的Data属性时，简单讲解了URI，这里来做详细讲解。

URI代表了要操作的数据，URI主要包含了以下两部分信息：

（1）需要操作的ContentProvider。

（2）对ContentProvider中的什么数据进行操作。

而一个URI通常以图10.2所示的形式展示。

```
content://com.qianfeng.providers.demoprovider/word/2
```

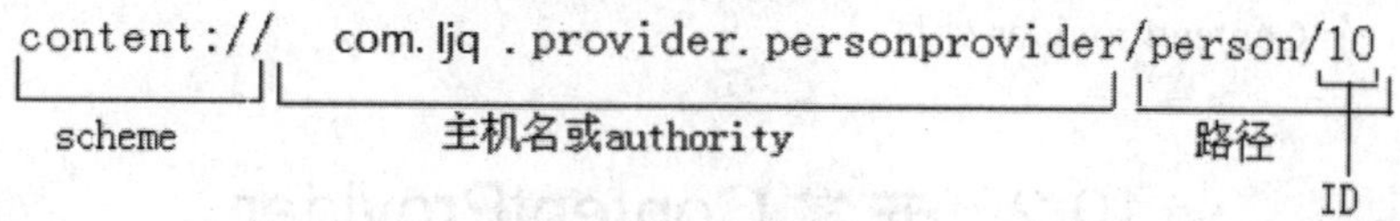

图10.2 URI包含的几部分

ContentProvider（内容提供者）的scheme已经由Android规定为“content://”。主机名（或叫Authority）用于唯一标识该ContentProvider，外部调用者可以根据这个标识来找到它。路径（path）可以用来表示要操作的数据，路径的构建应根据业务而定，例如：

- 操作person表中ID为10的记录，可以构建这样的路径：/person/10。
- 操作person表中ID为10的记录的name字段，构建路径：person/10/name。
- 操作person表中的所有记录，构建路径：/person。
- 操作xxx表中的记录，可以构建这样的路径：/xxx。

当然要操作的数据不一定来自数据库，也可以是文件、xml或网络等其他存储方式，例如：

- 操作xml文件中person节点下的name节点，需构建路径：/person/name。

如果要把一个字符串转换成URI，可以使用URI类中的parse()方法，如下：

```
URI uri = URI.parse("content://com.qianfeng.providers.demoprovider/word/2")
```

10.1.3 使用ContentResolver操作数据

前面已经介绍过，调用者通过ContentResolver来操作ContentProvider暴露出来的数据，从图10.1知道，ContentResolver中的方法与ContentProvidert中的方法是一一对应的，不过与ContentProvider不同的是，获取ContentResolver对象是通过Context提供的getContentResolver方法。获取该对象之后，调用其包含的方法就可以操作数据，具体方法如表 10.2 所示。

表 10.2　ContentResolver 中的方法

方　法	说　明
insert(URI uri, ContentValues values)	向 URI 对应的 ContentProvider 中插入 values 对应的数据
delete(URI uri, String where, String[] selectionsArgs)	删除 URI 对应的 ContentProvider 中 where 提交匹配的数据
update(URI uri, ContentValues values, String selection, String[] select)	更新 URI 对应的 ContentProvider 中 where 提交匹配的数据
query(URI uri, String[] projection, String selection, String[] selectionArgs, String sortOrder)	查询 URI 对应的 ContentProvider 中 where 提交匹配的数据

需要注意的是，ContentProvider 一般是单例模式的，即当多个应用程序通过 ContentResolver 来操作 ContentProvider 提供的数据时，ContentResolver 调用的数据将会委托给同一个 ContentProvider 处理。

10.2　开发 ContentProvider

对初学者来说，理解 ContentProvider 暴露数据的方式是一个难点。其实，ContentProvider 与 ContentResolver 就是通过 URI 进行数据交换。当调用者调用 ContentResolver 的 CRUD 方法进行数据的增删改查操作时，实际上是调用了 ContentProvider 中该 URI 对应的各个方法。

10.2.1　开发 ContentProvider 的子类

应用程序中的数据若想被其他应用访问并操作，就需要使用 ContentProvider 将其暴露出来。暴露方式就是开发 ContentProvider 的子类，并重写需要的方法。开发步骤如下：

（1）新建一个类并继承 ContentProvider，该类需要实现 insert()、query()、delete()和 update()等方法。

（2）将该类注册到 AndroidManifest.xml 文件中，并指定 android:authorities 属性。

【例 10-1】 开发 ContentProvider 的子类示例。

```
public class DemoProvider extends ContentProvider{
    @Override
    public boolean onCreate() {
        Log.d("-----ContentProvider创建", "ContentProvider创建");
        return true;
    }
    @Nullable
    @Override
```

```
    public Cursor query(@NonNull URI uri, @Nullable String[] projection,
        @Nullable String selection, @Nullable String[] selectionArgs,
         @Nullable String sortOrder) {
        Log.d("-----query 方法被调用", "" + uri);
        Log.d("-----查询参数", selection);
        return null;
    }
    @Nullable
    @Override
    public String getType(@NonNull URI uri) {
        return null;
    }
    @Nullable
    @Override
    public URI insert(@NonNull URI uri,@Nullable ContentValues values) {
        Log.d("-----insert 方法被调用", "" + uri);
        Log.d("-----values 参数", "" + values);
        return null;
    }
    @Override
    public int delete(@NonNull URI uri, @Nullable String selection,
        @Nullable String[] selectionArgs) {
        Log.d("-----delete 方法被调用", "" + uri);
        Log.d("-----selection 参数", "" + selection);
        return 0;
    }
    @Override
    public int update(@NonNull URI uri, @Nullable ContentValues values,
        @Nullable String selection, @Nullable String[] selectionArgs) {
        Log.d("-----update 方法被调用", "" + uri);
        Log.d("-----selection 参数", ""+selection+", values 参数" + values);
        return 0;
    }
}
```

上面的 Java 代码中实现了 query()、insert()、update()和 delete()等方法，各个方法中都只是使用了日志打印功能。

该 ContentProvider 子类新建完之后要在 AndroidManifest.xml 清单文件注册，注册代码如下：

```
 <!--authorities 属性指定为数据 URI 的授权列表，
      name 属性指定 ContentProvider 类-->
<provider
     android:authorities="com.qianfeng.providers.demoprovider"
```

```
    android:name=".DemoProvider"
    android:exported="true"/>
```

到这里开发 ContentProvider 子类的步骤就介绍完毕了。在配置 ContentProvider 代码片段中经常使用如表 10.3 所示的几个属性。

表 10.3 常用的属性

属 性	说 明
name	指定该 ContentProvder 的实现类的类名
authorities	指定该 ContentProvider 对应的 URI
android:exported	指定该 ContentProvider 是否被其他应用程序调用

在上面的配置代码中指定 DemoProvider 绑定了 "com.qianfeng.providers.demoprovider"，该字符串就是 URI 的主机名部分，可根据它找到指定的 ContentProvider。大家需要清楚的概念有以下两点：

（1）ContentResolver 调用方法时参数将会传给该 ContentProvider 的 CRUD 方法。

（2）ContentResolver 调用方法的返回值，就是 ContentProvider 执行 CRUD 方法的返回值。

10.2.2 使用 ContentResolver 调用方法

前面已经提到，可通过 Context 提供的 getContentResolver 方法获取 ContentResolver 对象，获取该对象之后就可以调用其 CRUD 方法，而从前面的讲解中大家已经知道，调用 ContentResolver 的 CRUD 方法，实际上是调用指定 URI 对应的 ContentProvider 的 CRUD 方法。

下面示范使用 ContenResolver 调用方法，该布局界面是 4 个 Button 按钮，分别用于触发 4 个数据操作方法。Java 代码如例 10-2 中所示。

【例 10-2】 使用 ContentResolver 调用方法示例。

```
public class ResolverActivity extends AppCompatActivity {
   private ContentResolver cr;
   URI uri= URI.parse("content://com.qianfeng.providers.demoprovider/");
   @Override
   protected void onCreate(Bundle savedInstanceState) {
      super.onCreate(savedInstanceState);
      setContentView(R.layout.activity_resolver);
      cr = getContentResolver();
   }
   //增加数据
   public void createData(View view) {
      ContentValues values = new ContentValues();
      values.put("book", "Android-千锋");
      //调用 ContentResolver 的 insert()方法,
```

```
        //实际返回的是该 uri 对应的 ContentProvider 的 insert()方法
        URI newURI = cr.insert(uri, values);
        Log.d("-----远程 ContentProvider 新插入记录的 URI 为", "" + newURI);
    }
    //删除数据
    public void deleteData(View view) {
        int count = cr.delete(uri, "delete_count", null);
        Log.d("-----远程 ContentProvider 删除记录数为", "" + count);
    }
    //更新数据
    public void updateData(View view) {
        ContentValues cv = new ContentValues();
        cv.put("book", "Android-千锋");
        int count = cr.update(uri, cv, "update_count", null);
        Log.d("-----远程 ContentProvider 更新记录数为", "" + count);
    }
    //查询数据
    public void retrieveData(View view) {
        Cursor cursor = cr.query(uri, null, "query_data", null, null);
        Log.d("-----远程 ContentProvider 查询返回的 Cursor 为", "" + cursor);
    }
}
```

运行程序，并依次单击界面中 4 个按钮，运行结果以及 LogCat 日志如图 10.3 和图 10.4 所示。

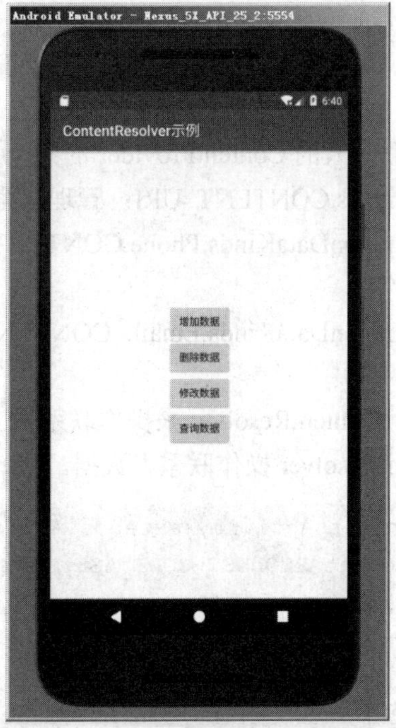

图 10.3　ResolverActivity 对应的界面

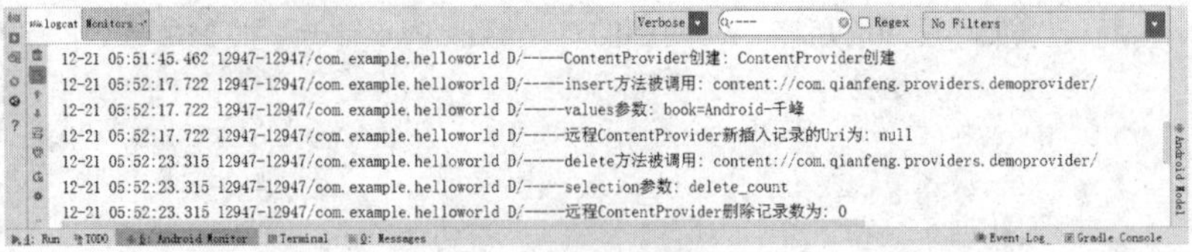
logcat
Monitors
Verbose
Regex
No Filters
12-21 05:51:45.462 12947-12947/com.example.helloworld D/-----ContentProvider创建: ContentProvider创建
12-21 05:52:17.722 12947-12947/com.example.helloworld D/-----insert方法被调用: content://com.qianfeng.providers.demoprovider/
12-21 05:52:17.722 12947-12947/com.example.helloworld D/-----values参数: book=Android-千峰
12-21 05:52:17.722 12947-12947/com.example.helloworld D/-----远程ContentProvider新插入记录的Uri为: null
12-21 05:52:23.315 12947-12947/com.example.helloworld D/-----delete方法被调用: content://com.qianfeng.providers.demoprovider/
12-21 05:52:23.315 12947-12947/com.example.helloworld D/-----selection参数: delete_count
12-21 05:52:23.315 12947-12947/com.example.helloworld D/-----远程ContentProvider删除记录数为: 0
Run
TODO
Android Monitor
Terminal
Messages
Event Log
Gradle Console
Android Model

图 10.4 LogCat 中的日志

上面程序实际调用了例 10-1 中的 uri 参数对应的 ContentProvider 的 4 个方法，即 DemoProvider 中的 delete()、insert()、update()、query()方法。

10.3 操作系统的 ContentProvider

在大家用过的手机 App 中，肯定有要访问手机联系人的应用程序，有时还会操作联系人列表，比如添加联系人或读取联系人列表。该功能就需要调用系统 ContentProvider 提供的 query()、insert()、update()和 delete()方法，从而获取联系人列表数据用以操作。

系统 ContentProvider 同样提供了大量 URI 供外部 ContentResolver 调用，大家可以查阅 Android 官方文档来获取这些信息。

10.3.1 使用 ContentProvider 管理联系人

在 Android 手机系统自带的应用中，都有“联系人”这一应用用于存储联系人电话、E-mail 等信息。利用系统提供的 ContentProvider，就可以在开发的应用程序中用 ContentResolver 来管理联系人数据。

Android 系统用于管理联系人的 ContentProvider 的几个 URI 如下。

- ContactsContract.Contacts.CONTENT_URI：管理联系人的 URI。
- ContactsContract.CommonDataKinds.Phone.CONTENT_URI：管理联系人电话的 URI。
- ContactsContract.CommonDataKinds.Email. CONTENT_URI：管理联系人 E-mail 的 URI。

下面通过上述 URI 使用 ContentResolver 来操作联系人应用中的数据。

【例 10-3】 使用 ContentResolver 操作联系人数据。

```
public class ContactsActivity extends AppCompatActivity {
    final private int REQUEST_CODE_ASK_PERMISSIONS = 123;
    ArrayList<String> contactNames = new ArrayList<>();
    ArrayList<ArrayList<String>> contactDetails = new ArrayList<>();
    @Override
    protected void onCreate(Bundle savedInstanceState) {
        super.onCreate(savedInstanceState);
```

```
        setContentView(R.layout.activity_contacts);
    }
    //查询联系人
    public void queryContact(View view) {
        //权限判断
        int hasWriteContactsPermission = checkSelfPermission(
            Manifest.permission.WRITE_CONTACTS);
        if(hasWriteContactsPermission !=
            PackageManager.PERMISSION_GRANTED) {
                requestPermissions(new String[] {
                    Manifest.permission.WRITE_CONTACTS},
                        REQUEST_CODE_ASK_PERMISSIONS);
            return;
        }
        //使用 ContentResolver 查找联系人数据
        Cursor cursor = getContentResolver().query(
            ContactsContract.Contacts.CONTENT_URI,
                null, null, null, null);
        while (cursor.moveToNext()) {
            //获取联系人 ID
            String contactId = cursor.getString(
                cursor.getColumnIndex(ContactsContract.Contacts._ID));
            //获取联系人姓名
            String name = cursor.getString(cursor.getColumnIndex(
                ContactsContract.Contacts.DISPLAY_NAME));
            //将查询到的联系人姓名加入列表
            contactNames.add(name);
            //使用 ContentResolver 查询联系人的电话号码
            Cursor numbers = getContentResolver().query(
                ContactsContract.CommonDataKinds.Phone.CONTENT_URI,null,
                    ContactsContract.CommonDataKinds.Phone.CONTACT_ID +
                        "=" + contactId, null, null);
            ArrayList<String> perDetail = new ArrayList<>();
            while (numbers.moveToNext()) {
                String detail = numbers.getString(numbers.getColumnIndex(
                        ContactsContract.CommonDataKinds.Phone.NUMBER));
                perDetail.add(detail);
            }
            numbers.close();
            Cursor emails = getContentResolver().query(
                ContactsContract.CommonDataKinds.Email.CONTENT_URI, null,
```

```
49                    ContactsContract.CommonDataKinds.Email.CONTACT_ID,
50                        null, null);
51              while (emails.moveToNext()) {
52                  String emailDetail = emails.getString(
53                      emails.getColumnIndex(
54                          ContactsContract.CommonDataKinds.Email.DATA));
55                  perDetail.add(emailDetail);
56              }
57              emails.close();
58              contactDetails.add(perDetail);
59          }
60          cursor.close();
61          Log.d("----联系人姓名", "" + contactNames.get(0) +
62              ", "+ contactNames.get(1));
63          Log.d("----联系人联系方式" ,"" + contactDetails.get(0) +
64              contactDetails.get(1));
65      }
66  }
```

上面程序中第 36～39 行代码使用 ContentResolver 向 ContactsContract.Contacts.CONTENT_URI 查询数据，可查询出系统中所有联系人信息；第 47～50 行代码使用 ContentResolver 向 ContactsContract.CommonDataKinds.Phone.CONTENT_URI 查询数据，用于查询指定联系人的电话信息；第 53、54 行粗体字代码使用 ContentResolver 向 ContactsContract.CommonDataKinds.Email.CONTENT_URI 查询数据，用于查询指定联系人的 E-mail 信息。

注意查询和读取联系人信息是要获取权限，通过 AndroidManifest.xml 文件中设置如下权限代码：

```
<uses-permission android:name="android.permission.READ_CONTACTS"/>
```

从 Android 6.0 开始除了需要在清单文件中设置权限外，还需要在代码中动态请求权限，具体代码如例 10-3 中第 16～25 行所示。

10.3.2 使用 ContentProvider 管理多媒体

Android 提供了 Camera 程序来支持拍照、拍摄视频，用户拍摄的照片、视频都将存放在固定的位置。在有些应用中，其他应用程序可能需要直接访问 Camera 所拍摄的照片、视频等，为满足这些需求，Android 同样为这些多媒体内容提供了 ContentProvider。

Android 为多媒体提供的 ContentProvider 的 URI 如表 10.4 所示。

表 10.4 多媒体对应的 ContentProvider 的 URI

URI	说　明
MediaStore.Audio.Media.EXTERNAL_CONTENT_URI	存储在手机外部存储器（SD 卡）上的音频文件内容的 ContentProvider 的 URI
MediaStore.Audio.Media.INTERNAL_CONTENT_URI	存储在手机内部存储器上的音频文件内容的 ContentProvider 的 URI
MediaStore.Audio.Images.EXTERNAL_CONTENT_URI	存储在手机外部存储器（SD 卡）上的图片文件内容的 ContentProvider 的 URI
MediaStore.Audio.Images.INTERNAL_CONTENT_URI	存储在手机内部存储器上的图片文件内容的 ContentProvider 的 URI
MediaStore.Audio.Video.EXTERNAL_CONTENT_URI	存储在手机外部存储器（SD 卡）上的视频文件内容的 ContentProvider 的 URI
MediaStore.Audio.Video.INTERNAL_CONTENT_URI	存储在手机内部存储器上的视频文件内容的 ContentProvider 的 URI

下面用一个简单实例来演示，实现查询 SD 卡的所有图片和添加图片到 SD 卡的功能，代码如例 10-4 所示。

【例 10-4】 使用 ContentResolver 查询和添加图片。

```
public class MainActivity extends AppCompatActivity
    implements View.OnClickListener {
    private ListView listView;
    private BaseAdapter adapter;
    // 存放 SD 卡图片的集合
    private ArrayList<HashMap<String, Object>> pictureList = new
        ArrayList<HashMap<String, Object>>();
    @Override
    protected void onCreate(Bundle savedInstanceState) {
        super.onCreate(savedInstanceState);
        setContentView(R.layout.activity_main);
        initData();
        listView = (ListView) findViewById(R.id.main_lv);
        Button addBtn = (Button) findViewById(R.id.main_btn_add);
        addBtn.setOnClickListener(this);
        adapter = new BaseAdapter() {
            @Override
            public View getView(int position, View convertView, ViewGroup
                parent) {
                if (convertView == null) {
                    convertView = MainActivity.this.getLayoutInflater()
                        .inflate(R.layout.picture_list_content, null);
                }
                ImageView picImageView = (ImageView) convertView
                    .findViewById(R.id.picture_list_content_iv_pic);
                TextView nameText = (TextView) convertView
```

```
                        .findViewById(R.id.picture_list_content_tv_name);
                TextView infoText = (TextView) convertView
                        .findViewById(R.id.picture_list_content_tv_info);
                // 取出当前图片信息
                String name = pictureList.get(position).get("name")
                    .toString();
                String info = pictureList.get(position).get("info")
                    .toString();
                String path = pictureList.get(position).get("path")
                    .toString();
                nameText.setText(name);
                infoText.setText(info);
                // 根据图片路径创建 Bitmap 对象
                Bitmap bitmap = BitmapFactory.decodeFile(path);
                picImageView.setImageBitmap(bitmap);
                return convertView;
            }
            @Override
            public long getItemId(int position) {
                return position;
            }
            @Override
            public Object getItem(int position) {
                return position;
            }
            @Override
            public int getCount() {
                return pictureList.size();
            }
        };
        listView.setAdapter(adapter);
        listView.setOnItemClickListener(new AdapterView
            .OnItemClickListener() {
            @Override
            public void onItemClick(AdapterView<?> arg0, View arg1,
                                    int position, long arg3) {
                // 加载 view.xml 界面布局代表的视图
                View viewDialog =getLayoutInflater().inflate(R.layout.view,
                        null);
                // 获取 viewDialog 中的 ImageView 组件
                ImageView image = (ImageView) viewDialog
                        .findViewById(R.id.view_iv);
                // 设置 image 显示指定图片
                image.setImageBitmap(BitmapFactory.decodeFile(pictureList
```

```
                        .get(position).get("path").toString()));
                // 使用对话框显示用户单击的图片
                new AlertDialog.Builder(MainActivity.this)
                    .setView(viewDialog)
                    .setPositiveButton("确定", null).show();
            }
        });
    }
    /* 从SD卡取出图片，初始化集合数据*/
    public void initData() {
        pictureList.clear();
        Cursor cursor = getContentResolver().query(MediaStore.Images.Media
            .EXTERNAL_CONTENT_URI, null, null, null, null);
        while (cursor.moveToNext()) {
            // 图片的名称
            String name = cursor.getString(cursor
                    .getColumnIndex(MediaStore.Images.Media.DISPLAY_NAME));
            // 图片的描述
            String info = cursor.getString(cursor
                    .getColumnIndex(MediaStore.Images.Media.DESCRIPTION));
            // 图片位置的数据
            byte[] data =cursor.getBlob(cursor.getColumnIndex(MediaStore
                .Image.Media.DATA));
            // 将data转换成String类型的图片路径
            String path = new String(data, 0, data.length - 1);
            HashMap map = new HashMap();
            map.put("name", name == null ? "" : name);
            map.put("info", info == null ? "" : info);
            map.put("path", path);
            pictureList.add(map);
        }
        cursor.close();
    }
    @Override
    public void onClick(View v) {
        ContentValues values = new ContentValues();
        // 设置图片名称
        values.put(MediaStore.Images.Media.DISPLAY_NAME, "机器人");
        // 设置图片描述
        values.put(MediaStore.Images.Media.DESCRIPTION,
            "android机器人");
        // 设置图片MIME类型
        values.put(MediaStore.Images.Media.MIME_TYPE, "image/png");
        // 先插入values已有的值，同时得到URI对象
```

```
115         URI uri = getContentResolver().insert(MediaStore.Images.Media
116             .EXTERNAL_CONTENT_URI, values);
117         // 加入图片需要单独打开输出流来进行操作
118         try {
119             Bitmap bitmap = BitmapFactory.decodeResource(getResources(),
120                     R.mipmap.ic_launcher);
121             // 获取刚刚插入的数据的 URI 对应的输出流
122             OutputStream os = getContentResolver()
123                 .openOutputStream(uri);
124             // 将 bitmap 图片保存到 URI 对应的数据节点中
125             bitmap.compress(Bitmap.CompressFormat.PNG, 100, os);
126             os.close();
127         } catch (Exception e) {
128             e.printStackTrace();
129         }
130         initData();
131         adapter.notifyDataSetChanged();
132     }
133 }
```

上面程序中第 82、83 行代码使用 ContentResolver 向 MediaStore.Images.Media.EXTERNAL_CONTENT_URI 查询数据，这将查询到所有位于 SD 卡上的图片信息。查询出图片信息后利用 ListView 显示出这些图片信息。

与读取联系人信息一样，本程序读取 SD 卡中的图片信息同样需要权限，需要在 AndroidManifest.xml 文件中配置如下代码片段：

```
<uses-permissionandroid:name="android.permission.READ_EXTERNAL_STORAGE"/>
```

10.4 监听 ContentProvider 的数据改变

前面介绍的是当 ContentProvider 将数据共享出来后，ContentResolver 会根据业务需要去主动查询 ContentProvider 所共享的数据。但有时应用程序需要实时监听 ContentProvider 所共享数据的改变，并随着 ContentProvider 数据的改变而提供响应，此时就需要使用 ContentObserver。

前面介绍 ContentProvider 时，不管实现了 insert()、delete()、update()或 query()方法中的哪一个，只要该方法导致 ContentProvider 数据的改变，程序就会调用如下代码：

```
getContext().getContentResolver().notifyChange(uri, null);
```

这行代码可用于通知所有注册在该 URI 上的监听者：该 ContentProvider 所共享的数据发生了改变。

为了在应用程序中监听 ContentProvider 数据的改变，需要利用 Android 提供的 ContentObserver 基类。监听 ContentProvider 数据改变的监听器需要继承 ContentObserver 类，并重写该基类所定义的 onChange(boolean selfChange)方法，当 ContentProvider 共享的数据发生改变时，该 onChange()方法将会被触发。

为了监听指定 ContentProvider 的数据变化，需要通过 ContentResolver 向指定的 URI 注册 ContentObserver 监听器，ContentResolver 提供了如下方法来注册监听器：

```
registerContentObserver(URI uri, boolean notifyForDescendents, ContentObserver
observer)
```

上面的监听器中，uri 表示该监听器监听的 ContentProvider 的 URI；notifyForDescendents 为 false 时表示精确匹配，即只匹配该 URI，为 true 时表示可以同时匹配其派生的 URI；observer 即为该监听器的实例。

下面通过一个实例演示使用 ContentObserver 监听用户发出的短信，本实例通过监听 URI 为 content://sms 的数据改变即可监听到用户短信数据的改变，并在监听器的 onChange()方法中查询 URI 为 content://sms/outbox 的数据，即可获取用户正在发送的短信。

【例 10-5】 监听用户发出的短信。

```
public class MainActivity extends AppCompatActivity {
    @Override
    protected void onCreate(Bundle savedInstanceState) {
        super.onCreate(savedInstanceState);
        setContentView(R.layout.activity_main);
        //为 content://sms 的数据改变注册监听器
        getContentResolver().registerContentObserver(URI
            .parse("content://sms"),true, new SmsObserver(new Handler()));
    }
    //提供自定义的 ContentObserver 监听器类
    private final class SmsObserver extends ContentObserver {
        public SmsObserver(Handler handler) {
            super(handler);
        }
        public void onChange(boolean selfChange) {
            //查询发送箱中的短信(处于正在发送状态的短信放在发送箱)
            Cursor cursor = getContentResolver().query(URI.parse(
                "content://sms/outbox"), null, null, null, null);
            //遍历查询得到的结果集，即可获取用户正在发送的短信
            while (cursor.moveToNext()) {
                StringBuilder sb = new StringBuilder();
                //获取短信的发送地址
                sb.append("address=").append(cursor.getString(
```

```
24                     cursor.getColumnIndex("address")));
25                 //获取短信的标题
26                 sb.append(";subject=").append(cursor.getString(
27                     cursor.getColumnIndex("subject")));
28                 //获取短信的内容
29                 sb.append(";body=").append(cursor.getString(
30                     cursor.getColumnIndex("body")));
31                 //获取短信的发送时间
32                 sb.append(";time=").append(cursor.getLong(
33                     cursor.getColumnIndex("date")));
34                 System.out.println("Has Sent SMS:::" + sb.toString());
35             }
36         }
37     }
38 }
```

上面程序中的第 7、8 行代码用于监听 URI 为 content://sms 的数据改变；第 17、18 行代码用于查询 content://sms/outbox 的全部数据，也就是查询发件箱中的全部短信，这样即可获取用户正在发送的短信详情。

运行该程序，在不关闭该程序的情况下打开 Android 系统内置的 Messaging 程序发送短信。

本程序需要读取系统短信的内容，因此需要在 AndroidManifest.xml 文件中配置如下权限：

```
<uses-permission android:name="android.permission.READ_SMS"/>
```

其实监听用户短信详情使用上面程序的方式并不合适，因为必须让用户打开该应用才能监听到。在实际应用中，大多采用以后台进程的方式运行该监听方式，这就需要用到 Android 的另一个组件——Service，该组件将会在下一章内容中详细介绍。

10.5 本章小结

本章主要介绍了 Android 系统中 ContentProvider 组件的功能和用法，ContentProvider 是 Android 系统内不同进程之间进行数据交换的标准接口。学习本章需要重点掌握三个 API 的使用：ContentResolver、ContentProvider 和 ContentObserver。学习完本章内容，大家需动手进行实践，为后面学习打好基础。

10.6 习　　题

1．填空题

（1）ContentProvider 的作用是在不同的应用程序之间________。

（2）一个 URI 通常用________形式展示。

（3）ContentResolver 对象是通过________方法获取的。

（4）ContentProvider 与 ContentResolver 通过________进行数据交换。

（5）当 ContentProvider 数据发生改变时，应用程序将调用________代码。

2．选择题

（1）应用程序中的数据使用 ContentProvider 暴露时，其步骤包括（　　）。(多选)

A．创建 ContentProvider 子类　　B．创建 ContentResolver 子类

C．在清单文件中注册 ContentProvider 子类　　D．注册 ContentResolver 子类

（2）内容提供者 ContentProvider 的作用是（　　）。

A．跨进程数据共享　　B．解析 ContentProvider 提供的数据

C．监听特定 URI 引起的数据库的变化　　D．通知 URI 上的监听者

（3）内容解析者 ContentResolver 的作用是（　　）。

A．跨进程数据共享　　B．解析 ContentProvider 提供的数据

C．监听特定 URI 引起的数据库的变化　　D．通知 URI 上的监听者

（4）内容解析者 ContentObserver 的作用是（　　）。

A．跨进程数据共享　　B．解析 ContentProvider 提供的数据

C．监听特定 URI 引起的数据库的变化　　D．通知 URI 上的监听者

3．思考题

简述 ContentResolver、ContentProvider 和 ContentObserver 的关系。

4．编程题

编写简单案例实现本章三个重要 API 的使用。

第11章 chapter 11

Service 与 BroadcastReceiver

本章学习目标

- 掌握 Service 组件的使用方法。
- 掌握 Service 的生命周期。
- 掌握 IntentService 的功能和用法。
- 掌握监听手机电话。
- 掌握监听手机短信。
- 掌握开发、配置 BroadcastReceiver 组件。
- 掌握 BroadcastReceiver 接收系统广播。

Service 是 Android 四大组件中与 Activity 最相似的组件，它们都代表可执行的程序，区别在于 Service 是在后台运行，且没有用户界面。关于程序中 Activity 与 Service 的选择标准之一，是当程序中某个组件需要在运行时向用户呈现某种界面，或者该程序需要与用户交互，就需要使用 Activity；否则就应该考虑使用 Service。Android 系统本身也提供了大量的 Service 组件，开发者可通过这些系统 Service 来操作 Android 系统本身。除此之外，本章也介绍了 BroadcastReceiver 组件，BroadcastReceiver 用于监听系统发出的 Broadcast，通过使用 BroadcastReceiver，可实现不同程序之间的通信。

11.1 Service 简介

Service 与 Activity 很相似，它甚至可以认为是没有界面的 Activity。Service 有自己的生命周期，其创建、配置的方式也与 Activity 很相似。接下来详细介绍 Service 的开发。

11.1.1 创建和配置 Service

Service 的创建过程与 Activity 很相似，首先定义一个继承 Service 的子类，然后在清单文件 AndroidManifest.xml 中配置该 Service。

定义 Service 子类，就是继承 Service 并重写相应的方法。

【例 11-1】 Service 示例。

```
public class DemoService extends Service {
    @Override
    public IBinder onBind(Intent intent) {
        // TODO: Return the communication channel to the service
        throw new UnsupportedOperationException("Not yet implemented");
    }
    @Override
    public void onCreate() {
        super.onCreate();
        Log.d("---onCreate---", "Service is Created");
    }
    @Override
    public int onStartCommand(Intent intent, int flags, int startId) {
        Log.d("---onStartCommand---", "Service is Started");
        return super.onStartCommand(intent, flags, startId);
    }
    @Override
    public void onDestroy() {
        super.onDestroy();
    }
}
```

上面定义的 Service 子类 DemoService 重写了几个方法，具体解释如表 11.1 所示。

表 11.1　方法释义

方　法	说　明
IBinder onBind(Intent intent)	Service 子类必须实现的方法，应用程序可通过返回的 IBinder 对象与 Service 组件通信
void onCreate()	Service 第一次被创建时调用
void onDestory()	Service 被关闭之前被回调
void onStartCommand(Intent intent, int flags, int startId)	当客户端通过 startService(Intent)启动该 Service 时都会回调该方法
boolean onUnbind(Intent intent)	该 Service 上绑定的所有客户端都断开连接时回调该方法

另外需要注意的是，Service 与 Activity 都是从 Context 派生出来的，因此它们都可以调用 Context 里定义的如 getResources()、getContentResolver()等方法。

上面例 11-1 中定义完 DemoService 后要在清单文件 AndroidManifest.xml 中配置该 Service，具体配置代码如下：

```
<service
    android:name=".DemoService"
    android:enabled="true"
    android:exported="true">
</service>
```

上面配置代码中 enabled 属性是指该 Service 是否能够被实例化，默认值为 true，表示能被实例化。

当 Service 开发完成之后，接下来就可在程序中运行该 Service 了。在 Android 系统中运行 Service 有两种方式：

- 通过 Context 的 startService()方法：通过该方法启动 Service，访问者与 Service 之间没有关联，即使访问者退出了，Service 也仍然运行。
- 通过 Context 的 bindService()方法：通过此方法启动 Service，访问者与 Service 绑定在一起，访问者一旦退出，Service 也被销毁。

下面先示范第一种方式运行 Service。

11.1.2 启动和停止 Service

下面示例通过 Activity 访问 Service，该 Activity 的界面包括两个 Button，一个 Button 用于启动 Service，另一个 Button 用于关闭该 Service。这里就不展示界面文件中的代码，Java 代码如例 11-2 所示。

【例 11-2】 启动和停止 Service 示例。

```
1   public class MyActivity extends AppCompatActivity {
2       private Intent intent;
3       @Override
4       protected void onCreate(Bundle savedInstanceState) {
5           super.onCreate(savedInstanceState);
6           setContentView(R.layout.activity_my);
7           intent = new Intent(this, DemoService.class);
8       }
9       public void start(View view) {
10          startService(intent);
11      }
12      public void stop(View view) {
13          stopService(intent);
14      }
15  }
```

上面代码中第 7、10、13 行是关键代码，直接调用 Context 中定义的 startService(intent)与 stopService(intent)方法即可启动、停止 Service。

运行程序，单击三次启动 Service 的按钮，打印出的日志结果如图 11.1 所示。

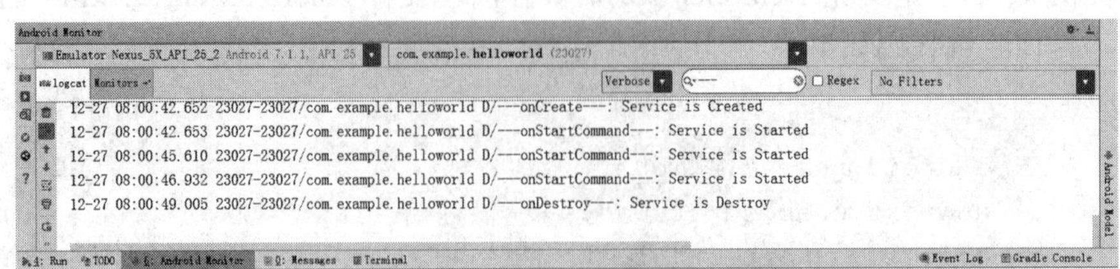

图 11.1 日志结果

从图 11.1 可以看出，虽然单击了三次启动 Service 的按钮，但是 onCreate()方法只调用了一次，onStartCommand()方法调用了三次，验证了每次启动 Service 都会调用 onStartCommand()方法。最后单击关闭 Service 的按钮，onDestroy()方法被调用，Service 被销毁。

11.1.3 绑定本地 Service

11.1.2 节介绍了在 Android 系统中运行 Service 的第一种方式，本节来介绍第二种：bindService()方式。

Context 的 bindService()方法的完整参数为 bindService(Intent service, ServiceConnection conn, int flags)，而 startService()方法中只有一个参数 startService(Intent service)。因此当 Service 和访问者之间需要进行方法调用或交换数据时，则应该使用 bindService()和 unbindService()方法启动、关闭 Service。

关于 bindService()的三个参数释义如表 11.2 所示。

表 11.2 BindService()参数释义

参　数	说　明
Intent service	通过 Intent 指定要启动的 Service
ServiceConnection conn	用于监听访问者与 Service 之间的连接情况。两者连接成功时回调 ServiceConnection 对象的 onServiceConnected()方法；断开连接时回调 onServiceDisconnected()方法
int flags	指定绑定时是否自动创建 Service

其实 ServiceConnection 对象的 onServiceConnected()方法中包含有一个 IBinder 对象，通过该对象就可以实现与绑定的 Service 之间的通信。

下面通过一个简单示例示范 Activity 与 Service 绑定并获取其运行状态。注意该 Service 类需要实现 onBind()方法，并让该方法返回一个有效的 IBinder 对象。该 Service 类代码如例 11-3 所示。

【例 11-3】 待绑定的 Service 类。

```
public class MyBindService extends Service {
    public int count;
    public boolean quit;
    MyBind myBind = new MyBind();
    //通过继承 Binder 来实现 IBinder 类
    public class MyBind extends Binder {
        public int getCount() {
            return count;
        }
    }
    //必须实现的方法，绑定该 Service 时首先回调该方法
    @Override
```

```
    public IBinder onBind(Intent intent) {
        Log.d("----onBind", "Service is Binded");
        return myBind;
    }
    @Override
    public void onCreate() {
        super.onCreate();
        Log.d("----onCreate", "Service is Created");
        //动态改变 count 状态值，用于反映 Service 的状态
        new Thread(){
            @Override
            public void run() {
                while (!quit) {
                    try {
                        Thread.sleep(1000);
                    } catch (InterruptedException e) {
                        e.printStackTrace();
                    }
                    count++;
                }
            }
        }.start();
    }
    @Override
    public boolean onUnbind(Intent intent) {
        Log.d("----onUnbind", "Service is Unbind");
        return true;
    }
    @Override
    public void onDestroy() {
        super.onDestroy();
        this.quit = true;
        Log.d("----onDestroy", "Service is Destroyed");
    }
}
```

上面代码首先定义了一个内部类 MyBind，用于实现一个 IBinder 对象。该对象将用于访问者（比如 Activity）绑定 Service。

下面就定义一个 Activity，并在该 Activity 中通过 MyBind 对象访问 Service 的状态。界面部分很简单，只有三个 Button 分别用于绑定 Service、解绑 Service 以及获取 Service 的运行状态。具体 Activity 中代码如下：

```
public class BindServiceActivity extends AppCompatActivity {
    private Button bindService, unbindService, getStatus;
```

```
    private MyBindService.MyBind binder;
    private ServiceConnection sc = new ServiceConnection() {
        @Override
        public void onServiceConnected(ComponentName name,
            IBinder service) {
            Log.d("----onServiceConnected", "Service is Connected");
            binder = (MyBindService.MyBind)service;
        }
        @Override
        public void onServiceDisconnected(ComponentName name) {
            Log.d("----onServiceConnected", "Service is Disconnected");
        }
    };
    private Intent intent;
    @Override
    protected void onCreate(Bundle savedInstanceState) {
        super.onCreate(savedInstanceState);
        setContentView(R.layout.activity_bind_service);
        bindService = (Button) findViewById(R.id.bind_service);
        unbindService = (Button) findViewById(R.id.unbind_service);
        getStatus = (Button) findViewById(R.id.get_status);
        intent = new Intent(this, MyBindService.class);
        bindService.setOnClickListener(onClickListener);
        unbindService.setOnClickListener(onClickListener);
        getStatus.setOnClickListener(onClickListener);
    }
    View.OnClickListener onClickListener = new View.OnClickListener() {
        @Override
        public void onClick(View v) {
            switch (v.getId()) {
                case R.id.bind_service:
                    //绑定指定的 Service
                    bindService(intent, sc, Service.BIND_AUTO_CREATE);
                    break;
                case R.id.unbind_service:
                    unbindService(sc);
                    break;
                case R.id.get_status:
                    Log.d("----Service 的 count 值为:", ""+ binder.getCount());
                    break;
            }
        }
    };
}
```

运行结果如图 11.2 和图 11.3 所示。

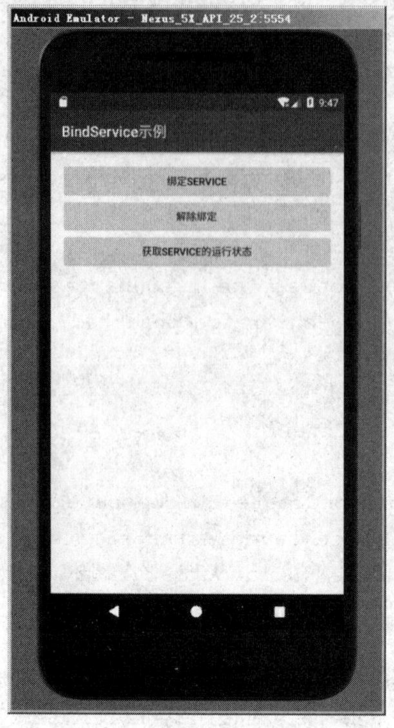

图 11.2　运行界面

分别单击绑定 Service、接触绑定、获取 Service 运行状态按钮，日志输出结果如图 11.3 所示。

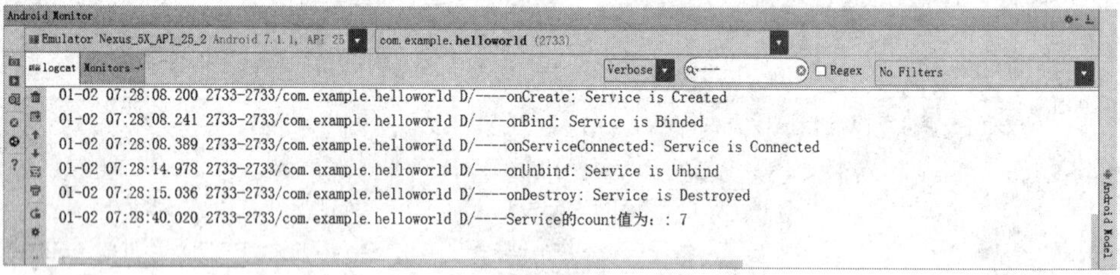

```
Android Monitor
Emulator Nexus_5X_API_25_2 Android 7.1.1, API 25    com.example.helloworld (2733)
logcat  Monitors    Verbose    Regex    No Filters
01-02 07:28:08.200 2733-2733/com.example.helloworld D/----onCreate: Service is Created
01-02 07:28:08.241 2733-2733/com.example.helloworld D/----onBind: Service is Binded
01-02 07:28:08.389 2733-2733/com.example.helloworld D/----onServiceConnected: Service is Connected
01-02 07:28:14.978 2733-2733/com.example.helloworld D/----onUnbind: Service is Unbind
01-02 07:28:15.036 2733-2733/com.example.helloworld D/----onDestroy: Service is Destroyed
01-02 07:28:40.020 2733-2733/com.example.helloworld D/----Service的count值为：: 7
```

图 11.3　日志结果

上面程序中首先通过 ServiceConnection 对象的 onServiceConnected(ComponentName name, IBinder service)方法获取 IBinder 对象，然后通过 bindService()方法绑定指定的 Service。获取该 Service 时通过 MyBind 对象访问 Service 的运行状态。

在实际开发中，MyBind 完全可以操作更多的数据，这个可根据业务需求来定。

11.1.4　Service 的生命周期

关于 Service 的生命周期，对应其启动方式也有两种，如图 11.4 所示。

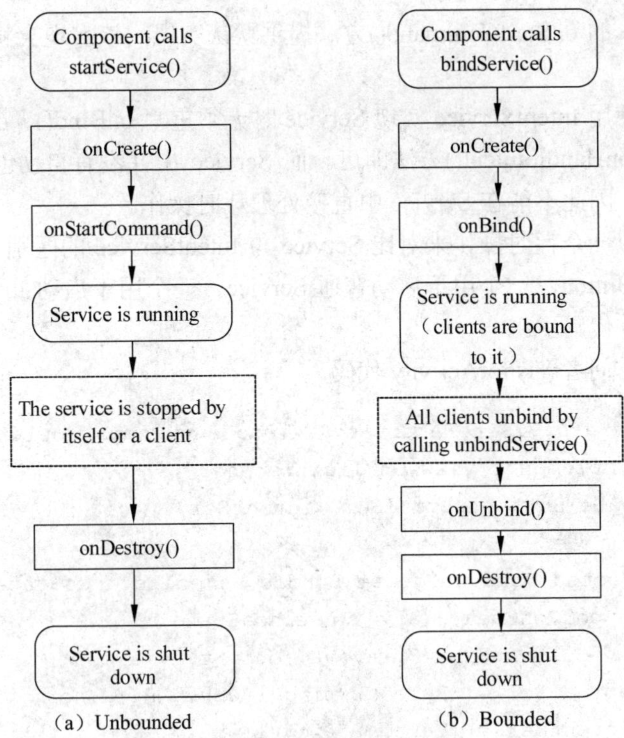

图 11.4　Service 生命周期

使用 startService()方法来启动 Service 时，其生命周期如图 11.4（a）所示。当使用 bindService()方法启动 Service 时，其生命周期如图 11.4（b）所示。

需要注意的是，当使用 bindService()方法绑定一个已启动的 Service 时，系统只是把 Service 内部的 IBinder 对象传给访问者（比如 Activity），并不是把该 Service 整个生命周期完全绑定给访问者，因而当访问者调用 unBindService()方法取消与该 Service 的绑定时，也只是切断了访问者与 Service 的联系，并没有停止 Service 运行，除非调用 onDestroy()方法。

11.1.5　IntentService 简介

IntentService 是 Service 的子类，一般子类都会比父类的功能更多更健全，IntentServive 也不例外。

与 Service 对比，IntentService 有以下几个特征。

- IntentService 会创建单独的 worker 线程来处理所有的 Intent 请求。
- IntentService 会创建单独的 worker 线程来处理 onHandleIntent()方法实现的代码，因此开发者无须处理多线程问题。
- 当所有请求处理完成之后，IntentService 会自动停止，因此开发者无须调用 stopSelf()方法来停止该 Service。
- 为 Service 的 onBind()方法提供了默认实现，默认实现的 onBind()方法返回 null。

- 为 Service 的 onStartCommand()方法提供默认实现，该实现会将请求 Intent 添加到队列中。

由此可见，使用 IntentService 实现 Service 时无须重写 onBind()、onStartCommand()方法，只要重写 onHandleIntent()方法即可。而 Service 中并没有自动创建新的线程，本身也不是新线程，因此不能在 Service 中直接处理耗时操作。

下面通过模拟一个耗时操作来对比 Service 与 IntentService 的区别。在一个 Activity 界面中放置两个 Button，一个用于启动普通 Service，一个用于启动 IntentService，这里就不展示界面部分代码了。

【例 11-4】 访问者 VisitorActivity 代码。

```
public class VisitorActivity extends AppCompatActivity
        implements View.OnClickListener {
    private Button normalSer, intentSer;
    @Override
    protected void onCreate(Bundle savedInstanceState) {
        super.onCreate(savedInstanceState);
        setContentView(R.layout.activity_visitor);
        normalSer = (Button) findViewById(R.id.normal_service);
        intentSer = (Button) findViewById(R.id.intent_service);
        normalSer.setOnClickListener(this);
        intentSer.setOnClickListener(this);
    }
    @Override
    public void onClick(View v) {
        switch (v.getId()) {
            case R.id.normal_service:
                Intent normal = new Intent(VisitorActivity.this,
                    NormalService.class);
                startService(normal);
                break;
            case R.id.intent_service:
                Intent intent = new Intent(VisitorActivity.this,
                    MyIntentService.class);
                startService(intent);
                break;
        }
    }
}
```

此处模拟耗时操作的做法是让线程暂停 20 秒，而普通 Service 的执行会阻塞主线程，一次启动该线程之后将导致应用出现 ANR(Application Not Responding)异常。定义的 Service 子类代码如下：

```
public class NormalService extends Service {
    @Override
    public IBinder onBind(Intent intent) {
        return null;
    }
    @Override
    public int onStartCommand(Intent intent, int flags, int startId) {
        Log.d("----NormalService 耗时任务开始", "" +
            System.currentTimeMillis());
        long endTime = System.currentTimeMillis() + 20 * 1000;
        if (System.currentTimeMillis() < endTime) {
            synchronized (this) {
                try {
                    //等待 20s，模拟耗时操作
                    wait(endTime - System.currentTimeMillis());
                } catch (InterruptedException e) {
                    e.printStackTrace();
                }
            }
        }
        Log.d("-----NormalService 耗时任务结束", "");
        return START_STICKY;
    }
}
```

IntentService 的实现类 MyIntentService 的代码如下：

```
public class MyIntentService extends IntentService {
    public MyIntentService() {
        super("MyIntentService");
    }
    @Override
    protected void onHandleIntent(Intent intent) {
        Log.d("----IntentService 耗时任务开始", "" +
            System.currentTimeMillis());
        long endTime = System.currentTimeMillis() + 20 * 1000;
        if (System.currentTimeMillis() < endTime) {
            synchronized (this) {
                try {
                    //等待 20s，模拟耗时操作
                    wait(endTime - System.currentTimeMillis());
                } catch (InterruptedException e) {
                    e.printStackTrace();
                }
```

```
            }
        }
        Log.d("-----IntentService 耗时任务结束", "");
    }
}
```

运行该程序，单击 VisitorActivity 界面中的“普通 Service”按钮，由于在 NormalService 中阻塞 UI 线程的时间太长，将会看到如图 11.5 所示的界面。

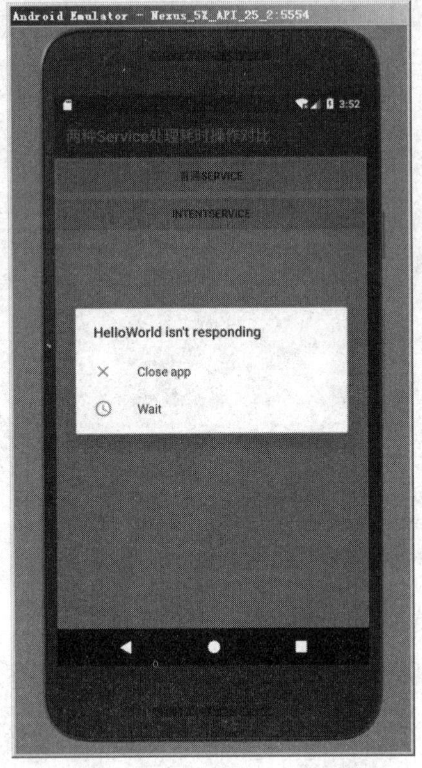

图 11.5 普通 Service 执行耗时操作导致的 ANR 异常

上面 MyIntentService 类继承了 IntentService，只实现了 onHandleIntent()方法，在该方法中同样模拟了耗时任务，但由于 IntentService 会使用单独的线程来完成该耗时操作，因此启动 MyIntentService 并不会阻塞前台线程。

重启该应用，单击 IntentService 按钮，此时 MyIntentService 开始执行耗时操作，但是由于 MyIntentService 有单独的 worker 线程，所以并不会阻塞 UI 线程，也就不会出现 ANR 异常。

11.2 电话管理器

电话管理器（TelephonyManager）是一个管理手机通话状态、电话网络信息的服务类，该类提供了大量的 getXxx()方法来获取电话网络的相关信息。

下面通过两个示例来演示 TelephonyManager 的使用。

【例 11-5】 获取设备网络和 SIM 信息。

```
public class MainActivity extends AppCompatActivity {
    private ListView listView;
    String[] data;
    int TELTPHONE_PERMISSION = 0;
    private TelephonyManager telMager;
    @Override
    protected void onCreate(Bundle savedInstanceState) {
        super.onCreate(savedInstanceState);
        setContentView(R.layout.activity_main);
        setTitle("TelephonyManager使用举例");
        listView = (ListView) findViewById(R.id.lv_content);
        //获取 TelephonyManager 对象
        telMager = (TelephonyManager)
            getSystemService(Context.TELEPHONY_SERVICE);
        if (ActivityCompat.checkSelfPermission(this,
                Manifest.permission.READ_PHONE_STATE)
                    == PackageManager.PERMISSION_GRANTED) {
            //获取设备编号
            String deviceID = "设备编号：" + telMager.getDeviceId();
            //获取软件版本
            String softVersion = "软件版本：" +
                telMager.getDeviceSoftwareVersion()
                    != null ? telMager.getDeviceSoftwareVersion():"未知";
            //获取网络运营商代号
            String netOperator = "运营商代号：" +
                telMager.getNetworkOperator();
            //获取网络运营商名称
            String netName = "运营商名称：" +
                telMager.getNetworkOperatorName();
            //获取 SIM 卡国别
            String simCountry ="SIM 卡国别：" +
                telMager.getSimCountryIso();
            //获取 SIM 卡序列号
            String simNum ="SIM卡序列号：" + telMager.getSimSerialNumber();
            //获取 SIM 卡状态
            String simState = "SIM 状态：" + telMager.getSimState() + "";
            data = new String[]{deviceID, softVersion, netOperator,
                netName, simCountry, simNum, simState};
            MyBaseAdapter myBaseAdapter =
                new MyBaseAdapter(MainActivity.this, data);
```

```
41            listView.setAdapter(myBaseAdapter);
42        } else {
43            ActivityCompat.requestPermissions(this, new String[]{
44                Manifest.permission.READ_PHONE_STATE},
45                    TELTPHONE_PERMISSION);
46        }
47    }
48    @Override
49    public void onRequestPermissionsResult(int requestCode,
50        @NonNull String[] permissions, @NonNull int[] grantResults) {
51        super.onRequestPermissionsResult(requestCode, permissions,
52                grantResults);
53        if (requestCode == TELTPHONE_PERMISSION) {
54            if (grantResults.length > 0 && grantResults[0] ==
55                PackageManager.PERMISSION_GRANTED) {
56                //获取设备编号
57                String deviceID = telMager.getDeviceId();
58                //获取软件版本
59                String softVersion = telMager.getDeviceSoftwareVersion()
60                    != null ? telMager.getDeviceSoftwareVersion():"未知";
61                //获取网络运营商代号
62                String netOperator = telMager.getNetworkOperator();
63                //获取网络运营商名称
64                String netName = telMager.getNetworkOperatorName();
65                //获取 SIM 卡国别
66                String simCountry = telMager.getSimCountryIso();
67                //获取 SIM 卡序列号
68                String simNum = telMager.getSimSerialNumber();
69                //获取 SIM 卡状态
70                String simState = telMager.getSimState() + "";
71                data = new String[]{deviceID, softVersion, netOperator,
72                    netName, simCountry, simNum, simState};
73            } else {
74                Toast.makeText(MainActivity.this, "读取设备权限被拒绝",
75                    Toast.LENGTH_LONG).show();
76            }
77        }
78    }
79 }
```

TelephonyManager 对象的调用如上面的第 13、14 行代码所示，只要调用该方法就会获取 TelephonyManager 对象。接下来就是利用各种 getXxx()方法获取相应的信息即可。同时要注意一个重要知识点，由于本书使用的模拟器系统版本为 7.1.1，在该版本中谷歌已经加强了手机权限管理。对于权限问题，在实际开发中经常会像 MainActivity.java 中解决权限的代码一样来解决该问题。MainActivity 对应的界面只使用了 ListView，这里不展示界面代码。与该 ListView 适配的 BaseAdapter 代码如下：

```
public class MyBaseAdapter extends BaseAdapter {
    public Context mContext;
    public String[] data;
    public MyBaseAdapter(Context context, String[] title) {
        this.mContext = context;
        this.data = title;
    }
    @Override
    public int getCount() {
        return data.length;
    }
    @Override
    public Object getItem(int position) {
        return null;
    }
    @Override
    public long getItemId(int position) {
        return 0;
    }
    @Override
    public View getView(int position, View convertView,
            ViewGroup parent) {
        LayoutInflater inflater = LayoutInflater.from(mContext);
        ViewHolder viewHolder;
        if (convertView == null) {
            convertView = inflater.inflate(R.layout.item_layout, null);
            viewHolder = new ViewHolder();
            viewHolder.tv_Content =
                convertView.findViewById(R.id.tv_content);
            convertView.setTag(viewHolder);
        } else {
            viewHolder = (ViewHolder) convertView.getTag();
        }
        viewHolder.tv_Content.setText(data[position]);
        return convertView;
    }
    static class ViewHolder{
        TextView tv_Content;
    }
}
```

运行结果如图 11.6 所示。

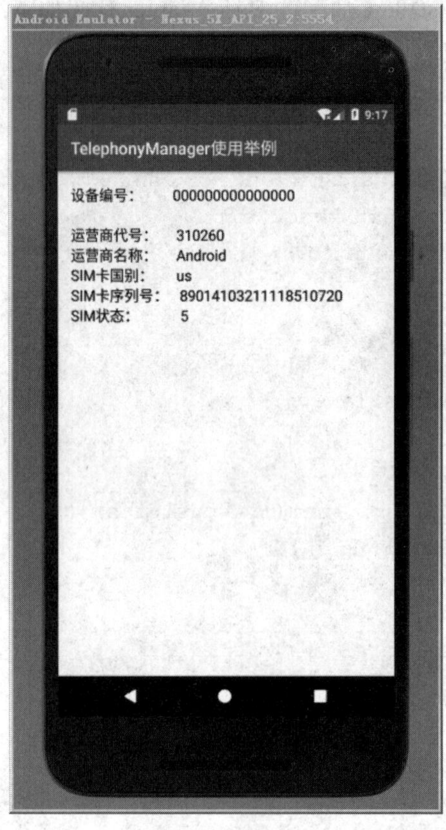

图 11.6　TelephonyManager 示例结果

除了在代码中进行权限请求外，最基本的步骤不能忘记，就是在清单文件中进行权限配置，具体代码如下：

```
<uses-permission android:name="android.permission.READ_PHONE_STATE"/>
```

至此例 11-5 已经编写完成。其实 TelephonyManager 除了提供一系列的 getXxx()方法外，还提供了一个 listen(PhoneStateListener listener, int events)来监听通话状态。下面通过例 11-6 来监听手机来电信息。

【例 11-6】 监听手机来电的具体方式如下：

```
public class ListenPhoneActivity extends AppCompatActivity {
    private TelephonyManager telMag;
    @Override
    protected void onCreate(Bundle savedInstanceState) {
        super.onCreate(savedInstanceState);
        setContentView(R.layout.activity_listen_phone);
        telMag = (TelephonyManager) getSystemService(
            Context.TELEPHONY_SERVICE);
```

```
        //创建一个通话监听器
        PhoneStateListener listener = new PhoneStateListener(){
            @Override
            public void onCallStateChanged(int state,
                String incomingNumber) {
                switch (state) {
                    //电话空闲时
                    case TelephonyManager.CALL_STATE_IDLE:
                        break;
                    case TelephonyManager.CALL_STATE_OFFHOOK:
                        break;
                    case TelephonyManager.CALL_STATE_RINGING:
                        //当电话铃声响时做相应操作
                        break;
                }
                super.onCallStateChanged(state, incomingNumber);
            }
        };
        telMag.listen(listener,
            PhoneStateListener.LISTEN_CALL_STATE);
    }
}
```

上面程序创建了一个 PhoneStateListener，它是一个通话状态监听器，可用于对 TelephonyManager 的监听。当手机来电时，在 CALL_STATE_RINGING 状态下进行相应操作即可。需要注意对权限的配置，与例 11-5 中类似。

11.3 短信管理器

短信管理器 SmsManager 也是一个非常常见的服务，它提供了一系列的 sendXxxMessage()方法用于发送短信。最常用的方法是 sendTextMessage()，它用于对文本内容进行发送。

【例 11-7】 发送短信示例。

```
public class SmsActivity extends AppCompatActivity {
    private EditText smsContent;
    private Button sendSms;
    @Override
    protected void onCreate(Bundle savedInstanceState) {
        super.onCreate(savedInstanceState);
        setContentView(R.layout.activity_sms);
```

```
        final SmsManager smsManager = SmsManager.getDefault();
        smsContent = (EditText) findViewById(R.id.sms_content);
        sendSms = (Button) findViewById(R.id.send_sms);
        sendSms.setOnClickListener(new View.OnClickListener() {
            @Override
            public void onClick(View v) {
                PendingIntent pi = PendingIntent.getActivity(
                        SmsActivity.this, 0, new Intent(), 0);
                smsManager.sendTextMessage(smsContent.getText().toString(),
                        null, smsContent.getText().toString(), pi, null);
            }
        });
    }
}
```

上面程序中调用了 PendingIntent 对象，它是对 Intent 的包装。PendingIntent 通常会传给其他应用组件，再由其他应用组件来执行其包装的 Intent。

最后一定要记住在清单文件中配置发送短信权限，具体代码如下：

```
<uses-permission android:name="android.permission.SEND_SMS" />
```

11.4 音频管理器

音频管理器（AudioManager）用来管理系统音量，调用 AudioManager 对象同样是通过 getSystemService()方法，接下来就可以通过它包含的方法开控制手机音频了。其中最常用的方法是 adjustStreamVolume(int streamType, int direction, int flags)，该方法用来调整手机指定类型的声音，其中第一个参数 streamType 是指定声音类型，常用的参数值如表 11.3 所示。

表 11.3 StreamType 常用参数值

参 数 值	说 明
STREAM_ALARM	手机闹铃的声音
STREAM_DTMF	DTMF（双音多拼）音调的声音
STREAM_MUSIC	手机音乐声音
STREAM_NOTIFICATION	系统提示音
STREAM_RING	电话铃声
STREAM_SYSTEM	手机系统声音
STREAM_VOICE_CALL	语音电话的声音

除了上述方法外，还有几个方法比较常用，如表 11.4 所示。

表 11.4 AudioManager 中常用的方法

方　法	说　明
setMicrophoneMute(boolean on)	设置是否让麦克风静音
setMode(int mode)	设置声音模式
setRingerMode(int ringerMode)	设置手机的电话铃声模式
setSpeakerphoneOn(boolean on)	是否打开手机扩音器
setStreamMute(int streamType, boolean state)	将指定类型的声音调整为静音
setStreamVolume(int streamType, int index, int flags)	设定指定类型的声音值

【例 11-8】 AudioManager 用法示例。

```
public class AudioMgrActivity extends AppCompatActivity
    implements View.OnClickListener{
    private Button play, increase, decrease;
    private AudioManager audMgr;
    @Override
    protected void onCreate(Bundle savedInstanceState) {
        super.onCreate(savedInstanceState);
        setContentView(R.layout.activity_audio_mgr);
        setTitle("AudioManager使用举例");
        audMgr = (AudioManager) getSystemService(
            Service.AUDIO_SERVICE);
        play = (Button) findViewById(R.id.play_music);
        increase = (Button) findViewById(R.id.inc);
        decrease = (Button) findViewById(R.id.dec);
        play.setOnClickListener(this);
        increase.setOnClickListener(this);
        decrease.setOnClickListener(this);
    }
    @Override
    public void onClick(View v) {
        switch (v.getId()) {
            case R.id.play_music:
                //使用MediaPlayer播放音乐
                MediaPlayer mediaPlayer = MediaPlayer.create(
                    AudioMgrActivity.this, R.raw.victory);
                //循环播放
                mediaPlayer.setLooping(true);
                mediaPlayer.start();
                break;
            case R.id.inc:
                audMgr.adjustStreamVolume(
                    AudioManager.STREAM_MUSIC,
                        AudioManager.ADJUST_RAISE,
```

```
                          AudioManager.FLAG_SHOW_UI);
                break;
            case R.id.dec:
                audMgr.adjustStreamVolume(
                    AudioManager.STREAM_MUSIC,
                        AudioManager.ADJUST_LOWER,
                            AudioManager.FLAG_SHOW_UI);
                break;
        }
    }
}
```

运行程序，单击增加音量按钮，结果如图 11.7 所示。

图 11.7　AudioManager

上面代码中首先通过 getSystemService()方法获取到 AudioManager 对象，然后再调用 adjustStreamVolume()方法调节音量大小即可。

11.5　手机闹钟服务

手机闹钟服务（AlarmManager）虽然名称上是闹钟的意义，但其实它的本质是一个全局定时器。AlarmManager 可在指定时间或指定周期启动相应的组件，包括 Activity、Service 以及 BroadcastReceiver。与前面介绍的几种管理器一样，AlarmManager 也是通过 getSystemService()方法获取 AlarmManager 对象，获取该对象之后，就可调用它包含的方法来设置定时启动指定组件，常用的方法如表 11.5 所示。

表 11.5　AlarmManager 中常用的方法

方　法	说　明
set(int type, long triggerAtTime, PendingIntent operation)	设置到 triggerAtTime 时间后启动由 operation 参数指定的组件
setInexactRepeating(int type, long triggerAtTime, long interval, PendingIntent operation)	设置一个非精准的周期性任务
setRepeating(int type, long triggerAtTime, long interval, PendingIntent operation)	设置一个周期性执行的定时服务
cancel(PendingIntent operation)	取消 AlarmManager 的定时任务

【例 11-9】 设置闹钟。

```
public class AlarmStartActivity extends AppCompatActivity {
    private Button alarmTime;
    @Override
    protected void onCreate(Bundle savedInstanceState) {
        super.onCreate(savedInstanceState);
        setContentView(R.layout.activity_alarm_start);
        alarmTime = (Button) findViewById(R.id.set_alarm);
        alarmTime.setOnClickListener(new View.OnClickListener() {
            @Override
            public void onClick(View v) {
                Calendar current = Calendar.getInstance();
                new TimePickerDialog(AlarmStartActivity.this, 0,
                    new TimePickerDialog.OnTimeSetListener() {
                    @Override
                    public void onTimeSet(TimePicker view, int hourOfDay,
                        int minute) {
                        Intent intent = new Intent(AlarmStartActivity.this,
                            AlarmActivity.class);
                        //创建 PendingIntent 对象
                        PendingIntent pi = PendingIntent.getActivity(
                            AlarmStartActivity.this, 0, intent, 0);
                        Calendar calendar = Calendar.getInstance();
                        calendar.setTimeInMillis(
                            System.currentTimeMillis());
                        //根据用户选择时间来设置 Calendar 对象
```

```
                    calendar.set(Calendar.HOUR, hourOfDay);
                    calendar.set(Calendar.MINUTE, minute);
                    //获取 AlarmManager
                    AlarmManager alarmManager = (AlarmManager)
                        getSystemService(Service.ALARM_SERVICE);
                    //设置 AlarmManager 将在 Calendar 指定的时刻
                    // 启动 AlarmActiviy
                    alarmManager.set(AlarmManager.RTC_WAKEUP,
                        calendar.getTimeInMillis(), pi);
                    Toast.makeText(AlarmStartActivity.this,"闹钟设置成功",
                        Toast.LENGTH_LONG).show();
                }
            }, current.get(Calendar.HOUR_OF_DAY),
                current.get(Calendar.MINUTE), false).show();
        }
    });
  }
}
```

上面程序中为 AlarmManager 设置了 AlarmManager.RTC_WAKEUP 选项，该选项意味着即使在系统处于关机状态下，到了系统预设的闹钟时间，AlarmManager 也会控制系统启动 AlarmActivity 组件，即闹钟界面。其中闹钟界面 AlarmManager 具体代码如下：

```
public class AlarmActivity extends AppCompatActivity {
    private Vibrator vibrFator;
    @Override
    protected void onCreate(Bundle savedInstanceState) {
        super.onCreate(savedInstanceState);
        setContentView(R.layout.activity_alarm);
        vibrFator = (Vibrator) getSystemService(
            Service.VIBRATOR_SERVICE);
        vibrFator.vibrate(new long[]{400, 800, 1200, 1600}, 0);
        new AlertDialog.Builder(AlarmActivity.this)
                .setTitle("闹钟时间到了")
                .setPositiveButton("关闭", new
                    DialogInterface.OnClickListener() {
                    @Override
                    public void onClick(DialogInterface dialog, int which){
                        vibrFator.cancel();
                        AlarmActivity.this.finish();
```

```
                    }
                }).show();
    }
}
```

运行结果如图 11.8 所示。

(a)

(b)

图 11.8 设置闹钟结果图

在图 11.8（a）中单击设置闹钟按钮后弹出钟表弹框，图 11.8（b）是闹钟时间到之后的界面。AlarmActivity 中设置闹钟时间到时手机开始震动，单击关闭选项后退出该页面。

11.6 接收广播消息

广播接收者（BroadcastReceiver）属于安卓四大组件中的一个，它本质上是一个全局监听器，用于监听系统的全局广播消息。利用它可以很方便地实现不同组件之间的通信，就好比村长通过村广播播放一条消息之后，村民只要在接收范围内都可以接收到该消息。

11.6.1 BroadcastReceiver 简介

BroadcastReceiver 用于接收程序发出的 Broadcast Intent，不管是开发者自己开发的程序还是系统内部的程序，它都可以接收到。从这个意义上来讲，BroadcastReceiver 是一个系统级的监听器，专门负责监听各程序发出的 Broadcast。它的启动方式与 Activity、Service 类似，具体步骤如下：

（1）创建需要启动的 BroadcastReceiver 的 Intent。

（2）调用 Context 的 sendBroadcast()或 sendOrderedBroadcast()方法启动 BroadcastReceiver。

实现 BroadcastReceiver 的方式很简单，子类只需要实现 BroadcastReceiver 的 onReceiver()方法即可。实现该类之后，需要为该 BroadcastReceiver 指定能匹配的 Intent。这就像是两个地下党员传递情报一样，只有对上暗号才会把消息传递出去，而指定的 Intent 作用就像“暗号”一样。具体配置方式有以下两种。

- 在代码中配置，示例代码如下：

```
IntentFilter filter = new IntentFilter("FIRST_RECEIVER");
MyReceiver myReceiver = new MyReceiver();
registerReceiver(myReceiver, filter);
```

- 在清单文件 AndroidManifest.xml 中配置，示例代码如下：

```
<receiver android:name=".MyReceiver">
     <intent-filter>
          <action android:name="FIRST_RECEIVER"/>
      </intent-filter>
</receiver>
```

需要注意的是，onReceive()方法中不能执行耗时操作，如果该方法不能在 10s 中执行完操作，则会导致 ANR（Application No Response）。如果不可避免地要在 Broadcast-Receiver 中使用耗时操作，建议使用 Service 完成该操作。

11.6.2 发送广播

接收广播之前要有广播消息发送进来。发送广播的方式也很简单，只需要调用 Context 的 sendBroadcast(Intent intent)方法即可。

【例 11-10】 发送广播示例。

```
public class SendBroadcastActivity extends AppCompatActivity {
    private Button send;
```

```
    private EditText content;
    private MyReceiver myReceiver;
    @Override
    protected void onCreate(Bundle savedInstanceState) {
        super.onCreate(savedInstanceState);
        setContentView(R.layout.activity_sms);
        setTitle("发送广播页面");
        send = (Button) findViewById(R.id.send_broadcast);
        content = (EditText) findViewById(R.id.sms_content);
        IntentFilter filter = new IntentFilter();
        filter.addAction("BROADCAST_FILTER");
        myReceiver = new MyReceiver();
        registerReceiver(myReceiver, filter);
        send.setOnClickListener(new View.OnClickListener() {
            @Override
            public void onClick(View v) {
                Intent intent = new Intent();
                intent.setAction("BROADCAST_FILTER");
                intent.putExtra("msg", content.getText().toString());
                sendBroadcast(intent);
            }
        });
    }
    public class MyReceiver extends BroadcastReceiver{
        @Override
        public void onReceive(Context context, Intent intent) {
            Toast.makeText(context, "接收到的消息是-->" +
                intent.getStringExtra("msg"), Toast.LENGTH_LONG).show();
        }
    }
    @Override
    protected void onDestroy() {
        super.onDestroy();
        unregisterReceiver(myReceiver);
    }
}
```

运行该程序，结果如图 11.9 所示。

上面程序中，首先通过代码动态注册了一个广播，然后在按钮的单击事件中创建一个 Intent 对象，再利用该 Intent 对象对外发送一条广播。上面代码中的 MyReceiver 一般是在其他组件中使用，本示例是为了让大家好理解所以放在一个组件中使用。

图 11.9　发送与接收广播示例

11.6.3　有序广播

Broadcast 分为普通广播（Normal Broadcast）和有序广播（Ordered Broadcast）两种，具体解释如下。

- Normal Broadcast：普通广播是完全异步的，理论上可以在同一时刻被所有接收者接收到，消息传递的效率比较高。缺点是接收者不能将处理结果传递给下一个接收者，并且无法终止 Broadcast Intent 的传播。
- Ordered Broadcast：有序广播，顾名思义是接收者按照事先声明的优先级依次接收 Broadcast。优先级的声明是在<intent-filter…>的 priority 属性中，数值越大优先级越高，取值范围为–1000～1000，也可以通过调用 IntentFilter 对象的 setPriority()进行设置。相比普通广播，有序广播可以让接收者的下一个接收者接收到消息，它也可以终止 Broadcast Intent 传播。

【例 11-11】 有序广播示例。

```
public class OrderBroadActivity extends AppCompatActivity {
    private Button send;
    @Override
    protected void onCreate(Bundle savedInstanceState) {
        super.onCreate(savedInstanceState);
```

```
        setContentView(R.layout.activity_order_broad);
        send = (Button) findViewById(R.id.send_orderBroad);
        send.setOnClickListener(new View.OnClickListener() {
            @Override
            public void onClick(View v) {
                Intent intent = new Intent();
                intent.setAction("SEND_ORDER_BROAD");
                intent.putExtra("order_msg", "有序广播消息");
                sendOrderedBroadcast(intent, null);
            }
        });
    }
    public static class FirstOrderReceiver extends BroadcastReceiver{
        @Override
        public void onReceive(Context context, Intent intent) {
            Toast.makeText(context, "第一个广播接收者接收到的消息" +
                    intent.getStringExtra("order_msg"),
                        Toast.LENGTH_LONG).show();
            //创建一个 Bundle 对象，并存入数据
            Bundle bundle = new Bundle();
            bundle.putString("first","第一个BroadcastReceiver存入的消息");
            //将 bundle 放入结果中
            setResultExtras(bundle);
        }
    }
    public static class SecondOrderReceiver extends BroadcastReceiver{
        @Override
        public void onReceive(Context context, Intent intent) {
            Bundle bundle = getResultExtras(true);
            String msgFromFirst = bundle.getString("first");
            Toast.makeText(context, "取出第一个 Broadcast 存入的消息--->" +
                msgFromFirst, Toast.LENGTH_LONG).show();
        }
    }
}
```

上面代码中使用 sendOrderedBroadcast()发送了一个有序广播，第一个有序广播接收者 FirstOrderReceiver 不仅处理了它所接收到的消息，而且向处理结果中存入了 key 为 first 的消息，而这个消息可以被第二个 BroadcastReceiver 解析出来。在 AndroidManifest.xml 文件中配置这两个接收者，具体配置片段如下：

```
<receiver android:name=".OrderBroadActivity$FirstOrderReceiver">
    <intent-filter android:priority="20">
```

```
        <action android:name="SEND_ORDER_BROAD"/>
    </intent-filter>
</receiver>
<receiver android:name=".OrderBroadActivity$SecondOrderReceiver">
    <intent-filter android:priority="0">
        <action android:name="SEND_ORDER_BROAD"/>
    </intent-filter>
</receiver>
```

运行该程序，单击“发送有序广播”按钮，结果如图 11.10 所示。

图 11.10　发送与接收广播示例

11.7　本章小结

本章介绍了 Service 与 BroadcastReceiver 两个组件，与前面介绍的 Activity 和 ContentProvider 构成 Android 中的四大组件。学习 Service 需要重点掌握创建、配置 Service 组件，以及如何启动、停止 Service；其中 IntentService 是需要重点掌握的内容。学习 BroadcastReceiver 需要掌握创建、配置 BroadcastReceiver 组件，以及如何发送 Broadcast。除此之外，本章还介绍了大量系统 Service 的功能和用法，包括 TelephonyManager、SmsManager、AudioManager、AlarmManager 等，需要大家熟练掌握并能熟练使用。

11.8 习 题

1．填空题

（1）在 Android 系统中运行 Service 有________、________两种方式。

（2）在清单文件中配置 Service 时 enabled 属性是指________。

（3）用 startService()启动 Service 时，使用________方法停止 Service。

（4）使用 IntentService 实现 Service 时，只要重写________方法即可。

（5）使用 bindService()方法绑定一个已启动的 Service 时，需要________对象将访问者（比如 Activity）与 Service 绑定。

2．选择题

（1）TelephonyManager 提供了大量的（　　）方法来获取电话网络的相关信息。

A．getXxx()　　B．sendTextMessage()
C．adjustStreamVolume()　　D．getSystemService()

（2）SmsManager 用于对文本内容进行发送的方法是（　　）。

A．getXxx()　　B．sendTextMessage()
C．adjustStreamVolume()　　D．getSystemService()

（3）AudioManager 用来调整手机指定类型的声音的方法是（　　）。

A．getXxx()　　B．sendTextMessage()
C．adjustStreamVolume()　　D．getSystemService()

（4）获取 AlarmManager 对象是通过（　　）方法。

A．getXxx()　　B．sendTextMessage()
C．adjustStreamVolume()　　D．getSystemService()

（5）实现 BroadcastReceiver 的子类中只需要实现（　　）方法即可。

A．sendBroadcast()　　B．onReceiver()
C．sendOrderedBroadcast()　　D．sendTextMessage()

3．思考题

在 Android 系统中运行 Service 的两种方式有什么区别？

4．编程题

使用 IntentService 编写程序实现主线程进度条显示后台耗时任务的执行进度，主线程和后台子线程通过广播机制进行通信。

第12章 chapter 12

Android 网络应用

本章学习目标

- 掌握 TCP 协议的基础。
- 掌握使用 Socket 进行网络通信。
- 掌握使用 URLConnection 提交请求。
- 掌握 HttpURLConnection 的使用。
- 掌握 WebService 的基本知识。

现在智能手机越来越普及，用智能手机看视频、打游戏已成为如今大部分人离不开的日常活动，因此网络支持对于手机应用的重要性不言而喻。Android 系统完全支持 JDK 本身的 TCP、UDP 网络通信 API，也支持 JDK 提供的 URL、URLConnection 等网络通信 API。不仅如此，Android 还内置了 HttpClient，这样可以很方便地发送 HTTP 请求，并获取 HTTP 响应，通过内置的 HttpClient，Android 大大简化了与网站之间的交互。本章就来讲解开发中经常使用到的网络应用基础知识。

12.1 基于 TCP 协议的网络通信

TCP/IP 协议的全称是 Transmission Control Protocol/Internet Protocol，译为“传输控制协议/因特网互联协议”，又名网络通信协议，是 Internet 最基本的协议。它的工作过程是在通信的两端各建一个 Socket（本质是编程接口），从而在通信的两端之间形成网络虚拟链路。一旦该虚拟链路建立，两端的程序就可通过该链路进行通信。

12.1.1 TCP 协议基础

了解计算机网络体系结构对 TCP 协议的掌握有很大帮助，计算机网络体系结构如图 12.1 所示。

从图 12.1 中可以看出，在网络层中 IP 协议是一个关键协议，通过使用该协议，使 Internet 成为一个允许连接不同类型的计算机和不同操作系统的网络。IP 协议负责将消息从一个主机传送到另一个主机，保证了计算机之间可以发送和接收数据，但它并不能解决数据分组在传输过程中可能出现的问题。因此，若要解决可能出现的问题，就需要使用 TCP 协议。

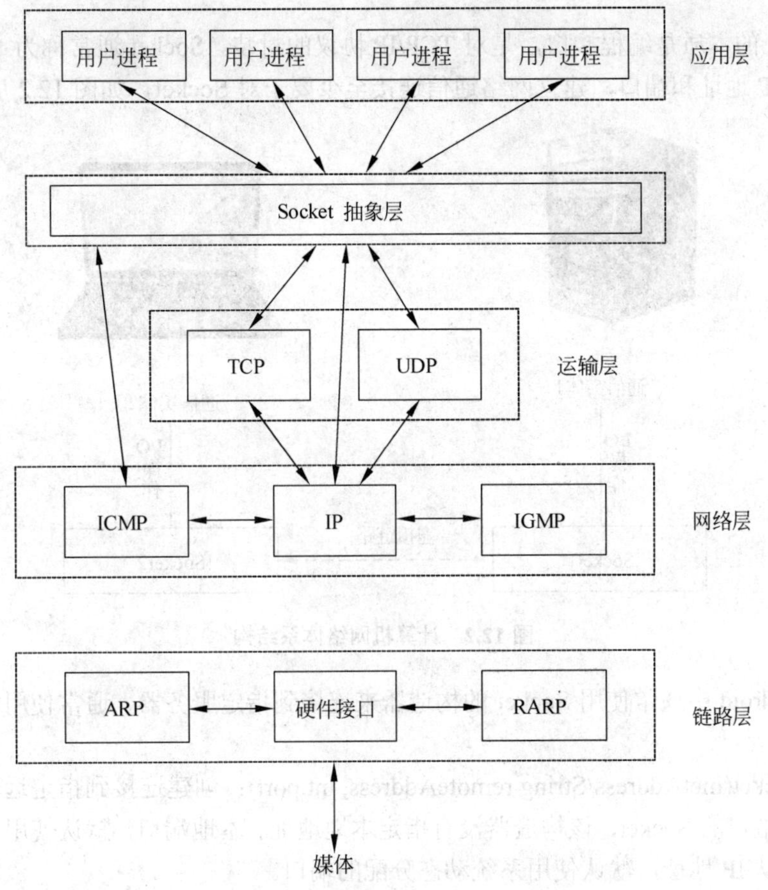

图 12.1 计算机网络体系结构

TCP 协议又被称为端对端协议，因为当两台计算机远程连接时，TCP 协议会为它们建立一个发送和接收数据的虚拟链路。TCP 协议负责收集信息包，并将其按适当的次序放好用于传送，在接收端收到信息包后再将其正确地还原。这种方式保证了数据包在传送中准确无误。

TCP 协议使用重发机制：当计算机 A 发送一条消息给计算机 B 后，需要收到计算机 B 的确认信息，如果 A 没有收到 B 的确认信息，则会重新发送消息。这种重发机制保证了通信的可靠性，即使在 Internet 出现堵塞的情况下依然能保证消息传送成功。

综上所述，虽然 TCP 与 IP 这两个协议的功能有所区别，也都可以单独使用，但其实它们在功能上是互补的。只有两者结合，才能保证 Internet 在复杂的环境中正常运行。凡是要连接到 Internet 的计算机，都必须同时安装和使用这两个协议，因此在实际应用中通常把这两个协议统称为 TCP/IP 协议。

12.1.2 使用 Socket 进行通信

Socket 的本质是编程接口，是对 TCP/IP 协议的封装。Socket 通常称为“套接字”，用于描述 IP 地址和端口，建立网络通信连接至少要一对 Socket，如图 12.2 所示。

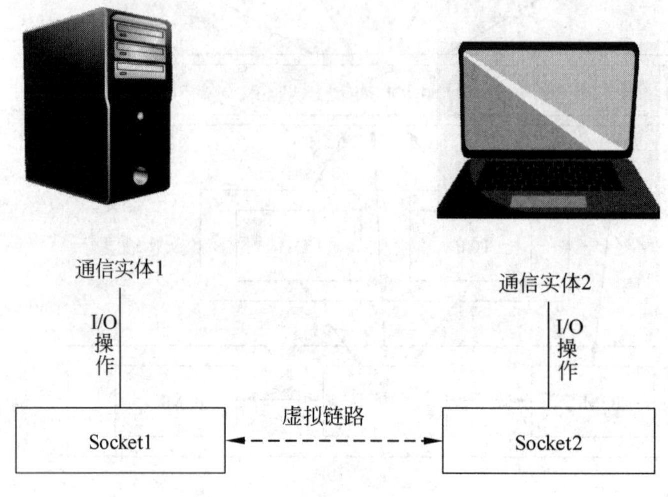

图 12.2　计算机网络体系结构

在 Android 中通常使用 Socket 的构造器来连接到指定服务器，通常使用如下两个构造器。

- Socket(InetAddress/String remoteAddress, int port)：创建连接到指定远程主机、远程端口的 Socket，该构造器没有指定本地地址、本地端口，默认使用本地主机的默认 IP 地址，默认使用系统动态分配的端口。
- Socket(InetAddress/String remoteAddress, int port, InetAddress localAddr, int localPort)：创建连接到指定远程主机、远程端口的 Socket，并指定本地 IP 地址和本地端口，适用于本地主机有多个 IP 地址的情况。

客户端利用 Socket 请求连接服务器，那么服务器端如何获取客户端的连接请求呢？在 Java 中能接收客户端连接请求的类是 ServerSocket，一般使用步骤如下。

（1）创建 ServerSocket 对象：ServerSocket 的构造方法有三种，根据参数个数的不同来区分。

（2）调用 accept()方法与客户端 Socket 连接：如果服务器端接收到一个客户端 Socket 的连接请求，该方法将返回一个与连接客户端 Socket 对应的 Socket；否则该方法将一直处于等待状态，线程也被阻塞。

下面通过一个示例演示 ServerSocket 与 Socket 的连接，其中 ServerSocket 在 PC 端运行，Socket 在安卓端运行。

【例 12-1】 服务器端 ServerSocket 具体代码。

```
public class ServerSocketDemo{
```

```
    public static void main(String[] args) throws IOException {
        ServerSocket ss = new ServerSocket(9999, 10,
            InetAddress.getByName("10.18.45.152"));
        System.out.println(ss.getInetAddress());
        System.out.println("服务端正在发送消息....");
        Socket socket = ss.accept();
        OutputStream os = socket.getOutputStream();
        //向客户端发送 111111 消息
        os.write("111111\n".getBytes("utf-8"));
        //接收客户端发来的消息
        InputStream is = socket.getInputStream();
        byte[] b = new byte[20];
        int len;
        while((len = is.read(b)) != -1) {
            String str = new String(b, 0, len);
            System.out.println("收到客户端消息--->" + str);
        }
        is.close();
        os.close();
        socket.close();
        ss.close();
    }
}
```

上面代码中 ServerSocket 在 IP 地址为 10.18.45.152，端口号为 9999 下监听客户端的连接请求。连接成功后，先打开 Socket 对应的输出流，并向输出流中写入“111111”发送给客户端，接着打开输入流，用于接收客户端发来的消息。

客户端具体代码如下：

```
public class SocketDemoActivity extends AppCompatActivity{
    private EditText receiveMsg;
    @Override
    protected void onCreate(Bundle savedInstanceState) {
        super.onCreate(savedInstanceState);
        setContentView(R.layout.activity_socket_demo);
        receiveMsg = (EditText) findViewById(R.id.server_msg);
        new Thread() {
            @Override
            public void run() {
                super.run();
                try {
                    Socket s = new Socket(
                        InetAddress.getByName("10.18.45.152"), 9999);
                    //将 Socket 对应的输入流包装成 BufferedReader
```

```
16                    BufferedReader br = new BufferedReader(
17                        new InputStreamReader(s.getInputStream()));
18                    String line = br.readLine();
19                    receiveMsg.setText(line);
20                    //打开输出流向服务器发送 222222 消息
21                    OutputStream os = s.getOutputStream();
22                    os.write("222222".getBytes("utf-8"));
23                    s.shutdownOutput();
24                    br.close();
25                    os.close();
26                    s.close();
27                } catch (IOException e) {
28                    e.printStackTrace();
29                }
30            }
31        }.start();
32    }
33 }
```

上面第 13、14 行代码将客户端 Socket 与服务器端 ServerSocket 连接起来，连接之后就可以通过 Socket 获取输入流、输出流进行通信。通过该程序不难看出，一旦使用 ServerSocket、Socket 建立网络连接之后，程序通过网络通信与普通 I/O 就没有多大区别了。

首先运行服务器端代码，结果如图 12.3 所示。

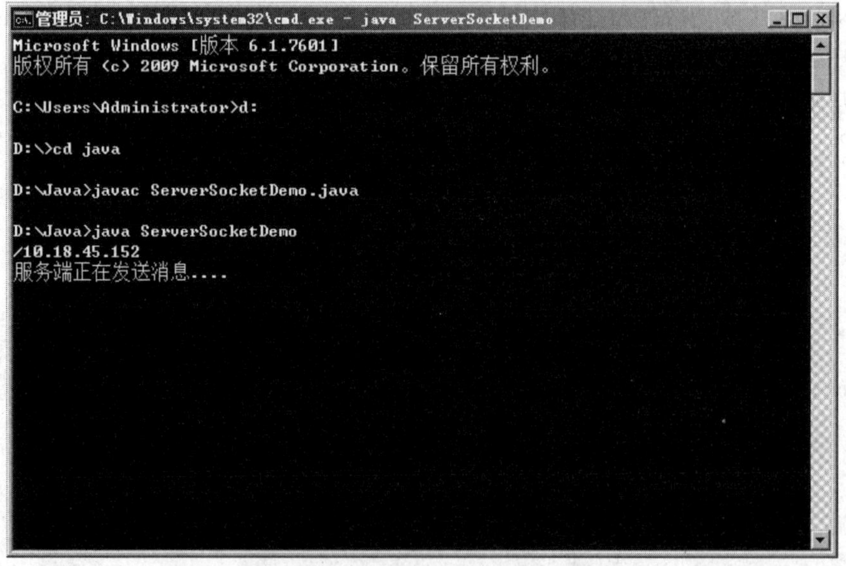

图 12.3　服务器端启动之后

服务器端启动之后开始运行客户端，结果如图 12.4 所示。

图 12.4　客户端收到服务器发来的消息

从图 12.4 可以看到客户端收到了服务器端发来的消息“111111”，此时服务器端也收到客户端发来的消息“222222”，结果如图 12.5 所示。

图 12.5　服务器端收到客户端发来的消息

从图 12.4 与图 12.5 中可以看出客户端与服务器端通信成功，至此本案例讲解完成。

在本例中需要注意的是 IP 地址一定要正确，查询 IP 地址的方法是在 DOS 界面输入 ipconfig 命令，找到 IPv4 地址就是服务器对应的 IP 网络地址。

12.1.3 加入多线程

在实际应用中，客户端需要和服务器端保持长时间通信。即服务器需要不断读取客户端数据，并向客户端写入数据；客户端也需要不断读取服务器数据，并向服务器写入数据。考虑到使用传统的 BufferedReader.readline()方法读取数据时，线程会被阻塞而无法继续执行，服务器端需要为每个 Socket 单独启动一条线程，每条线程负责与一个客户端进行通信。

下面通过一个 C/S 聊天室示例来讲解 Socket 与多线程的配合使用。每当一个客户端加入，服务器端就会启动一条新线程为其服务，该线程负责读取客户端发送过来的数据，并将该数据发送给每个客户端。

【例 12-2】 服务器端 ChatSocket 具体代码。

```
public class ChatServer {
    public static ArrayList<Socket> socketList = new ArrayList<Socket>();
    public static void main(String[] args) throws IOException{
        ServerSocket serverSocket = new ServerSocket(9999);
        while (true) {
            Socket socket = serverSocket.accept();
            socketList.add(socket);
            new Thread(new ChatServerThread(socket)).start();
        }
    }
}
```

上面的服务器端代码负责接收客户端 Socket 的连接请求，每当客户端 Socket 连接到该 ServerSocket 之后，就会被保存在 socketList 中，并为该 Socket 启动一条线程，该线程负责处理该 Socket 所有的通信任务。其中 ChatServerThread 线程类具体代码如下：

```
public class ChatServerThread implements Runnable{
    Socket socket = null;
    BufferedReader br = null;
    public ChatServerThread(Socket socket) throws IOException{
        this.socket = socket;
        br = new BufferedReader(new InputStreamReader(
              socket.getInputStream(), "utf-8"));
    }
    @Override
    public void run() {
        String content = null;
        //不断从 Socket 中读取客户端发送过来的数据
```

```
        while ((content = dataFromClient()) != null) {
            //遍历 socketList
            for (Iterator<Socket> it = ChatServer.socketList.iterator();
                    it.hasNext();) {
                try {
                    Socket s = it.next();
                    OutputStream os = s.getOutputStream();
                    os.write((content + "\n").getBytes("utf-8"));
                } catch (IOException e) {
                    e.printStackTrace();
                    it.remove();
                    System.out.println(ChatServer.socketList);
                }
            }
        }
    }
    private String dataFromClient() {
        try {
            return br.readLine();
        } catch (IOException e) {
            e.printStackTrace();
            ChatServer.socketList.remove(socket);
        }
        return null;
    }
}
```

上面的线程类中使用 dataFromClient()方法读取客户端发来的消息，如果在读取数据过程中出现异常则从 socketList 中删除该 Socket。如果从客户端 Socket 读取到数据，则将该数据写入 OutputStream 输出流中。

服务器端代码完成后，开始客户端代码的编写，首先来看客户端线程类的编写。

```
public class ClientThread implements Runnable {
    private static int MSG = 0;
    //向 UI 线程发送消息的 Handler
    private Handler handler;
    private Socket socket;
    //socket 对应的输入流
    private BufferedReader br;
    private OutputStream os;
    //接收 UI 线程的消息
    public Handler recvHandler;
    public ClientThread(Handler handler) {
        this.handler = handler;
```

```
    }
    @Override
    public void run() {
        try {
            socket = new Socket("10.18.45.152", 9999);
            br = new BufferedReader(new InputStreamReader(
                socket.getInputStream()));
            os = socket.getOutputStream();
            //启动子线程读取服务器数据
            new Thread(){
                @Override
                public void run() {
                    super.run();
                    String content = null;
                    //不断读取 socket 输入流中的内容
                    try {
                        while ((content = br.readLine()) != null) {
                            //读取到消息之后发送给 handler
                            Message message = new Message();
                            message.what = MSG;
                            message.obj = content;
                            handler.sendMessage(message);
                        }
                    } catch (IOException e) {
                        e.printStackTrace();
                    }
                }
            }.start();
            //为当前线程初始化 Looper
            Looper.prepare();
            recvHandler = new Handler() {
                @Override
                public void handleMessage(Message msg) {
                    super.handleMessage(msg);
                    if (msg.what == 1) {
                        //将用户在文本框内输入的内容写入网络
                        try {
                            os.write((msg.obj.toString() + "\r\n")
                                .getBytes("utf-8"));
                        } catch (IOException e) {
                            e.printStackTrace();
                        }
                    }
                }
```

```
            };
            //启动 Looper
            Looper.loop();
        } catch (SocketTimeoutException ee){
            Log.d("-----", "连接超时");
        } catch (IOException e) {
            e.printStackTrace();
        }
    }
}
```

上面ClientThread子线程负责建立与远程服务器的连接，并负责与远程服务器通信，读到数据之后便通过Handler对象发送一条消息；当该子线程收到UI线程发送过来的消息后，负责将用户输入消息发给远程服务器。

在用户界面ChatActivity中使用ClientThread与远程服务器进行交互，ChatActivity具体代码如下：

```
public class ChatActivity extends AppCompatActivity
        implements View.OnClickListener{
    private EditText content;
    private Button send;
    private TextView show;
    private Handler handler;
    private ClientThread clientThread;
    @Override
    protected void onCreate(Bundle savedInstanceState) {
        super.onCreate(savedInstanceState);
        setContentView(R.layout.activity_chat);
        setTitle("客户端");
        initViews();
        handler = new Handler(){
            @Override
            public void handleMessage(Message msg) {
                super.handleMessage(msg);
                if (msg.what == 0) {
                    show.append("\n" + msg.obj.toString());
                }
            }
        };
        clientThread = new ClientThread(handler);
        new Thread(clientThread).start();
    }
    public void initViews() {
        content = (EditText) findViewById(R.id.et_content);
```

```
28          send = (Button) findViewById(R.id.btn_send);
29          show = (TextView) findViewById(R.id.tv_content);
30          send.setOnClickListener(this);
31      }
32      @Override
33      public void onClick(View v) {
34          Message msg = new Message();
35          msg.what = 1;
36          msg.obj = content.getText().toString();
37          clientThread.recvHandler.sendMessage(msg);
38          content.setText("");
39      }
40  }
```

上面用户界面 ChatActivity 包含三个控件，其中 EditText 用于用户输入内容，Button 用于发送消息，TextView 用于显示其他客户端发送过来的消息。第 37 行代码用于发送用户输入内容。

首先运行 ChatServer.java 代码，该类作为服务器，看不到任何输入内容。接着运行 Android 客户端 ChatActivity 代码，当用户在 EditText 中输入内容后单击 Button 发送该消息，将看到所有客户端都收到了该内容。

12.2 使用 URL 访问网络资源

12.2.1 使用 URL 读取网络资源

URL（Uniform Resource Locator）对象代表统一资源定位器，它是指向互联网“资源”的指针。资源可以是简单的文件或目录，也可以是对更复杂的对象的引用。通常而言，URL 可以由协议名、主机、端口和资源组成。例如如下的 URL 地址：

```
http://www.qfedu.com/android/
```

URL 类提供了多个构造方法用于创建 URL 对象，一旦获得了 URL 对象之后，可以调用如表 12.1 所示的常用方法来访问该 URL 对应的资源。

表 12.1　URL 常用方法

方　法	说　明
String getFile()	获取此 URL 的资源名
String getHost()	获取此 URL 的主机名
String getPath()	获取此 URL 的路径部分
int getPort()	获取此 URL 的端口号
String getProtocol()	获取此 URL 的协议名称

续表

方　法	说　明
String getQuery()	获取此 URL 的查询字符串部分
URLConnection openConnection()	返回一个 URLConnection 对象，表示到 URL 所引用的远程对象的连接
InputStream openStream()	打开与此 URL 的连接

12.2.2 使用 URLConnection 提交请求

URL 对象中前面几个方法都非常容易理解，而该对象提供的 openStream()可以读取该 URL 资源的 InputStream，通过该方法可以非常方便地读取远程资源。

下面的程序示范如何通过 URL 类读取远程资源：

```
public class URLDemoActivity extends Activity {
    Bitmap bitmap;
    ImageView imgShow;
    Handler handler = new Handler(){
        @Override
        publicvoid handleMessage(Message msg) {
            if (msg.what == 0x125) {
                //显示从网上下载的图片
                imgShow.setImageBitmap(bitmap);
            }
        }
    };
    @Override
    protectedvoid onCreate(Bundle savedInstanceState) {
        super.onCreate(savedInstanceState);
        setContentView(R.layout.main);
        imgShow = (ImageView)findViewById(R.id.imgShow);
        //创建并启动一个新线程用于从网络上下载图片
        new Thread(){
            @Override
            publicvoid run() {
                // TODO Auto-generated method stub
                try {
                    //创建一个 URL 对象
                    URL url = new URL(
                        "http://www.qfedu.com/images/new_logo.png");
                    //打开 URL 对应的资源输入流
                    InputStream is = url.openStream();
                    //把 InputStream 转化成 ByteArrayOutputStream
                    ByteArrayOutputStreambaos=newByteArrayOutputStream();
```

```
                    byte[] buffer = new byte[1024];
                    int len;
                    while ((len = is.read(buffer)) > -1 ) {
                        baos.write(buffer, 0, len);
                    }
                    baos.flush();
                    is.close();//关闭输入流
                    //将 ByteArrayOutputStream 转化成 InputStream
                    is = new ByteArrayInputStream(baos.toByteArray());
                    //将 InputStream 解析成 Bitmap
                    bitmap = BitmapFactory.decodeStream(is);
                    //通知 UI 线程显示图片
                    handler.sendEmptyMessage(0x125);
                    //再次将 ByteArrayOutputStream 转化成 InputStream
                    is = new ByteArrayInputStream(baos.toByteArray());
                    baos.close();
                    //打开手机文件对应的输出流
                    OutputStreamos=openFileOutput("dw.jpg",MODE_PRIVATE);
                    byte[] buff = new byte[1024];
                    int count=0;
                    //将 URL 对应的资源下载到本地
                    while ((count = is.read(buff)) > 0) {
                        os.write(buff, 0, count);
                    }
                    os.flush();
                    //关闭输入输出流
                    is.close();
                    os.close();
                } catch (Exception e) {
                    // TODO Auto-generated catch block
                    e.printStackTrace();
                }
            }
        }.start();
    }
}
```

上面的程序先将 URL 对应的图片资源转换成 Bitmap，然后将此资源下载到本地。为了不多次读取 URL 对应的图片资源，本应用将 URL 获取的资源输入流转换成了 ByteArrayInputStream，当需要使用输入流时，再将 ByteArrayInputStream 转换成输入流即可。这样就可以做到一次访问网络资源多次使用的目的，避免了客户端不必要的流量开支。

本引用需要增加权限才可以访问网络，具体代码片段如下所示：

```
<uses-permissionandroid:name="android.permission.INTERNET"/>
```

12.3 使用 HTTP 访问网络

前面介绍了 URLConnection 已经能够很方便地与指定网站交换信息，URLConnection 另一个子类 HttpURLConnection 在 URLConnection 的基础上做了进一步改进，添加了一些用于操作 HTTP 资源的便捷方法。

HttpURLConnection 继承了 URLConnection，因此也可用于向指定站点发送 GET 请求 POST 请求，它在 URLConnection 的基础上提供了如表 12.2 所示的便捷方法。

表 12.2 HttpURLConnection 中的方法

方　法	说　明
int getResponseCode()	获取 server 的响应代码
String getResponseMessage()	获取 server 的响应消息
String getRequestMethod()	获取发送请求的方法
void setRequestMethod(String method)	设置发送请求的方法

多线程下载的实现步骤如下。

(1) 创建 URL 对象。

(2) 获取指定 URL 对象所指向资源的大小（由 getContentLength()方法实现），此处用了 HttpURLConnection 类。

(3) 在本地磁盘上创建一个与网络资源同样大小的空文件。

(4) 计算每条线程应该下载网络资源的哪个部分。

(5) 依次创建、启动多条线程来下载网络资源的指定部分。

以下通过一个示例演示使用 HttpURLConnection 实现多线程下载。使用多线程下载文件能够更快地完成文件的下载，但实际上并非客户端并发的下载线程越多，程序的下载速度就越快，当客户端开启太多的并发线程后，应用程序需要维护每条线程的开销、线程同步的开销，这些开销反而会导致下载速度变慢。

下载工具类代码如例 12-3 中所示。

【例 12-3】 下载工具类代码 DownUtil。

```
public class DownUtil {
    /**下载资源的路径**/
    private String path;
    /**下载的文件的保存位置**/
    private String targetFile;
    /**需要使用多少线程下载资源**/
    private int threadNum;
```

```
    /**下载的线程对象**/
    private DownThread[] threads;
    /**下载的文件的总大小**/
    private int fileSize;
    public DownUtil(String path, String targetFile, int threadNum) {
        this.path = path;
        this.threadNum = threadNum;
        // 初始化threads数组
        threads = new DownThread[threadNum];
        this.targetFile = targetFile;
    }
    public void download() throws Exception {
        URL url = new URL(path);
        HttpURLConnection conn = (HttpURLConnection) url.openConnection();
        conn.setConnectTimeout(5 * 1000);
        conn.setRequestMethod("GET");
        conn.setRequestProperty(
            "Accept",
            "image/gif, image/jpeg, image/pjpeg, image/pjpeg, "
            + "application/x-shockwave-flash, application/xaml+xml, "
            + "application/vnd.ms-xpsdocument, application/x-ms-xbap, "
            + "application/x-ms-application, application/vnd.ms-excel, "
            + "application/vnd.ms-powerpoint, application/msword, */*");
        conn.setRequestProperty("Accept-Language", "zh-CN");
        conn.setRequestProperty("Charset", "UTF-8");
        conn.setRequestProperty("Connection", "Keep-Alive");
        // 得到文件大小
        fileSize = conn.getContentLength();
        conn.disconnect();
        int currentPartSize = fileSize / threadNum + 1;
        RandomAccessFile file = new RandomAccessFile(targetFile, "rw");
        // 设置本地文件的大小
        file.setLength(fileSize);
        file.close();
        for (int i = 0; i < threadNum; i++) {
            // 计算每条线程下载的开始位置
            int startPos = i * currentPartSize;
            // 每一个线程使用一个RandomAccessFile进行下载
            RandomAccessFile currentPart = new RandomAccessFile(
                targetFile, "rw");
            // 定位该线程的下载位置
```

```
                currentPart.seek(startPos);
                // 创建下载线程
                threads[i] = new DownThread(startPos, currentPartSize,
                    currentPart);
                // 启动下载线程
                threads[i].start();
            }
        }
        // 获取下载完成部分的百分比
        public double getCompleteRate() {
            // 统计多条线程已经下载的总大小
            int sumSize = 0;
            for (int i = 0; i < threadNum; i++) {
                sumSize += threads[i].length;
            }
            // 返回已经完毕的百分比
            return sumSize * 1.0 / fileSize;
        }
        private class DownThread extends Thread {
            /**当前线程的下载位置**/
            private int startPos;
            /**定义当前线程负责下载的文件大小**/
            private int currentPartSize;
            /**当前线程需要下载的文件块**/
            private RandomAccessFile currentPart;
            /**定义该线程已下载的字节数**/
            public int length;
            public DownThread(int startPos, int currentPartSize,
                RandomAccessFile currentPart) {
                this.startPos = startPos;
                this.currentPartSize = currentPartSize;
                this.currentPart = currentPart;
            }
            @Override
            public void run() {
                try {
                    URL url = new URL(path);
                    HttpURLConnection conn = (HttpURLConnection)url
                        .openConnection();
                    conn.setConnectTimeout(5 * 1000);
                    conn.setRequestMethod("GET");
```

```
                    conn.setRequestProperty("Accept",
                        "image/gif, image/jpeg, image/pjpeg, image/pjpeg, "
                        + "application/x-shockwave-flash,
                        application/xaml+xml, "
                    + "application/vnd.ms-xpsdocument,
                        application/x-ms-xbap, "
                    + "application/x-ms-application,
                        application/vnd.ms-excel, "
                    + "application/vnd.ms-powerpoint,
                        application/msword, */*");
                    conn.setRequestProperty("Accept-Language", "zh-CN");
                    conn.setRequestProperty("Charset", "UTF-8");
                    InputStream inStream = conn.getInputStream();
                    // 跳过 startPos 个字节，表明该线程仅仅下载自己负责的那部分文件
                    inStream.skip(this.startPos);
                    byte[] buffer = new byte[1024];
                    int hasRead = 0;
                    // 读取网络数据，并写入本地文件
                    while (length < currentPartSize
                        && (hasRead = inStream.read(buffer)) > 0) {
                        currentPart.write(buffer, 0, hasRead);
                        // 累计该线程下载的总大小
                        length += hasRead;
                    }
                    currentPart.close();
                    inStream.close();
                }
                catch (Exception e) {
                    e.printStackTrace();
                }
            }
        }
}
```

上面的DownUtil工具类中包含一个DownloadThread内部类，该内部类的run()方法中负责打开远程资源的输入流，并调用inputStream的skip(int)方法跳过指定数量的字节，这样就让该线程读取由它自己负责下载的部分。

提供了DownUtil工具类之后，接下来就能够在Activity中调用该DownUtil类来运行下载任务，该程序界面中包括两个文本框，一个用于输入网络文件的源路径，还有一个用于指定下载到本地的文件的名称，该程序的界面比较简单，故此处不再给出界面布局代码。该程序的Activity代码如下：

```
public class MultiThreadDownActivity extends Activity {
```

```
    EditText url;
    EditText target;
    Button downBn;
    ProgressBar bar;
    DownUtil downUtil;
    private int mDownStatus;
    @Override
    public void onCreate(Bundle savedInstanceState) {
        super.onCreate(savedInstanceState);
        setContentView(R.layout.main);
        // 获取程序界面中的三个界面控件
        url = (EditText) findViewById(R.id.url);
        target = (EditText) findViewById(R.id.target);
        downBn = (Button) findViewById(R.id.down);
        bar = (ProgressBar) findViewById(R.id.bar);
        // 创建一个 Handler 对象
        final Handler handler = new Handler() {
            @Override
            public void handleMessage(Message msg) {
                if (msg.what == 0x123) {
                    bar.setProgress(mDownStatus);
                }
            }
        };
        downBn.setOnClickListener(new OnClickListener() {
            @Override
            public void onClick(View v) {
                // 初始化 DownUtil 对象（最后一个参数指定线程数）
                downUtil = new DownUtil(url.getText().toString(),
                    target.getText().toString(), 6);
                new Thread() {
                    @Override
                    public void run() {
                        try {
                            // 开始下载
                            downUtil.download();
                        }
                        catch (Exception e) {
                            e.printStackTrace();
                        }
                        // 定义每秒调度获取一次系统的完毕进度
                        final Timer timer = new Timer();
```

```
                        timer.schedule(new TimerTask() {
                            @Override
                            public void run() {
                                // 获取下载任务的完毕比例
                                double completeRate = downUtil
                                    .getCompleteRate();
                                mDownStatus = (int) (completeRate * 100);
                                // 发送消息通知界面更新进度条
                                handler.sendEmptyMessage(0x123);
                                // 下载完毕后取消任务调度
                                if (mDownStatus >= 100) {
                                    showToastByRunnable(
                                        MultiThreadDownActivity.this,
                                            "下载完毕", 2000);
                                    timer.cancel();
                                }
                            }
                        }, 0, 100);
                    }
                }.start();
            }
        });
    }
    private void showToastByRunnable(final Context context,
        final CharSequence text, final int duration) {
        Handler handler = new Handler(Looper.getMainLooper());
        handler.post(new Runnable() {
            @Override
            public void run() {
                Toast.makeText(context, text, duration).show();
            }
        });
    }
}
```

上面的 Activity 不仅使用了 DownUtil 来控制程序下载，并且程序还启动了一个定时器，该定时器控制每隔 0.1 秒查询一次下载进度，并通过程序中的进度条来显示任务的下载进度。

运行程序之前需要添加权限到清单文件中，权限如下：

```
<!-- 在 SD 卡中创建与删除文件权限 -->
<uses-permission
```

```
    android:name="android.permission.MOUNT_UNMOUNT_FILESYSTEMS"/>
<!-- 向 SD 卡写入数据权限 -->
<uses-permission
    android:name="android.permission.WRITE_EXTERNAL_STORAGE"/>
   <!-- 授权访问网络 -->
<uses-permission android:name="android.permission.INTERNET"/>
```

12.4 使用 WebService 进行网络编程

Android 应用通常都运行在手机平台上，手机系统的硬件资源是有限的，不管是存储能力还是计算能力。在 Android 系统上开发、运行一些单用户、小型应用是可能的，但对于需要进行大量的数据处理、复杂计算的应用，还是只能部署在远程服务器上，Android 应用将只是充当这些应用的客户端。

为了让 Android 应用与远程服务器之间进行交互，可以借助于 Java 的 RMI 技术，但这要求远程服务器程序必须采用 Java 实现；也可以借助于 CORBA 技术，但这种技术显得过于复杂，除此之外，WebService 是一种不错的选择。

12.4.1 WebService 平台概述

WebService 平台主要涉及的技术有 SOAP（Simple Object Access Protocol，简单对象访问协议），WSDL（WebService Description Language，WebService 描述语言），UDDI（Universal Description Discovery and Integration，统一描述、发现和整合协议）。

1. 简单对象访问协议（SOAP）

SOAP 是一种具有扩展性的 XML 消息协议。SOAP 允许一个应用程序向另一个应用程序发送 XML 消息，SOAP 消息是从 SOAP 发送者传至 SOAP 接收者的单路消息，任何应用程序均可作为发送者或接收者。SOAP 仅定义消息结构和消息处理的协议，与底层的传输协议独立。因此，SOAP 消息能通过 HTTP、JMS 或 SMTP 协议传输。

SOAP 依赖于 XML 文档来构建，一条 SOAP 消息就是一份特定的 XML 文档，SOAP 消息包含如下三个主要元素：

- 必需的<Envelope…/>根元素，SOAP 消息对应的 XML 文档以该元素作为根元素。
- 可选的<Header…/>元素，包含 SOAP 消息的头信息。
- 必需的<Body…/>元素，包含所有的调用和响应信息。

就目前的 SOAP 消息的结构来看，<Envelope…/>根元素通常只能包含两个子元素，第一个子元素是可选的<Header…/>元素，第二个子元素是必需的<Body…/>元素。

2. WSDL

WSDL（WebService Description Language，WebService 描述语言）使用 XML 描述 WebService，包括访问和使用 WebService 所必需的信息，定义该 WebService 的位置、功能及如何通信等描述信息。

一般来说，只要调用者能够获取 WebService 对应的 WSDL，就可以从中了解它所提供的服务及如何调用 WebService。因为一份 WSDL 文件清晰地定义了三个方面的内容。

- WHAT 部分：用于定义 WebService 所提供的操作（或方法），也就是 WebService 能做些什么。由 WSDL 中的<types…/>、<message…/>和<portType…/>元素定义。
- HOW 部分：用于定义如何访问 WebService，包括数据格式详情和访问 WebService 操作的必要协议，也就是定义了如何访问 WebService。
- WHERE 部分：用于定义 WebService 位于何处，如何使用特定协议决定的网络地址（如 URL）指定。该部分使用<service…/>元素定义，可在 WSDL 文件的最后部分看到<service…/>元素。

一份 WSDL 文档通常可分为两个部分：

- 第一部分定义了服务接口，它在 WSDL 中由<message…/>元素和<portType…/>两个元素组成，其中<message…/>元素定义了操作的交互方式。而<portType…/>元素里则可包含任意数量的<operation…/>元素，每个<operation…/>元素代表一个允许远程调用的操作（即方法）。
- WSDL 的第二部分定义了服务实现，它在 WSDL 中由<binding…/>元素和 <service…/>两个元素组成，其中<binding…/>定义使用特定的通信协议、数据编码模型和底层通信协议，将 WebService 服务接口定义映射到具体实现。而 <service…/>元素则包含一系列的<portType…/>子元素，< portType…/>子元素将会把绑定机制、服务访问协议和端点地址结合在一起。

3. UDDI

UDDI（统一描述、发现和整合协议）是一套信息注册规范，它具有如下特点：

- 基于 Web；
- 分布式。

UDDI 包括一组允许企业向外注册 WebService，以使其他企业发现访问的实现标准。UDDI 的核心组件是 UDDI 注册中心，它使用 XML 文件来描述企业及其提供的 WebService。

通过使用 UDDI，WebService 提供者可以对外注册 WebService，从而允许其他企业来调用该企业注册的 WebService。WebService 提供者通过 UDDI 注册中心的 Web 界面，将它所提供的 WebService 的信息加入 UDDI 注册中心，该 WebService 就可以被发现和调用。

WebService 使用者也通过 UDDI 注册中心查找、发现自己所需的服务。当 WebService 使用者找到自己所需的服务之后，可以将自己绑定到指定的 WebService 提供者，再根据该 WebService 对应的 WSDL 文档来调用对方的服务。

12.4.2 使用 Android 应用调用 WebService

Java 本身提供了丰富的 WebService 支持，比如 Sun 公司制定的 JAX-WS 2 规范，还有 Apache 开源组织所提供的 Axis1、Axis2、CXF 等，这些技术不仅可以用于非常方便地对外提供 WebService，也可以用于简化 WebService 的客户端编程。

对于手机等小型设备而言，它们的计算资源、存储资源都十分有限，因此 Android 应用不大可能需要对外提供 WebService，Android 应用通常只是充当 WebService 的客户端，调用远程 WebService。

Google 为 Android 平台开发 WebService 客户端提供了 ksoap2-android 项目，但这个项目并未直接集成在 Android 平台中，需要开发人员自行下载。

为 Android 应用增加 ksoap2-android 支持的步骤如下。

（1）登录 http://code.google.com/p/ksoap2-android/站点，该站点有介绍下载 ksoap2-androi 项目的方法。

（2）下载 ksoap2-android 项目的 ksoap2-android-assembly-3.0.0-RC4.jar-with-dependencies.jar 包。

（3）将下载的 jar 包放到 Android 项目的 libs 目录下。

使用 ksoap2-android 调用 WebService 操作的步骤如下。

（1）创建 HttpTransportSE 对象，该对象用于调用 WebService 操作。

（2）创建 SoapSerializationEnvelope 对象。

（3）创建 SoapObject 对象，创建该对象时需要传入所要调用 WebService 的命名空间、WebService 方法名。

（4）如果有参数需要传给 WebService 服务器端，调用 SoapObject 对象的 add Property(String name, Object value)方法来设置参数，该方法的 name 参数指定参数名；value 参数指定参数值。

（5）调用 SoapSerializationEnvelope 的 setOutputSoapObject()方法，或者直接对 bodyOut 属性赋值，将前两步创建的 SoapObject 对象设为 SoapSerializationEnvelope 传出 SOAP 消息体。

（6）调用对象的 call()方法，并以 SoapSerializationEnvelope 作为参数调用远程 WebService。

（7）调用完成后，访问 SoapSerializationEnvelope 对象的 bodyIn 属性，该属性返回一个 SoapObject 对象，该对象就代表了 WebService 的返回消息。解析该 SoapObject 对象，即可获取调用 WebService 的返回值。

下面通过一个工具类示范如何通过 ksoap2-android 来调用 WebService 操作，该工具类可用来实现天气预报，大家只需注意操作步骤即可。

【例 12-4】 天气预报工具类代码 WebServiceUtil。

```
public class WebServiceUtil {
```

```
    // 定义 WebService 的命名空间
    static final String SERVICE_NS = "http://WebXml.com.cn/";
    // 定义 WebService 提供服务的 URL
    static final String SERVICE_URL =
       "http://webservice.webxml.com.cn/WebServices/WeatherWS.asmx";
    // 调用远程 WebService 获取省份列表
    public static List<String> getProvinceList() {
       // 调用的方法
       final String methodName = "getRegionProvince";
       // 创建 HttpTransportSE 传输对象
       final HttpTransportSE ht = new HttpTransportSE(SERVICE_URL);
       ht.debug = true;
       // 使用 SOAP1.1 协议创建 Envelop 对象
       final SoapSerializationEnvelope envelope =
          new SoapSerializationEnvelope(SoapEnvelope.VER11);
       // 实例化 SoapObject 对象
       SoapObject soapObject = new SoapObject(SERVICE_NS, methodName);
       envelope.bodyOut = soapObject;
       // 设置与.NET 提供的 WebService 保持较好的兼容性
       envelope.dotNet = true;
       FutureTask<List<String>> task = new FutureTask<List<String>>(
       new Callable<List<String>>() {
          @Override
          public List<String> call()
             throws Exception {
             // 调用 WebService
             ht.call(SERVICE_NS + methodName, envelope);
             if (envelope.getResponse() != null) {
                // 获取服务器响应返回的 SOAP 消息
                SoapObject result = (SoapObject) envelope.bodyIn;
                SoapObject detail = (SoapObject) result.getProperty(
                   methodName + "Result");
                // 解析服务器响应的 SOAP 消息
                return parseProvinceOrCity(detail);
             }
             return null;
          }
       });
       new Thread(task).start();
       try {
          return task.get();
       }
       catch (Exception e) {
          e.printStackTrace();
```

```
    }
    return null;
}
// 根据省份获取城市列表
public static List<String> getCityListByProvince(String province) {
    // 调用的方法
    final String methodName = "getSupportCityString";
    // 创建 HttpTransportSE 传输对象
    final HttpTransportSE ht = new HttpTransportSE(SERVICE_URL);
    ht.debug = true;
    // 实例化 SoapObject 对象
    SoapObject soapObject = new SoapObject(SERVICE_NS, methodName);
    // 添加一个请求参数
    soapObject.addProperty("theRegionCode", province);
    // 使用 SOAP1.1 协议创建 Envelop 对象
    final SoapSerializationEnvelope envelope =
        new SoapSerializationEnvelope(SoapEnvelope.VER11);
    envelope.bodyOut = soapObject;
    // 设置与.NET 提供的 WebService 保持较好的兼容性
    envelope.dotNet = true;
    FutureTask<List<String>> task = new FutureTask<List<String>>(
    new Callable<List<String>>() {
        @Override
        public List<String> call()
            throws Exception {
            // 调用 WebService
            ht.call(SERVICE_NS + methodName, envelope);
            if (envelope.getResponse() != null) {
                // 获取服务器响应返回的 SOAP 消息
                SoapObject result = (SoapObject) envelope.bodyIn;
                SoapObject detail = (SoapObject) result.getProperty(
                    methodName + "Result");
                // 解析服务器响应的 SOAP 消息
                return parseProvinceOrCity(detail);
            }
            return null;
        }
    });
    new Thread(task).start();
    try {
        return task.get();
    }
    catch (Exception e) {
        e.printStackTrace();
```

```
        }
        return null;
    }
    private static List<String> parseProvinceOrCity(SoapObject detail) {
        ArrayList<String> result = new ArrayList<String>();
        for (int i = 0; i < detail.getPropertyCount(); i++) {
            // 解析出每个省份
            result.add(detail.getProperty(i).toString().split(",")[0]);
        }
        return result;
    }
    public static SoapObject getWeatherByCity(String cityName) {
        final String methodName = "getWeather";
        final HttpTransportSE ht = new HttpTransportSE(SERVICE_URL);
        ht.debug = true;
        final SoapSerializationEnvelope envelope =
            new SoapSerializationEnvelope(SoapEnvelope.VER11);
        SoapObject soapObject = new SoapObject(SERVICE_NS, methodName);
        soapObject.addProperty("theCityCode", cityName);
        envelope.bodyOut = soapObject;
        // 设置与.NET提供的WebService保持较好的兼容性
        envelope.dotNet = true;
        FutureTask<SoapObject> task = new FutureTask<SoapObject>(
        new Callable<SoapObject>() {
            @Override
            public SoapObject call()
                throws Exception {
                ht.call(SERVICE_NS + methodName, envelope);
                SoapObject result = (SoapObject) envelope.bodyIn;
                SoapObject detail = (SoapObject) result.getProperty(
                    methodName + "Result");
                return detail;
            }
        });
        new Thread(task).start();
        try {
            return task.get();
        }
        catch (Exception e) {
            e.printStackTrace();
        }
        return null;
    }
}
```

上面的程序调用 WebService 的方法中，前面两个方法首先获取系统支持的省份列表，然后根据省份获取城市列表，将远程 WebService 返回的数据解析成 List<String>后返回，这样方便 Android 应用使用。由于第二个方法需要返回的数据量较多，所以程序直接返回了 SoapObject 对象。

12.5 本章小结

本章主要介绍了 Android 应用程序中的网络编程知识。由于 Android 完全支持 JDK 网络编程中的 ServerSocket、Socket、DatagramSocket、Datagrampacket、MulticastSocket 等 API，也支持内置的 URL、URLConnection、HttpURLConnection 等工具类，因此如果大家已经具有网络编程的经验，这些经验完全适用于 Android 网络编程。除此之外，本章还介绍了通过 ksoap2-android 项目来调用远程 WebService 的相关内容。学习完本章内容，读者需动手进行实践，为后面学习打好基础。

12.6 习题

1. 填空题

（1）TCP/IP 协议工作过程是在通信的两端各建一个________，从而在通信的两端之间形成网络虚拟链路。

（2）通过使用________协议，使 Internet 成为一个允许连接不同类型的计算机和不同操作系统的网络。

（3）当两台计算机远程连接时，________协议会为它们建立一个发送和接收数据的虚拟链路。

（4）Socket 的本质是________，是对 TCP/IP 协议的封装。

（5）客户端利用________请求连接服务器，服务器端通过________获取客户端的连接请求。

2. 选择题

（1）通常而言，URL 可以由（　　）、主机、端口和资源组成。

A．协议名　　B．TCP

C．UDP　　D．IP

（2）下列选项中，可以访问 URL 对应的资源的方法是（　　）。

A．openConnection()　　B．getResponseCode()

C．getResponseMessage()　　D．getRequestMethod()

（3）多线程下载的实现步骤中不包括（　　）。

A．创建 URL 对象　　B．获取 URL 对象所指向资源的大小

C．调用 accept()方法与 Socket 连接　　D．创建、启动多条线程

（4）SOAP 是一种具有扩展性的（　　）协议。

A．XML 消息　　B．TCP

C．UDP　　D．IP

3．思考题

WebService 平台主要涉及的技术有哪些？

4．编程题

编写程序实现多线程下载文件。

第13章 chapter 13

多媒体应用开发

本章学习目标

- 掌握使用 MediaPlayer 播放音频的方法。
- 掌握使用 SurfaceView 播放视频的方法。
- 掌握使用 MediaRecorder 录制音频的方法。
- 掌握控制摄像头拍照的方法。
- 掌握控制摄像头录制视频短片的方法。

随着硬件设备以及 Android 系统的不断升级，手机已经发展成为集照相机、音乐播放器、视频播放器、个人小型终端于一体的智能设备。因此 Android 系统提供了一些多媒体支持类，用于实际开发中音频视频的播放支持。不仅如此，Android 系统还提供了对摄像头、麦克风的支持，可以很方便地采集照片、视频等多媒体信息。

13.1 音频和视频的播放

13.1.1 使用 MediaPlayer 播放音频

MediaPlayer 类处于 Android 多媒体包下“android.media.MediaPlayer”，包含了 Audio 和 Video 两个播放功能。音视频的播放过程一般是开始播放、暂停播放或者停止播放，因此 MediaPlayer 中最常用的几个方法如表 13.1 所示。

表 13.1 MediaPalyer 最常用的方法

方　　法	说　　明
start()	开始或恢复播放
stop()	停止播放
pause()	暂停播放
prepare()	准备音频

按照播放资源的来源，MediaPlayer 的使用也不尽相同，具体有如下 4 种来源。

1. 播放应用中的资源文件

在之前讲解 Android 中的资源时已经知道，应用中的资源一般是放在/res/raw 目录下。

使用 MediaPlayer 播放该资源时示例代码如下。

```
MediaPlayer mp = MediaPlayer.create(this, R.raw.my_song);
mp.start();
```

2．播放应用中的原始资源文件

播放应用的原始资源文件步骤如下。

（1）调用 Context 的 getAssets()方法获取应用的 AssetManager。

（2）调用 AssetManager 对象的 openFd(String name)方法打开指定的原始资源，该方法返回一个 AssetFileDescriptor 对象。

（3）调用 AssetFileDescriptor 的 getFileDescriptor()、getFileOffset()和 getLength()方法来获取音频文件的 FileDescriptor、开始位置、长度等。

（4）调用 MediaPlayer 对象的 setDataSource(FileDescriptor fd, long offset, long length)方法装载音频资源。

（5）调用 MediaPlayer 对象的 prepare()方法准备音频。

（6）调用 MediaPlayer 对象的 start()、pause()、stop()等方法控制播放即可。

```
AssetManager am = getAssets();
AssetFileDescriptor  afd = am.openFd(my_Music);
MediaPlayer mp = new MediaPlayer();
try {
    mp.setDataSource(afd.getFileDescriptor(),
        afd.getStartOffset(), afd.getLength());
    mp.prepare();
    mp.start();
} catch (IOException e) {
     e.printStackTrace();
}
```

3．播放外部存储器上的音频文件

播放外部存储器上的音频文件的步骤如下。

（1）创建 MediaPlayer 对象，并调用其 setDataSource(String path)方法装载指定的音频文件。

（2）调用 MediaPlayer 对象的 prepare()方法准备音频。

（3）调用 MediaPlayer 的 start()、pause()、stop()等方法控制播放即可。

```
MediaPlayer mp = new MediaPlayer();
try {
    mp.setDataSource("/mnt/sdcard/my_song.mp3");
    mp.prepare();
    mp.start();
} catch (IOException e) {
```

```
        e.printStackTrace();
    }
```

4. 播放来自网络的音频文件

播放来自网络的音频文件有以下两种方式。

- 使用 MediaPlayer 的静态 create(Context context, Uri uri)方法。
- 调用 MediaPlayer 的 setDataSource(Context context, Uri uri)方法。

下面是第二种方式的示例代码：

```
Uri uri = Uri.parse("http://www.qfedu.com/my_music.mp3");
MediaPlayer mp = new MediaPlayer();
try {
    mp.setDataSource(this, uri);
    mp.prepare();
} catch (IOException e) {
    e.printStackTrace();
}
mp.start();
```

需要注意的是，MediaPlayer 除了使用 prepare()方法来准备声音之外，还可以调用 prepareAsync()来准备声音。二者的区别是，prepareAsync()是线程异步的，不会阻塞当前的 UI 线程。

13.1.2 音乐特效控制

在音乐播放器中，一般都会有用特效控制音乐播放的选项，这些特效包括均衡器、重低音、音场以及显示音乐波形等。其实这些特效的实现离不开 AudioEffect 及其子类，常用子类如表 13.2 所示。

表 13.2 AudioEffect 常用的子类

子 类	说 明
AcousticEchoCanceler	取消回音控制器
AutomaticGainControl	自动增益控制器
NoiseSuppressor	噪声压制控制器
BassBoost	重低音控制器
Equalizer	均衡控制器
PresetReverb	预设音场控制器
Visualizer	示波器

表 13.2 中前三个子类的用法很简单，只要调用它们的静态方法 create()创建对应的实例，然后调用 isAvailable()方法判断是否可用，最后调用 setEnabled(boolean enabled)方法启用相应效果即可。

【例 13-1】 示波器与均衡器的使用。

```
public class AudioEffectActivity extends AppCompatActivity {
    private LinearLayout layout;
    private MediaPlayer mplayer;
    private Visualizer mVisualizer;
    private Equalizer equalizer;
    @Override
    protected void onCreate(Bundle savedInstanceState) {
        super.onCreate(savedInstanceState);
        setTitle("示波器与均衡器");
        //设置控制音乐声音
        setVolumeControlStream(AudioManager.STREAM_MUSIC);
        layout = new LinearLayout(this);
        layout.setOrientation(LinearLayout.VERTICAL);
        setContentView(layout);
        mplayer = MediaPlayer.create(this, R.raw.victory);
        initVisualizer();
        initEqualizer();
        mplayer.start();
    }
    //示波器
    public void initVisualizer() {
        final MyVisualizerView myVisualizerView
            = new MyVisualizerView(this);
        myVisualizerView.setLayoutParams(new ViewGroup.LayoutParams(
                ViewGroup.LayoutParams.MATCH_PARENT,
                    (int)(120f * getResources().
                        getDisplayMetrics().density)));
        layout.addView(myVisualizerView);
        mVisualizer = new Visualizer(mplayer.getAudioSessionId());
        mVisualizer.setCaptureSize(Visualizer
            .getCaptureSizeRange()[1]);
        mVisualizer.setDataCaptureListener(
            new Visualizer.OnDataCaptureListener() {
            @Override
            public void onWaveFormDataCapture(Visualizer visualizer,
                byte[] waveform, int samplingRate) {
                myVisualizerView.updataVisualizer(waveform);
            }
            @Override
            public void onFftDataCapture(Visualizer visualizer,
                byte[] fft, int samplingRate) {}
        }, Visualizer.getMaxCaptureRate() / 2, true, false);
```

```
        mVisualizer.setEnabled(true);
    }
    //初始化均衡控制器
    public void initEqualizer() {
        equalizer = new Equalizer(0, mplayer.getAudioSessionId());
        //启动均衡器效果
        equalizer.setEnabled(true);
        TextView title = new TextView(this);
        title.setText("均衡器: ");
        layout.addView(title);
        //获取均衡器支持的最大最小值
        final short eqMin = equalizer.getBandLevelRange()[0];
        short eqMax = equalizer.getBandLevelRange()[1];
        //获取均衡器支持的所有频率
        short brands = equalizer.getNumberOfBands();
        for (short i = 0; i < brands; i++) {
            TextView tv = new TextView(this);
            tv.setLayoutParams(new ViewGroup.LayoutParams(
                ViewGroup.LayoutParams.MATCH_PARENT,
                    ViewGroup.LayoutParams.WRAP_CONTENT));
            tv.setGravity(Gravity.CENTER_HORIZONTAL);
            tv.setText((equalizer.getCenterFreq(i) / 1000) + "Hz");
            layout.addView(tv);
            //创建一个水平排列组件的 LinearLayout
            LinearLayout ll = new LinearLayout(this);
            ll.setOrientation(LinearLayout.HORIZONTAL);
            TextView tv_min = new TextView(this);
            tv_min.setLayoutParams(new ViewGroup.LayoutParams(
                ViewGroup.LayoutParams.WRAP_CONTENT,
                    ViewGroup.LayoutParams.WRAP_CONTENT));
            tv_min.setText((eqMin / 100) + "dB");
            TextView tv_max = new TextView(this);
            tv_max.setLayoutParams(new ViewGroup.LayoutParams(
                ViewGroup.LayoutParams.WRAP_CONTENT,
                    ViewGroup.LayoutParams.WRAP_CONTENT));
            tv_max.setText((eqMax / 100) + "dB");
            LinearLayout.LayoutParams layoutParams = new
                LinearLayout.LayoutParams(
                    ViewGroup.LayoutParams.MATCH_PARENT,
                    ViewGroup.LayoutParams.WRAP_CONTENT);
            layoutParams.weight = 1;
            SeekBar seekBar = new SeekBar(this);
            seekBar.setLayoutParams(layoutParams);
            seekBar.setMax(eqMax - eqMin);
```

```
            seekBar.setProgress(equalizer.getBandLevel(i));
            final short brand = i;
            seekBar.setOnSeekBarChangeListener(
                new SeekBar.OnSeekBarChangeListener() {
                @Override
                public void onProgressChanged(SeekBar seekBar,
                    int progress, boolean fromUser) {
                    equalizer.setBandLevel(brand,
                        (short) (progress + eqMin));
                }

                @Override
                public void onStartTrackingTouch(SeekBar seekBar) {}
                @Override
                public void onStopTrackingTouch(SeekBar seekBar) {}
            });
            ll.addView(tv_min);
            ll.addView(seekBar);
            ll.addView(tv_max);
            layout.addView(ll);
        }
    }
}
```

上面代码中定义了 initVisualizer()与 initEqualizer()方法，分别实现了示波器与均衡控制器对象，并利用它们控制音乐播放特效。其中自定义示波器类型的具体代码如下：

```
//绘制示波器形状
public class MyVisualizerView extends View {
    //bytes 保存波形抽样点的值
    private byte[] bytes;
    private float[] points;
    private Paint paint = new Paint();
    private Rect rect = new Rect();
    private byte type = 0;
    public MyVisualizerView(Context context) {
        super(context);
        bytes = null;
        //设置画笔的属性
        paint.setStrokeWidth(1f);
        paint.setAntiAlias(true);
        paint.setColor(Color.BLUE);
        paint.setStyle(Paint.Style.FILL);
    }
```

```
    public void updataVisualizer(byte[] ftt) {
        bytes = ftt;
        //通知该组件重绘自己
        invalidate();
    }
    @Override
    public boolean onTouchEvent(MotionEvent event) {
        if (event.getAction() != MotionEvent.ACTION_DOWN) {
            return false;
        }
        type++;
        if (type >= 3) {
            type = 0;
        }
        return true;
    }
    @Override
    protected void onDraw(Canvas canvas) {
        super.onDraw(canvas);
        if (bytes == null) {
            return;
        }
        //绘制背景
        canvas.drawColor(Color.WHITE);
        //用 rect 记录该组件的宽高
        rect.set(0, 0, getWidth(), getHeight());
        switch (type){
            //绘制块状的波形图
            case 0:
                for (int i = 0; i < bytes.length - 1; i++) {
                    //根据波形值计算矩形的四边
                    float left = getWidth() * i / (bytes.length - 1);
                    float top = rect.height() - (byte)(bytes[i+1] + 128)
                        * rect.height() / 128;
                    float right = left + 1;
                    float bottom = rect.height();
                    canvas.drawRect(left, top, right, bottom, paint);
                }
                break;
            //绘制柱状的波形图
            case 1:
                for (int i = 0; i < bytes.length - 1; i += 18) {
```

```
                    //根据波形值计算矩形的四边
                    float left = rect.width() * i / (bytes.length - 1);
                    float top = rect.height() - (byte)(bytes[i+1] + 128)
                            * rect.height() / 128;
                    float right = left + 6;
                    float bottom = rect.height();
                    canvas.drawRect(left, top, right, bottom, paint);
                }
                break;
            //绘制曲线波形图
            case 2:
                if (points == null || points.length < bytes.length * 4) {
                    points = new float[bytes.length * 4];
                }
                for (int i = 0; i < bytes.length - 1; i++) {
                    //计算第 i 个点的 x 坐标
                    points[i * 4] = rect.width() * i/(bytes.length - 1);
                    //根据 bytes[i]的值计算第 i 个点的 y 坐标
                    points[i * 4 + 1] = (rect.height() / 2) +
                        ((byte) (bytes[i] + 128)) * 128
                            /(rect.height() / 2);
                    points[i * 4 + 2] = rect.width() * (i + 1)
                        / (bytes.length - 1);
                    points[i * 4 + 3] = (rect.height() / 2) +
                        ((byte)(bytes[i+1]+128))*128/(rect.height()/2);
                }
                //绘制波形曲线
                canvas.drawLines(points, paint);
                break;
        }
    }
}
```

运行结果如图 13.1 所示。

上面程序中 MyVisualizerView 类中绘制了三种波形：块状波形、柱状波形和曲线波形，当用户单击 MyVisualizerView 组件时将会切换波形。

13.1.3 使用 VideoView 播放视频

前面介绍了在 Android 应用中如何播放音频，本节介绍如何播放视频。Android 提供了 VideoView 组件来播放视频，它是一个位于 android.widget 包下的组件。与 MediaPlayer 不同的是，VideoView 不仅可以在程序中创建，也可以直接在界面布局文件中使用。

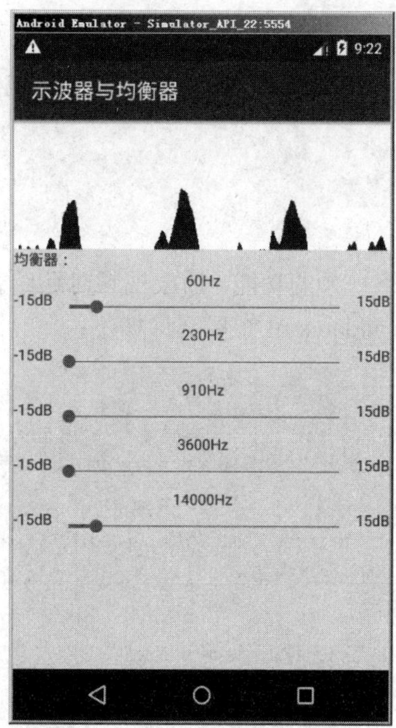

图 13.1 示波器与均衡控制器

当获取到 VideoView 对象之后，调用 setVideoPath(String path)或 setVideoURI(Uri uri)方法来加载指定视频，最后调用 start()、stop()等方法控制视频播放即可。

【例 13-2】 播放网络视频。

```
public class VideoActivity extends AppCompatActivity {
    private VideoView videoView;
    private MediaController mController;
    @Override
    protected void onCreate(Bundle savedInstanceState) {
        super.onCreate(savedInstanceState);
        setContentView(R.layout.activity_video);
        setTitle("播放视频页面");
        videoView = (VideoView) findViewById(R.id.video_view);
        //创建 MediaController 对象
        mController = new MediaController(this);
        videoView.setMediaController(mController);
        videoView.setVideoURI(Uri.parse(
            "http://clips.vorwaerts-gmbh.de/big_buck_bunny.mp4"));
        videoView.start();
        videoView.setOnCompletionListener(
            new MediaPlayer.OnCompletionListener() {
            @Override
            public void onCompletion(MediaPlayer mp) {
```

```
                Toast.makeText(VideoActivity.this, "播放完成",
                    Toast.LENGTH_SHORT).show();
            }
        });
    }
}
```

上面程序实现了播放网络视频的功能，播放视频时还结合了 MediaController 来控制视频的播放。对应的 activity_video.xml 布局文件如下：

```
<LinearLayout
    xmlns:android="http://schemas.android.com/apk/res/android"
   xmlns:tools="http://schemas.android.com/tools"
   android:layout_width="match_parent"
   android:layout_height="match_parent"
   tools:context="com.example.myapplication.VideoActivity">
   <VideoView
      android:id="@+id/video_view"
      android:layout_width="match_parent"
      android:layout_height="wrap_content"
      android:layout_gravity="center_vertical"/>
</LinearLayout>
```

运行结果如图 13.2 所示。

图 13.2　播放网络视频

图 13.2 所示界面中快进键、暂停键、后退键以及播放进度条就是由 MediaController 提供的。

13.2　使用 MediaRecorder 录制音频

大家一定在电视剧中看到过这样的剧情：主角拿着手机录下坏人说的话，作为证据在法庭上打败坏人。在这里使用到的手机录音功能，就是本节要讲解的内容。

Android 中提供了 MediaRecorder 类用来录制音频，该类使用过程很简单，具体步骤如下。

（1）创建 MediaRecorder 对象。

（2）调用 MediaRecorder 对象的 setAudioSource()方法设置声音来源，一般传入 MediaRecorder.AudioSource.MIC 参数指定录制来自麦克风的声音。

（3）调用 MediaRecorder 对象的 setOutputFormat()方法设置所录制的音频文件格式。

（4）调用 MediaRecorder 对象的 setAudioEncoder()、setAudioEncodingBitRate(int bitRate)、setAudioSamplingRate(int samplingRate)方法设置所录制的声音编码格式、编码位率、采样率等。

（5）调用 MediaRecorder 对象的 setOutputFile(String path)方法设置所录制的音频文件的保存位置。

（6）调用 MediaRecorder 对象的 prepare()方法准备录制。

（7）调用 MediaRecorder 对象的 start()方法开始录制。

（8）录制完成，调用 MediaRecorder 对象的 stop()方法停止录制，并调用 release()方法释放资源。

下面通过一个示例示范 MediaRecorder 的使用，本例中的布局界面中只有两个 Button 组件，分别实现开始录制和结束录制功能。

【例 13-3】 录制音频。

```
public class AudioRecordActivity extends AppCompatActivity {
    private Button start, stop;
    File soundFile;
    MediaRecorder mediaRecorder;
    @Override
    protected void onCreate(Bundle savedInstanceState) {
        super.onCreate(savedInstanceState);
        setContentView(R.layout.activity_audio_record);
        start = (Button) findViewById(R.id.start_record);
        stop = (Button)findViewById(R.id.stop_record);
        start.setOnClickListener(onClickListener);
        stop.setOnClickListener(onClickListener);
    }
```

```
    View.OnClickListener onClickListener = new View.OnClickListener() {
       @Override
       public void onClick(View v) {
          switch (v.getId()) {
             case R.id.start_record:
                if (!Environment.getExternalStorageState().equals(
                   Environment.MEDIA_MOUNTED)) {
                   Toast.makeText(AudioRecordActivity.this,
                      "请插入SD卡！", Toast.LENGTH_SHORT).show();
                }
                try {
                   soundFile = new File(Environment
                      .getExternalStorageDirectory()
                         .getCanonicalFile() + "/sound.amr");
                   mediaRecorder = new MediaRecorder();
                   //设置录音的声音来源
                   mediaRecorder.setAudioSource(MediaRecorder
                      .AudioSource.MIC);
                   //设置录音的输出格式
                   mediaRecorder.setOutputFormat(MediaRecorder
                      .OutputFormat.THREE_GPP);
                   //设置声音的编码格式
                   mediaRecorder.setAudioEncoder(MediaRecorder
                      .AudioEncoder.AMR_NB);
                   mediaRecorder.setOutputFile(soundFile
                      .getAbsolutePath());
                   mediaRecorder.prepare();
                   mediaRecorder.start();
                } catch (Exception e) {
                   e.printStackTrace();
                }
                break;
             case R.id.stop_record:
                if (soundFile != null && soundFile.exists()) {
                   //停止录音
                   mediaRecorder.stop();
                   //释放资源
                   mediaRecorder.release();
                   mediaRecorder = null;
                }
                break;
          }
       }
    };
```

```
58      @Override
59      protected void onDestroy() {
60          super.onDestroy();
61          if (soundFile != null && soundFile.exists()) {
62              mediaRecorder.stop();     //停止录音
63              mediaRecorder.release();  //释放资源
64              mediaRecorder = null;
65          }
66      }
67  }
```

运行结果如图 13.3 所示。

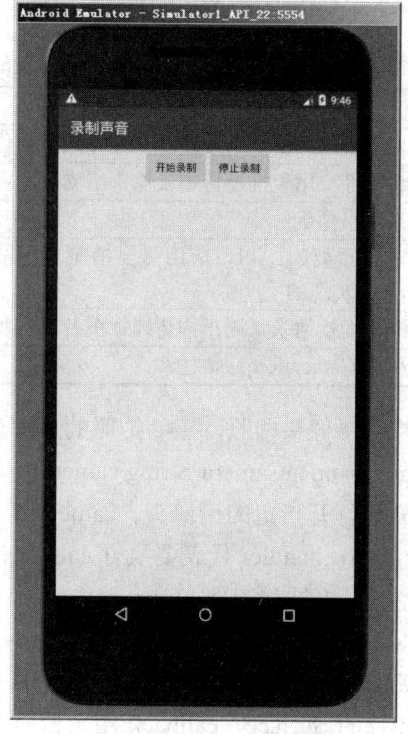

图 13.3 录制声音

上面程序中实现了录制音频和停止录制音频的功能，单击“开始录制”按钮，程序开始执行第 28～41 行代码，开始录音；当用户单击“停止录制”时，程序执行第 62、63 行代码，停止录制声音，并释放资源。

录制完成之后在/mnt/sdcard/目录下会生成一个 sound.amr 文件，该文件就是刚刚录制的音频文件。录制音频文件需要有录音权限和向外部存储设备写入数据的权限，此时可在 AndroidManifest.xml 文件中增加如下配置：

```
<uses-permission android:name="android.permission.RECORD_AUDIO"/>
<uses-permission android:name="android.permission.WRITE_EXTERNAL_STORAGE"/>
```

13.3 控制摄像头拍照

在日常生活中，用手机拍照已成为一种大众行为，某些品牌手机甚至把前后摄像头的高像素作为卖点来宣传。为了充分利用手机上的相机功能，Android 应用可以控制摄像头拍照或录制视频。

安卓系统从 Android 5.0 开始对拍照 API 进行了全新的设计，新增了全新设计的 Camera v2 API。这些 API 不仅大幅提高了 Android 系统拍照的功能，还能支持 RAW 照片（未经加工的图像）输出，甚至允许应用调整相机的对焦模式、曝光模式、快门等。

Android 5.0 的 Camera v2 主要涉及的 API 如表 13.3 所示。

表 13.3　Android 5.0 的 Camera v2 主要涉及的 API

类	说　明
CameraManager	摄像头管理器。专门用于检测和打开系统摄像头
CameraCharacteristics	摄像头特性。用于描述特定摄像头所支持的各种特性
CameraDevice	代表系统摄像头
CameraCaptureSession	一个非常重要的 API，应用需要拍照、预览时都是通过该类的实例创建 Session 来实现的
CameraRequest	代表一次捕捉请求，用于描述捕捉图片的各种参数设置
CameraRequest.Builder	负责生成 CameraRequest 对象

利用上面的 API 可以控制摄像头拍照，控制拍照的步骤如下。

（1）调用 CameraManager 的 openCamera(String cameraId, CameraDevice.StateCallback callback, Handler handler)方法打开指定的摄像头。cameraId 代表要打开的摄像头 ID，callback 用于监听摄像头的状态，handler 代表要执行 callback 的 Handler。

（2）摄像头打开之后，程序即可获取 CameraDevice 对象，然后调用该对象的 createCaptureSession(List<Surface> outputs, CameraCaptureSession.StateCallback callback, Handler handler)方法创建 CameraCaptureSession。其中 outputs 是一个 List 集合，封装了所有需要从该摄像头获取图片的 Surface，callback 用于监听 CameraCaptureSession 的创建过程。

（3）调用 CameraDevice 的 createCaptureRequest(int templateType)方法创建 Capture Request.Builder，该方法支持 TEMPLATE_PREVIEW（预览）、TEMPLATE_RECORD（拍摄视频）、TEMPLATE_STILL_CAPTURE（拍照）等参数。

（4）通过第（3）步所调用方法返回的 CaptureRequest.Builder 设置拍照的各种参数，比如对焦模式、曝光模式等。

（5）调用 CaptureRequest.Builder 的 build()方法即可得到 CaptureRequest 对象，接下来程序可通过 CaptureRequestSession 的 setRepeatingRequest()方法开始预览，或调用 capture()方法拍照。

下面示例实现了利用 Camera2 类拍照的功能，具体代码实现如下。

【例 13-4】 布局文件 activity_camera2.xml。

```
<RelativeLayout
    xmlns:android="http://schemas.android.com/apk/res/android"
    xmlns:tools="http://schemas.android.com/tools"
    android:layout_width="match_parent"
    android:layout_height="match_parent"
    tools:context="com.example.myapplication.Camera2Activity">
    <SurfaceView
        android:id="@+id/surface_view"
        android:layout_width="match_parent"
        android:layout_height="match_parent" />
    <ImageView
        android:id="@+id/iv_show"
        android:layout_width="180dp"
        android:layout_height="320dp"
        android:visibility="gone"
        android:layout_centerInParent="true"
        android:scaleType="centerCrop" />
</RelativeLayout>
```

布局文件中使用 SurfaceView 作为预览照片的界面，具体拍照实现代码如下：

```
public class Camera2Activity extends AppCompatActivity
    implements View.OnClickListener{
    private static final SparseIntArray ORIENTATIONS=
        new SparseIntArray();
    //为了使照片竖直显示
    static {
        ORIENTATIONS.append(Surface.ROTATION_0, 90);
        ORIENTATIONS.append(Surface.ROTATION_90, 0);
        ORIENTATIONS.append(Surface.ROTATION_180, 270);
        ORIENTATIONS.append(Surface.ROTATION_270, 180);
    }
    private SurfaceView mSurfaceView;
    private SurfaceHolder mSurfaceHolder;
    private ImageView iv_show;
    private CameraManager mCameraManager;//摄像头管理器
    private Handler childHandler, mainHandler;
    private String mCameraID;//摄像头 Id 0 为后，1 为前
    private ImageReader mImageReader;
    private CameraCaptureSession mCameraCaptureSession;
    private CameraDevice mCameraDevice;
    @Override
    protected void onCreate(Bundle savedInstanceState) {
```

```
        super.onCreate(savedInstanceState);
        setContentView(R.layout.activity_camera2);
        setTitle("Camera2 拍照示例");
        initView();
    }
    private void initView() {
        iv_show = (ImageView) findViewById(R.id.iv_show);
        //mSurfaceView
        mSurfaceView = (SurfaceView) findViewById(R.id.surface_view);
        mSurfaceView.setOnClickListener(this);
        mSurfaceHolder = mSurfaceView.getHolder();
        mSurfaceHolder.setKeepScreenOn(true);
        // mSurfaceView 添加回调
        mSurfaceHolder.addCallback(new SurfaceHolder.Callback() {
            @Override
            public void surfaceCreated(SurfaceHolder holder) {
                // 初始化 Camera
                initCamera2();
            }
            @Override
            public void surfaceChanged(SurfaceHolder holder,
                int format, int width, int height) {}
            @Override
            public void surfaceDestroyed(SurfaceHolder holder) {
                // 释放 Camera 资源
                if (null != mCameraDevice) {
                    mCameraDevice.close();
                    Camera2Activity.this.mCameraDevice = null;
                }
            }
        });
    }
    //初始化 Camera2
    @RequiresApi(api = Build.VERSION_CODES.LOLLIPOP)
    private void initCamera2() {
        HandlerThread handlerThread = new HandlerThread("Camera2");
        handlerThread.start();
        childHandler = new Handler(handlerThread.getLooper());
        mainHandler = new Handler(getMainLooper());
        //后摄像头
        mCameraID = "" + CameraCharacteristics.LENS_FACING_FRONT;
        mImageReader = ImageReader.newInstance(1080, 1920,
            ImageFormat.JPEG,1);
        mImageReader.setOnImageAvailableListener(new
```

```
            ImageReader.OnImageAvailableListener() {
            //在这里处理拍照得到的临时照片 例如，写入本地
            @Override
            public void onImageAvailable(ImageReader reader) {
                mCameraDevice.close();
                mSurfaceView.setVisibility(View.GONE);
                iv_show.setVisibility(View.VISIBLE);
                // 拿到拍照照片数据
                Image image = reader.acquireNextImage();
                ByteBuffer buffer = image.getPlanes()[0].getBuffer();
                byte[] bytes = new byte[buffer.remaining()];
                buffer.get(bytes);//由缓冲区存入字节数组
                final Bitmap bitmap = BitmapFactory.decodeByteArray(
                    bytes, 0, bytes.length);
                if (bitmap != null) {
                    iv_show.setImageBitmap(bitmap);
                }
            }
        }, mainHandler);
        //获取摄像头管理
        mCameraManager = (CameraManager) getSystemService(
            Context.CAMERA_SERVICE);
        try {
            if (ActivityCompat.checkSelfPermission(this,
                Manifest.permission.CAMERA) !=
                    PackageManager.PERMISSION_GRANTED) {
                return;
            }
            //打开摄像头
            mCameraManager.openCamera(mCameraID,
                stateCallback, mainHandler);
        } catch (CameraAccessException e) {
            e.printStackTrace();
         }
    }
    //摄像头创建监听
    private CameraDevice.StateCallback stateCallback =
        new CameraDevice.StateCallback() {
        //打开摄像头
        @Override
        public void onOpened(CameraDevice camera) {
            mCameraDevice = camera;
            //开启预览
            takePreview();
```

```
        }
        //关闭摄像头
        @Override
        public void onDisconnected(CameraDevice camera) {
            if (null != mCameraDevice) {
                mCameraDevice.close();
                Camera2Activity.this.mCameraDevice = null;
            }
        }
        @Override
        public void onError(CameraDevice camera, int error) {
            Toast.makeText(Camera2Activity.this, "摄像头开启失败",
                Toast.LENGTH_SHORT).show();
        }
    };
    //开始预览
    private void takePreview() {
        try {
            // 创建预览需要的 CaptureRequest.Builder
            final CaptureRequest.Builder previewRequestBuilder =
                mCameraDevice.createCaptureRequest(
                    CameraDevice.TEMPLATE_PREVIEW);
            // 将 SurfaceView 的 surface 作为 CaptureRequest.Builder 的目标
            previewRequestBuilder.addTarget(
                mSurfaceHolder.getSurface());
            // 创建 CameraCaptureSession 负责处理预览请求和拍照请求
            mCameraDevice.createCaptureSession(Arrays.asList(
                mSurfaceHolder.getSurface(),mImageReader.getSurface()),
                    new CameraCaptureSession.StateCallback() {
                @Override
                public void onConfigured(CameraCaptureSession
                    cameraCaptureSession) {
                    if (null == mCameraDevice) return;
                    // 当摄像头已经准备好时，开始显示预览
                    mCameraCaptureSession = cameraCaptureSession;
                    try {
                        // 自动对焦
                        previewRequestBuilder.set(
                            CaptureRequest.CONTROL_AF_MODE,
                            CaptureRequest.
                              CONTROL_AF_MODE_CONTINUOUS_PICTURE);
                        // 打开闪光灯
                        previewRequestBuilder.set(
                            CaptureRequest.CONTROL_AE_MODE,
```

```
                    CaptureRequest.
                        CONTROL_AE_MODE_ON_AUTO_FLASH);
                // 显示预览
                CaptureRequest previewRequest =
                    previewRequestBuilder.build();
                //设置预览时连续捕获图像数据
                mCameraCaptureSession.setRepeatingRequest(
                    previewRequest, null, childHandler);
            } catch (CameraAccessException e) {
                e.printStackTrace();
            }
        }
        @Override
        public void onConfigureFailed(CameraCaptureSession
            cameraCaptureSession) {
            Toast.makeText(Camera2Activity.this, "配置失败",
                Toast.LENGTH_SHORT).show();
        }
    }, childHandler);
  } catch (CameraAccessException e) {
      e.printStackTrace();
  }
}
@Override
public void onClick(View v) {
    takePicture();
}
//拍照
private void takePicture() {
    if (mCameraDevice == null) return;
    // 创建拍照需要的 CaptureRequest.Builder
    final CaptureRequest.Builder captureRequestBuilder;
    try {
        captureRequestBuilder = mCameraDevice.
            createCaptureRequest(
                CameraDevice.TEMPLATE_STILL_CAPTURE);
        // 将 imageReader 的 surface 作为 CaptureRequest.Builder 的目标
        captureRequestBuilder.addTarget(mImageReader.getSurface());
        // 自动对焦
        captureRequestBuilder.set(CaptureRequest.CONTROL_AF_MODE,
            CaptureRequest.CONTROL_AF_MODE_CONTINUOUS_PICTURE);
        // 自动曝光
        captureRequestBuilder.set(CaptureRequest.CONTROL_AE_MODE,
            CaptureRequest.CONTROL_AE_MODE_ON_AUTO_FLASH);
```

```
199             // 获取手机方向
200             int rotation = getWindowManager().getDefaultDisplay().
201                 getRotation();
202             // 根据设备方向设置照片的方向
203             captureRequestBuilder.set(CaptureRequest.JPEG_ORIENTATION,
204                 ORIENTATIONS.get(rotation));
205             //拍照
206             CaptureRequest mCaptureRequest =
207                 captureRequestBuilder.build();
208             mCameraCaptureSession.capture(mCaptureRequest, null,
209                 childHandler);
210         } catch (CameraAccessException e) {
211             e.printStackTrace();
212         }
213     }
214 }
```

运行结果如图 13.4 所示。

图 13.4　模拟器显示拍照界面

上面程序中的第 94～96 行代码用于打开系统摄像头，openCamera()方法的第一个参数代表请求打开的摄像头 ID，此处传入的摄像头 ID 代表打开设备后置摄像头。第二个参数传入了一个 stateCallback 参数，该参数可检测摄像头的状态改变，检测程序中的关键代码是重写了 stateCallback 的 onOpened(CameraDevice cameraDevice)方法，该方法是在摄像头被打开时执行。除此之外，在 onOpened()方法中调用第 127 行代码 takePreview()方法开始预览取景。

takePreview() 方法中的第 136～138 行代码中调用了 CameraDevice 的 createCaptureSession()方法来创建 CameraCaptureSession，调用该方法时也传入了一个 CameraCaptureSession.StateCallback 参数，这样即可保证当 CameraCaptureSession 被创建成功之后立即开始预览。

当单击程序界面上的任何部分时，触发 takePicture()方法。该方法的实现逻辑是先创建一个 CaptureRequest.Builder 对象，并将 ImageReader 添加成 CaptureRequest.Builder 的 target。接下来程序通过 CaptureRequest.Builder 设置了拍照参数，然后通过 CameraCaptureSession 的 capture()方法拍照即可，调用该方法时也传入了 CaptureCallback 参数，这样可以保证拍照完成之后重新开始预览。

上面程序中需要注意的是，打开摄像头时传入了 mainHandler，而预览、拍照时传入了 childHandler，这意味着打开摄像头是在新建的 mainHandler 线程中完成相应的 Callback 任务，预览、拍照则是在 childHandler 线程中完成，这样做可提高程序的相应速度。

在该应用中需要配置相机权限，在清单文件 AndroidManifest.xml 中配置如下代码：

```
<uses-permission android:name="android.permission.CAMERA" />
```

13.4 本章小结

本章主要介绍了如何使用 MediaPlayer 播放音频以及使用 AudioEffect 及子类对音乐播放进行特效控制，以及如何使用 VideoView 播放视频。除此之外，也重点介绍了通过 MediaRecorder 录制音频的方法，以及使用 Camera v2 控制摄像头拍照的方法。

13.5 习题

1．填空题

（1）MediaPlayer 类包含了________和________两个播放功能。

（2）使用 MediaPlayer 播放网络音频时有________和________两种方法可以调用。

（3）使用特效控制音乐播放时离不开________及其子类。

（4）Android 提供了________组件来播放视频。

（5）获取到 VideoView 对象之后，调用________或________方法来加载指定视频。

2．选择题

（1）使用 MediaPlayer 播放音视频过程不包括下列哪个方法？（　　）

A．start()　　B．stop()

C．prepare()　　D．onPause()

（2）下列选项中，不属于 MediaPlayer 播放资源的来源的是（　　）。

A．应用中的资源文件　　B．SD 卡上的音频文件

C．网络音频文件　　D．SD 卡上的 doc 文件

（3）与 MediaPlayer 相比，VideoView（　　）。

A．可以在程序或布局文件中使用　　B．可以在程序中使用

C．可以在布局文件中使用　　D．在程序或布局文件中都不可以使用

（4）手机录音功能使用到下列选项中的（　　）。

A．MediaPlayer　　B．MediaRecorder

C．VideoView　　D．AudioEffect

3．思考题

（1）简述使用 MediaPlayer 与 VideoView 播放视频方法的不同点。

（2）思考如何使用 MediaRecorder 录制短视频。

4．编程题

编写程序实现使用 MediaRecorder 录制短视频。

第 14 章 chapter 14

文字控实战项目(一)

本章学习目标

- 掌握启动页面开发流程的方法。
- 掌握 MVP 架构的概念。
- 掌握使用 Retrofit 框架获取数据的方法。
- 掌握本项目中 Model 层与 View 层的开发。

通过前面的理论知识讲解以及示例展示，相信大家对 Android 应用开发已经不再陌生。本章将讲解一个完整的实战项目，通过对该项目的学习，使大家对实战开发有较为深入的了解。本项目采用目前流行的 MVP 架构，分别利用 Retrofit 框架和 Glide 框架请求网络数据与网络图片，并利用 SwipeRefreshLayout 框架实现下拉刷新数据。

14.1 项目概述

14.1.1 项目分析

本项目名称为“文字控”，是一款专门用于展示文字的应用，用户可在其中阅读到影视作品的经典对白、小说摘抄、古文名句以及其他作者的原创佳句等。该项目页面结构简单，旨在让大家学习一个完整项目的实际开发以及当前流行的几个框架。

本项目可理解为是一个电子摘抄笔记，只要将该系统部署到线上，全球的客户都可以在该应用上阅读发布的摘抄美句，整个过程无须任何人工干预，由系统自动完成。本项目采用“句子迷”网站的内容，通过 Retrofit 框架获取网页输入流后，再通过 Jsoup 解析器解析出该输入流并将其内容展示在该 APP 中对应的位置。

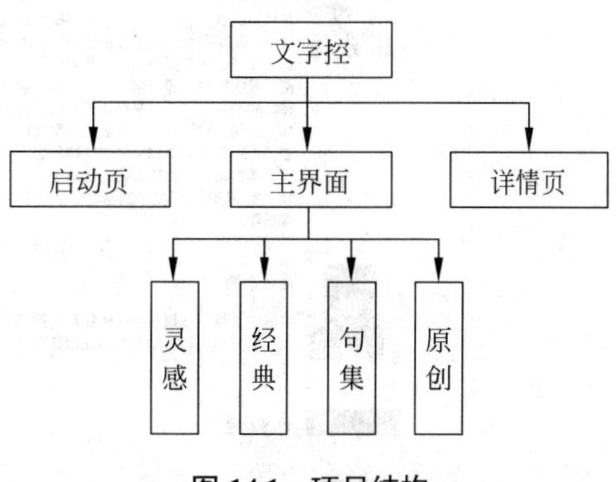

图 14.1 项目结构

图 14.1 中展示了文字控的整体项目结构，主要分为三块：启动页、主界面以及详情页。其中主界面下有 4 个导航栏，各个导航栏又对

应多个 Fragment 用于显示不同的内容，详情页则用于显示全部的句子内容。

14.1.2 项目功能展示

在实际开发中，开发者一般会被要求按照设计图来作出相应的界面。图 14.2 是本项目做完之后的截图展示，严格意义上的设计图是要标注上像素和颜色值，这里只是先让大家对本项目有一个整体的认识。图 14.3 为文字详情页。

图 14.2 主界面

图 14.3 文字详情页

以上对文字控项目的所有界面和功能做了效果展示，接下来就进入项目的正式开发阶段。在学习该项目时，编程者一定要动手完成每一个功能模块，熟练掌握项目的核心代码。

在开发项目时，均会按照功能将其分类放在不同的包中，图 14.4 展示了该项目的整个代码结构，在接下来的章节中将按照该代码结构循序渐进地讲解本项目。

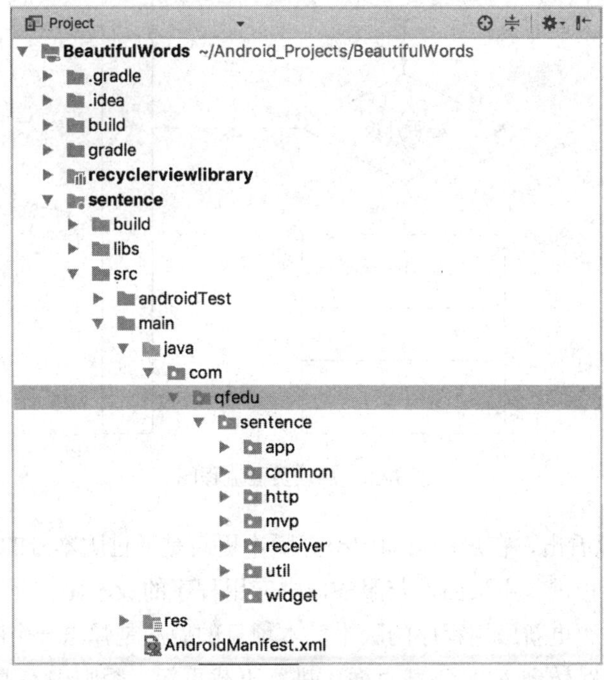

图 14.4 文字控项目代码结构

14.2 启动界面

启动页（Loading Screen），也叫闪屏（Splash Screen），是打开 APP 图标之后进入的第一个页面。它的主要作用是展示产品 Logo、检查程序完整性、检查程序的版本更新、加载广告页、做一些初始化操作等。本节将针对启动界面开发进行详细讲解。

14.2.1 启动页面流程图

在程序开发中，一般使用流程图来分析程序开发流程。下面展示一下本项目中启动页的开发流程图，具体如图 14.5 所示。

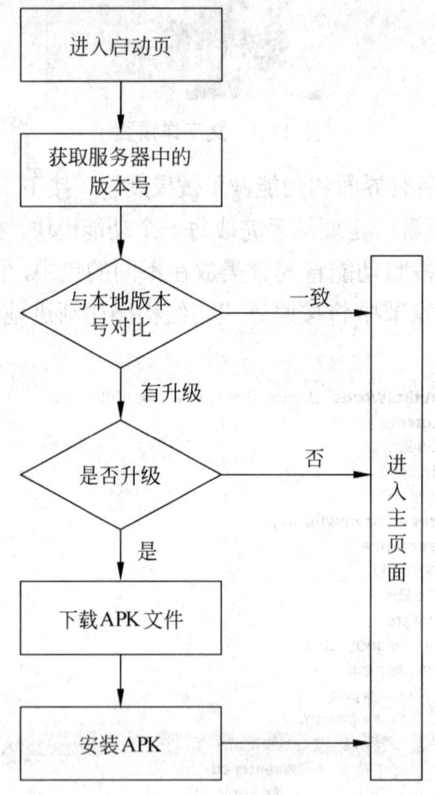

图 14.5 启动页面流程图

从图 14.5 可以看出，在启动页面中检查版本更新是通过版本号的对比进行判断的。若版本号一致则直接进入主页面，若服务器中应用程序的版本比目前版本的版本号高，需要让用户选择是否更新应用程序的版本，本项目的做法是弹出一个版本升级对话框，若用户选择更新则跳转到 APK 下载页面，进行下载更新，否则进入主页面。

14.2.2　开发启动页面

开发项目时首先新建一个工程，本项目的包名指定为“com.qfedu.sentence”（一般 com 后是公司的名称，qfedu 意为千锋教育），项目名称指定为“BeautifulWords”。

新建好项目之后，首先新建一个继承 Application 的类。看过官方文档介绍后可以知道，每个 APP 在打开后默认都有一个 Application 实例，且 Application 实例拥有着与 APP 一样长的生命周期。在本项目中继承 Application 类的具体代码，如文件 14-1 所示。

【文件 14-1】 MyApp.java。

```
public class MyApp extends Application {
    private static Context context;
    public static Context getContext() {
        return context;
    }
    @Override
    public void onCreate() {
        super.onCreate();
        context = this;
        initUtil();
    }
    private void initUtil() {
        FIR.init(this);
    }
}
```

文件 14-1 代码释义：

在 initUtil()方法中初始化了 FIR，关于 FIR 的介绍会在稍后内容中讲解。在之后的开发中可能不止这一个工具类，以后需要用到什么直接在 initUtil()方法中添加即可。

一个项目中一般不会只有一个界面，所以应该先开发一个管理 Activity 的工具类，用于添加、移除甚至退出整个应用，如文件 14-2 所示。

【文件 14-2】 ActivityController.java。

```
public class ActivityController {
    public static final List<Activity> activities =
        new ArrayList<Activity>();
    //新建一个 Activity 时加入 activities 列表
    public static void addActivity(Activity activity) {
        activities.add(activity);
    }
    //关闭一个 Activity 时也将其移出 activities 列表
    public static void removeActivity(Activity activity) {
        activities.remove(activity);
```

```
    }
    public static void finishAll() {
        synchronized (activities) {
            for (Activity act : activities) {
                if (act != null && !act.isFinishing())
                    act.finish();
            }
        }
    }
    //退出该应用时
    public static void exitApp() {
        finishAll();
        System.exit(0);
    }
}
```

文件 14-2 代码释义：

该工具类中定义了一个 ArrayList 用于缓存所有的 Activity，4 个 static 方法用于管理应用中的 Activity。

在写好该工具类后，需要再定义一个基础 Activity，在该基础 Activity 中使用 ActivityController 工具类，同时也定义了所有 Activity 可能用到的方法，比如弹出 Toast 提醒，之后所有新建的 Activity 都继承自它即可，如文件 14-3 所示。

【文件 14-3】 BaseActivity.java。

```
public class BaseActivity extends AppCompatActivity {
    @Override
    protected void onCreate(@Nullable Bundle savedInstanceState) {
        super.onCreate(savedInstanceState);
        ActivityController.addActivity(this);
    }
    @Override
    protected void onDestroy() {
        super.onDestroy();
        ActivityController.removeActivity(this);
    }
    public void showToast(String text) {Toast.makeText(BaseActivity.this,
         text, Toast.LENGTH_SHORT).show();
    }
}
```

文件 14-3 代码释义：

新建 Activity 只要继承该 BaseActivity 后就会自动加入 ActivityController 中的 activities 中，销毁后也自动从 activities 中移除。另外该类中也定义了 showToast(text)方法，只要调用该方法就可弹出 Toast 提醒，无须重复调用 Toast 类。

本项目采用第三方平台Fir.im托管APK，开发者在该网站上通过上传安装包和截图，就会有一个 APP 下载页面，该平台提供了检测安装包更新功能，需要将平台中 BugHD 的 jar 复制到工程 libs 目录中，选中 BugHD 工具包并右击，选择 Add As Libraries 将 jar 包导入工程。下面展示 SplashActivity 的具体代码，如文件 14-4 所示。

【文件 14-4】 SplashActivity.java。

```
public class SplashActivity extends BaseActivity {
    UpgradeBean respUpdate;
    @Override
    protected void onCreate(Bundle savedInstanceState) {
        super.onCreate(savedInstanceState);
        //隐藏标题栏
        this.requestWindowFeature(Window.FEATURE_NO_TITLE);
        //设置全屏显示
        this.getWindow().setFlags(WindowManager.LayoutParams
            .FLAG_FULLSCREEN, WindowManager.LayoutParams
            .FLAG_FULLSCREEN);
        setContentView(R.layout.activity_splash);
        //检查更新
        checkUpdate();
    }
    private void checkUpdate() {
        FIR.checkForUpdateInFIR("c4eba07f521cf456edd68b9517c24df3",
            new VersionCheckCallback() {
                    @Override
                    public void onSuccess(String versionJson) {
                        Log.i("fir", "onSuccess " + "\n" + versionJson);
                        Gson gson = new Gson();
                        respUpdate = gson.fromJson(versionJson,
                            UpgradeBean.class);
                    }
                    @Override
                    public void onFail(Exception exception) {
                        exception.printStackTrace();
                    }
                    @Override
                    public void onStart() {
                        Log.i("fir", "onStart ");
                    }
                    @Override
                    public void onFinish() {
                        Log.i("fir", "onFinish ");
                        try {
                            // 判断是否需要更新
```

```
                    if (respUpdate.getVersion() > AppUtils
                        .getVersionCode(SplashActivity.this)) {
                        String update_desc =
                            respUpdate.getChangelog();
                        showDialog(update_desc);
                    } else {
                        jumpToMain();
                    }
                } catch (Exception e) {
                    e.printStackTrace();
                    jumpToMain();
                }
            }
        }
    );
}
//弹出升级提示框
private void showDialog(String update_desc) {
    AlertDialog.Builder builder = new AlertDialog.Builder(this);
    builder.setTitle("升级提示");
    builder.setMessage(update_desc);
    builder.setNegativeButton("取消", new DialogInterface
        .OnClickListener() {
        @Override
        public void onClick(DialogInterface anInterface, int i) {
            jumpToMain();
        }
    });
    builder.setPositiveButton("确定", new DialogInterface
        .OnClickListener() {
        @Override
        public void onClick(DialogInterface anInterface, int i) {
            Uri uri = Uri.parse(respUpdate.getInstall_url());
            Intent intent = new Intent(Intent.ACTION_VIEW, uri);
            SplashActivity.this.startActivity(intent);
        }
    });
    builder.show();
}
//跳转到主界面
private void jumpToMain() {
    Intent intent = new Intent();
    intent.setClass(SplashActivity.this, MainActivity.class);
    startActivity(intent);
```

```
            SplashActivity.this.finish();
        }
    }
```

文件 14-4 代码释义：

SplashActivity 对应的布局文件中只使用了一张图片做背景，在 onCreate()方法中设置本页面隐藏标题栏并全屏显示。使用 Fir.im 平台上传 APK 后，调用版本检测功能，其中 checkForUpdateInFIR()方法中第一个参数是在该平台上生成的 token。使用 Gson 获取到平台返回的数据，在该数据中找到平台上现有的版本并与目前版本进行对比，如果需要升级则弹出对话框提示，用户选择升级后跳转到 Fir.im 平台的下载页面进行，否则直接进入主界面。

在使用 Gson 解析返回的数据时，需要事先准备好实体类以便存放该数据。文件 14-4 中的 UpgradeBean 就是存放该平台返回数据的实体类，如文件 14-5 所示。

【文件 14-5】 UpgradeBean.java。

```
public class UpgradeBean {
    private String name;
    private int version;
    private String changelog;
    private String versionShort;
    private String build;
    private String installUrl;
    private String install_url;
    private String update_url;
    private BinaryBean binary;
    public String getName() {
        return name;
    }
    public void setName(String name) {
        this.name = name;
    }
    //下面是所有属性的getter、setter方法
    …
}
```

在 SplashActivity 中对比版本时使用工具类 AppUtils 的 getVersionCode 方法，该工具类的具体代码如文件 14-6 所示。

【文件 14-6】 AppUtils.java。

```
public class AppUtils {
    private AppUtils() {
        throw new UnsupportedOperationException(
            "cannot be instantiated");
    }
```

```
    /** 获取应用程序名称*/
    public static String getAppName(Context context) {
        try {
            PackageManager packageManager = context
                .getPackageManager();
            PackageInfo packageInfo = packageManager
                .getPackageInfo(context.getPackageName(), 0);
            int labelRes = packageInfo.applicationInfo.labelRes;
            return context.getResources().getString(labelRes);
        } catch (PackageManager.NameNotFoundException e) {
            e.printStackTrace();
        }
        return null;
    }
    /** 获取应用程序版本名称信息*/
    public static String getVersionName(Context context) {
        try {
            PackageManager packageManager = context
                .getPackageManager();
            PackageInfo packageInfo = packageManager
                .getPackageInfo(context.getPackageName(), 0);
            return packageInfo.versionName;
        } catch (PackageManager.NameNotFoundException e) {
            e.printStackTrace();
        }
        return null;
    }
    /**获取应用程序版本号*/
    public static int getVersionCode(Context context) {
        try {
            PackageManager packageManager = context
                .getPackageManager();
            PackageInfo packageInfo = packageManager
                .getPackageInfo(context.getPackageName(), 0);
            return packageInfo.versionCode;
        } catch (PackageManager.NameNotFoundException e) {
            e.printStackTrace();
        }
        return 1;
    }
}
```

在文件 14-6 中定义了三个静态方法，分别获取本应用的名称、版本名称以及版本号等信息。

14.3 MVP 架构简介

相信大家对 MVC 架构都比较熟悉：M-Model-模型、V-View-视图、C-Controller-控制器。而 MVP（图 14.6）作为 MVC 的演化版本，也是用户界面的实现模式，类似的 MVP 对应的意义为：M-Model-模型、V-View-视图、P-Presenter-表示器。将 MVP 与 MVC 两者结合来看，Presenter/ Controller 都起着逻辑控制处理的角色，即控制各业务流程的作用。而 MVP 与 MVC 最大的不同是在 MVP 中，Model 与 View 不直接关联，两者通过 Presenter 间接交互。

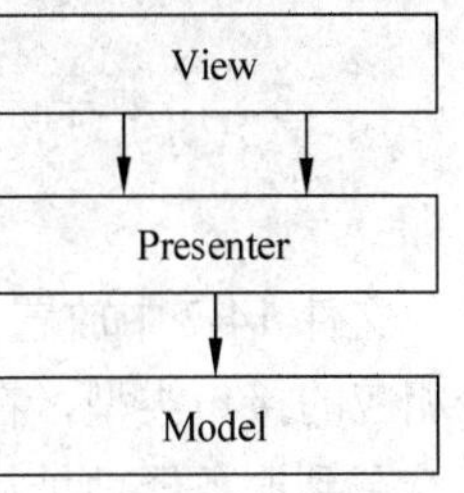

图 14.6　MVP 结构图

在 Android 开发中，只有主线程才能更新 UI。根据这个思路，在 MVP 中 Model 与 View 的分离是合理的。此外，Presenter 与 Model、View 通过定义接口进行交互，达到解耦的目的，同时也可以通过该接口方便地进行单元测试。

Model 层即数据层，在 MVP 中负责对数据的存取操作，例如对数据库的读写，网络请求数据等。需要注意的是，区别于 MVC 中的 Model，这里的 Model 不仅仅是数据模型。

View 层即视图层，这一层只负责对数据的展示，提供友好的界面与用户进行交互。在 MVP 中通常将 Activity 或 Fragment 作为 View 层，View 层一般的操作包括加载 UI 视图、设置监听再交给 Presenter 处理的一些操作，所以在 View 层也需要持有相应 Presenter 的引用。

Presenter 层是连接 Model 层与 View 层的桥梁，负责处理程序的各种逻辑分发，收到 View 层 UI 上的反馈命令、定时命令、系统命令等指令后，分发处理逻辑交由业务层做具体的业务操作，然后将 Model 中得到的数据交给 View 显示。这样的分层操作使得 View 与 Model 之间不存在耦合，同时也将业务逻辑从 View 中抽离。

关于 MVP 的介绍就到这里，在之后的项目讲解中将按照 MVP 的结构进行具体代码的讲解。

14.4 获取网络数据的工具类

在实际开发中，总会有一个开发文档供开发者阅读，该文档中主要包括服务器地址以及一些接口类型等。在项目中通常把服务器地址以及接口类型单独放在一个类中，本项目中也一样，具体代码如文件 14-7 所示。

【文件 14-7】 Api.java。

```
public class Api {
    // 经典
```

```
    public static final String BASE_URL_ALLARTICLE =
        "http://www.juzimi.com/allarticle/";
    // 原创
    public static final String BASE_URL_ORIGINAL =
        "http://www.juzimi.com/original/";
    // 句集
    public static final String BASE_URL_ALBUMS =
        "http://www.juzimi.com/";
    // 灵感
    public static final String BASE_URL_MEITUMEIJU =
        "http://www.juzimi.com/meitumeiju/";
}
```

文件 14-7 中放置了 4 个地址，分别对应应用中底部导航栏 4 个选项。在该地址中缺少相应的接口类型，在之后的开发中会补上讲解。

拿到服务器地址后，接下来就是根据地址获取数据。在本项目中采用 Retrofit 框架获取网络数据并解析，关于 Retrofit 的学习过程大家可以在其官网上获得，限于篇幅这里只展示本项目中的 Retrofit 使用。首先在项目 build.gradle 文件的依赖 dependencies 中添加 Retrofit 的依赖，本项目中使用的 Retrofit 版本如例 14-1 所示。

【例 14-1】 Retrofit 依赖。

```
compile 'com.squareup.retrofit2:retrofit:2.1.0'
```

使用 Retrofit 时需要创建 Retrofit 实例，具体代码如文件 14-8 所示。

【文件 14-8】 ServiceFactory.java。

```
public class ServiceFactory {
    public ServiceFactory() {}
    private static class SingletonHolder {
        private static final ServiceFactory INSTANCE = new
            ServiceFactory();
    }
    public static ServiceFactory getInstance() {
        return SingletonHolder.INSTANCE;
    }
    public <T> T createService(Class<T> serviceClass, String baseUrl)
    {
        Retrofit retrofit = new Retrofit.Builder()
                .baseUrl(baseUrl)
                .client(getOkHttpClient())
                .build();
        return retrofit.create(serviceClass);
    }
    private final static long DEFAULT_TIMEOUT = 10;
```

```
    private OkHttpClient getOkHttpClient() {
        //定制的 OkHttp
        OkHttpClient.Builder httpClientBuilder = new
            OkHttpClient.Builder();
        httpClientBuilder.addInterceptor(new LoggingInterceptor());
        //设置超时时间
        httpClientBuilder.connectTimeout(DEFAULT_TIMEOUT,
           TimeUnit.SECONDS);
        httpClientBuilder.writeTimeout(DEFAULT_TIMEOUT,
           TimeUnit.SECONDS);
        httpClientBuilder.readTimeout(DEFAULT_TIMEOUT,
           TimeUnit.SECONDS);
        return httpClientBuilder.build();
    }
}
```

文件 14-8 代码释义：

本类采用单例模式避免重复实例化，其中 createService()方法利用范型可以传入不同的 serviceClass 类型，这样只需创建一个 Retrofit 实例即可重复使用。在 getOkHttpClient()方法中设置打印数据以及网络请求超时时间，其中 LoggingInterceptor()具体代码如文件 14-9 所示。

【文件 14-9】 LoggingInterceptor.java。

```
public class LoggingInterceptor implements Interceptor {
    @Override
    public Response intercept(Interceptor.Chain chain) throws
        IOException {
        Request request = chain.request();
        String requestStartMessage = request.method() + ' ' +
           request.url();
        LogUtils.e(requestStartMessage);
        long startNs = System.nanoTime();
        Response response = chain.proceed(request);
        long tookMs = TimeUnit.NANOSECONDS.toMillis(System.nanoTime()
           - startNs);
        LogUtils.e(response.code() + ' ' + response.message() +
            " (" + tookMs + "ms" + ')');
        return response;
    }
}
```

文件 14-9 代码释义：

利用 Retrofit 提供的拦截器打印数据，分别打印了发送请求与收到响应后的数据。

现在服务器地址已经给出，Retrofit 的实例也已经创建好，还需要根据参数请求具体的页面数据，依旧利用 Retrofit 中的方法实现，具体代码如文件 14-10 所示。

【文件 14-10】 SentenceService.java。

```
public interface SentenceService {
    //名人名句
    @GET("{type}")
    Call<ResponseBody> loadAllarticle(@Path("type") String type,
        @Query("page") String page);
    //原创句子
    @GET("{type}")
    Call<ResponseBody> loadOrignal(@Path("type") String type,
        @Query("page") String page);
    //句集
    @GET("{type}")
    Call<ResponseBody> loadAlbums(@Path("type") String type,
        @Query("page") String page);
    // 美图美句
    @GET
    Call<ResponseBody> loadMeiju(@Url String url);
    // 手写美句
    @GET("{type}")
    Call<ResponseBody> loadMeiju(@Path("type") String type,
        @Query("page") String page);
    // 句子详情
    @GET
    Call<ResponseBody> loadJuziDetail(@Url String url);
}
```

文件 14-10 代码释义：

采用接口编程，利用 Retrofit 提供的注释表示 get 请求，并定义了多个 Call <ResponseBody>接口类型的方法。

到这里利用 Retrofit 开发的获取网络数据工具类就开发完成了，接下来就是在 MVP 的 Model 中使用它来获取数据。

14.5 MVP之Model层开发

在之前介绍 MVP 架构时已经知道，Model 层主要负责对数据的处理，且 Model 是通过 Presenter 传递数据给 View 层，所以 Model 中要持有 Presenter 的引用。在本项目中，Model 中包含三部分内容，第一部分是实体类 bean，第二部分是定义相应的接口，第三部分是获取数据的具体实现类。在本项目中，Model 层代码结构具体如图 14.7 所示。

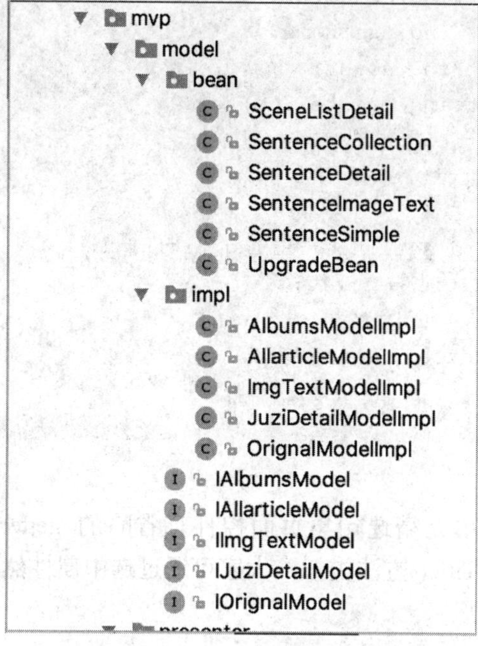

图 14.7 Model 层代码结构

14.5.1 bean 类

在 Android 开发中，使用 bean 类最多的场景就是从网络获取数据，将获取到的数据以 bean 类组织，以便用于填充 UI 界面中的控件。bean 类通常用于设置数据的属性和一些行为，通过 getter、setter 方法获取属性和设置属性，但并不存放值，这样就能重复使用 bean 类。

如图 14.7 所示，本项目中用到的 bean 类一共有 6 个，其中 UpgradeBean.java 类在文件 14-5 中已经介绍过。这里介绍剩余的 5 个 bean 类，具体代码如以下几个文件所示。

【文件 14-11】 SceneListDetail.java。

```
public class SceneListDetail {
    public String page;
    public List<SentenceImageText> mImageTexts;
}
```

文件 14-11 释义：

该 bean 类是集合页面，用于实现分页效果。

【文件 14-12】 SceneListDetail.java。

```
public class SentenceCollection {
    private String title;
    private String desc;
```

```java
    private String imgUrl;
    private String detailUrl;
    private String username;
    private String count;
    private String createTime;
    public String getTitle() {
        return title;
    }
    public void setTitle(String title) {
        this.title = title;
    }
   //以下省略getter、setter方法
   …
}
```

文件 14-12 释义：

该 bean 类是用于填充精选句集页面控件。省略的 getter、setter 方法与列出的 setTitle(String title)、getTitle()方法类似，大家可通过选中属性然后右击选择 Generate 即可出现 getter、setter 方法。

【文件 14-13】 SentenceDetail.java。

```java
public class SentenceDetail {
    private String content;
    public String getContent() {
        return content;
    }
    public void setContent(String content) {
        this.content = content;
    }
}
```

文件 14-13 释义：

该 bean 类用于填充句子合集列表。

【文件 14-14】 SentenceImageText.java。

```java
public class SentenceImageText{
    private String text;
    private String desc;
    private String url;
    private String pic;
    public String getText() {
        return text;
    }
    public void setText(String text) {
        this.text = text;
```

```
    }
    //省略以下getter、setter方法
    …
}
```

文件 14-14 释义：

该 bean 类用于填充美图美文页面，同样省略了多个 getter、setter 方法的展示，大家可自行补充。

【文件 14-15】 SentenceSimple.java。

```
public class SentenceSimple{
    private String title;
    private String content;
    private String imgUrl;
    private String detailUrl;
    private String source_num;
    public String getTitle() {
        return title;
    }
    public void setTitle(String title) {
        this.title = title;
    }
    //省略以下getter、setter方法
    …
}
```

文件 14-15 释义：

该 bean 类用于填充句子列表页面的控件。

到这里本项目用到的全部 bean 类就已经介绍完毕，接下来是 Model 层的第二部分，数据接口的开发。

14.5.2 IModel 接口的开发

这一部分其实完全可以和第三部分的具体实现类合并在一起，但为了体现分层的思想，也便于以后拓展功能，分开编写还是很有必要的。接下来具体介绍每个接口的具体实现代码。

【文件 14-16】 IAlbumsModel.java。

```
public interface IAlbumsModel {
    void loadAlbums(Context context, String type, String page,
        OnAlbumsListener listener);}
```

文件 14-16 释义：

该文件是应用中句集的数据获取接口，定义了一个 loadAlbums()方法用于获取所需

网络数据，需要注意的是该方法中传入了一个 OnAlbumsListener 类型的参数，该参数是 Presenter 层中定义的接口，所谓 Model 层持有 Presenter 层的引用就是通过这样的方式。该接口的具体实现类对应 AlbumsModelImpl.java，其具体代码稍后介绍。

【文件 14-17】 IAllarticleModel.java。

```
public interface IAllarticleModel {
    void loadArticle(Context context, String type, String page,
        OnAllarticleListener listener);}
```

文件 14-17 释义：

该文件是应用中名人名句的数据获取接口，定义了一个 loadArticle()方法用于获取名人名家的网络数据，该接口同样持有 Presenter 层的引用，即传入了 OnAllarticleListener 类型的参数。具体实现类对应 AllarticleModelImpl.java。

【文件 14-18】 IImgTextModel.java。

```
public interface IImgTextModel {
    void loadMeiju(Context context, boolean isFirst, String type,
        String page, OnImgTextListener listener);
    void loadMeiju(Context context, boolean isFirst, String page,
        OnImgTextListener listener);
}
```

文件 14-18 释义：

该文件是美图美句的数据获取接口，定义了两个 loadMeiju()方法，区别是根据有无 type 参数决定显示的内容，都传入了 OnImgTextListener 类型的参数。具体实现类对应 ImgTextModelImpl.java。

【文件 14-19】 IJuziDetailModel.java。

```
public interface IJuziDetailModel {
    void loadOriginal(Context context, boolean isFrist,
        String url, OnJuziDetailListener listener);
}
```

文件 14-19 释义：

该文件是句子详情页的数据获取接口，定义了 loadOriginal()方法用于获取详情页的网络数据，传入 Presenter 层中 OnJuziDetailListener 类型的参数。具体实现类对应 JuziDetailModelImpl.java。

【文件 14-20】 IOrignalModel.java。

```
public interface IOrignalModel {
    void loadOriginal(Context context, String type, String page,
        OnOrinalListener listener);
}
```

文件 14-20 释义：

该文件是原创句子的数据获取接口，定义了 loadOriginal()方法用于获取原创句子的网络数据接口，该方法中传入 OnOrinalListener 类型的参数。具体实现类是 OrignalModelImpl.java。

本项目中关于数据接口的开发到这里就结束了，接下来展示具体实现类的代码。

14.5.3 Model 实现类的开发

该实现类的具体代码结构如图 14.7 中 impl 文件夹中所示。首先看句集数据层的具体实现，如文件 14-21 所示。

【文件 14-21】 AlbumsModelImpl.java。

```
public class AlbumsModelImpl implements IAlbumsModel {
    private SentenceService mSentenceService;
    private OnAlbumsListener mListener;
    private Context mContext;
    @Override
    public void loadAlbums(Context context, String type, String page,
        OnAlbumsListener listener) {
        this.mContext = context;
        this.mListener = listener;
        this.mSentenceService = ServiceFactory.getInstance()
            .createService(SentenceService.class, Api.BASE_URL_ALBUMS);
        loadArticle(type, page);
    }
    private void loadArticle(String type, String page) {
        Call<ResponseBody> call = mSentenceService.loadAlbums(type,
            page);
        call.enqueue(new Callback<ResponseBody>() {
            @Override
            public void onResponse(Call<ResponseBody> call,
                Response<ResponseBody> response) {
                InputStream inputStream = response.body().byteStream();
                String result = StringUtil.inToString(inputStream);
                List<SentenceCollection> sentenceImageTexts =
                    DocParseUtil.parseAlbums(result);
                mListener.onSuccess(sentenceImageTexts);
            }
            @Override
            public void onFailure(Call<ResponseBody> call, Throwable t) {
                mListener.onError(t);
            }
        });
```

```
    }
}
```

文件 14-21 释义：

实现了 IAlbumsModel.java 接口，并在 loadAlbums()方法中首先通过 ServiceFactory 创建了一个 mSentenceService 对象，利用该对象的异步方法 enqueue 获取网络数据，然后将获取的数据交给 OnAlbumsListener 接口的 onSuccess 方法，若获取异常则将异常结果交给 onError 方法。

需要注意的是，在获取数据成功后，只是获取到了输入流的数据，需要转换成可用的数据就需要使用工具类，这里使用了 StringUtil、DocParseUtil 两个数据转换类，具体代码稍后讲解。

接下来的几个数据层实现类与文件 14-21 中的代码实现过程非常相似，所以只展示代码。名人名句数据层的具体实现代码如文件 14-22 所示。

【文件 14-22】 AllarticleModelImpl.java。

```
public class AllarticleModelImpl implements IAllarticleModel {
    private SentenceService mSentenceService;
    private OnAllarticleListener mListener;
    private Context mContext;
    @Override
    public void loadArticle(Context context, String type, String page,
        OnAllarticleListener listener) {
        this.mContext = context;
        this.mListener = listener;
        this.mSentenceService = ServiceFactory.getInstance()
            .createService(SentenceService.class,Api
            .BASE_URL_ALLARTICLE);
        loadArticle(type, page);
    }
    private void loadArticle(String type, String page) {
        Call<ResponseBody> call = mSentenceService
            .loadAllarticle(type, page);
        call.enqueue(new Callback<ResponseBody>() {
            @Override
            public void onResponse(Call<ResponseBody> call,
                Response<ResponseBody> response) {
                InputStream inputStream = response.body().byteStream();
                String result = StringUtil.inToString(inputStream);
                List<SentenceSimple> sentenceSimples = DocParseUtil
                    .parseAllarticle(result);
                mListener.onSuccess(sentenceSimples);
            }
            @Override
```

```
            public void onFailure(Call<ResponseBody> call, Throwable t)
            {
                mListener.onError(t);
            }
        });
    }}
```

美图美文数据层实现类如文件 14-23 所示。

【文件 14-23】 ImgTextModelImpl.java。

```
public class ImgTextModelImpl implements IImgTextModel {
    private SentenceService mSentenceService;
    private OnImgTextListener mListener;
    private Context mContext;
    @Override
    public void loadMeiju(Context context, boolean isFirst,
        String type, String page, OnImgTextListener listener) {
        this.mContext = context;
        this.mListener = listener;
        this.mSentenceService = ServiceFactory.getInstance()
            .createService(SentenceService.class,
                Api.BASE_URL_MEITUMEIJU);
        loadMeiju(isFirst, type, page);
    }
    @Override
    public void loadMeiju(Context context, boolean isFirst, String page,
        OnImgTextListener listener) {
        this.mContext = context;
        this.mListener = listener;
        this.mSentenceService = ServiceFactory.getInstance()
            .createService(SentenceService.class, Api.BASE_URL_MEITUMEIJU);
        loadMeiju(isFirst, null, page);
    }
    private void loadMeiju(final boolean isFirst,String type,String page) {
        Call<ResponseBody> call = null;
        if (TextUtils.isEmpty(type)) {
            String url = Api.BASE_URL_MEITUMEIJU;
            if (!TextUtils.isEmpty(page)) {
                url = url + "?page=" + page;
            }
            call = mSentenceService.loadMeiju(url);
        } else {
            call = mSentenceService.loadMeiju(type, page);
        }
        call.enqueue(new Callback<ResponseBody>() {
```

```
            @Override
            public void onResponse(Call<ResponseBody> call,
                Response<ResponseBody> response) {
                if (response != null && response.body() != null) {
                    InputStream inputStream = response.body().byteStream();
                    String result = StringUtil.inToString(inputStream);
                    SceneListDetail sceneListDetail =
                        DocParseUtil.parseMeiju(isFirst, result);
                    mListener.onSuccess(sceneListDetail);
                }
            }
            @Override
            public void onFailure(Call<ResponseBody> call, Throwable t) {
                LogUtils.e(t);
                mListener.onError(t);
            }
        });
    }
}
```

句子详情页数据层实现类如文件 14-24 所示。

【文件 14-24】 JuziDetailModelImpl.java。

```
public class JuziDetailModelImpl implements IJuziDetailModel {
    private SentenceService mSentenceService;
    private OnJuziDetailListener mListener;
    private Context mContext;
    @Override
    public void loadOriginal(Context context,boolean isFrist, String url,
        nJuziDetailListener listener) {
        this.mContext = context;
        this.mListener = listener;
        this.mSentenceService= ServiceFactory.getInstance().createService(
            SentenceService.class, Api.BASE_URL_ORIGINAL);
        loadData(isFrist, url);
    }
    private void loadData(final boolean isFrist, String url) {
        Call<ResponseBody> call = mSentenceService.loadJuziDetail(url);
        call.enqueue(new Callback<ResponseBody>() {
            @Override
            public void onResponse(Call<ResponseBody> call,
                Response<ResponseBody> response) {
                SceneListDetail sceneListDetail = null;
                if (response != null && response.body() != null) {
                    InputStream inputStream =response.body().byteStream();
```

```
                    String result = StringUtil.inToString(inputStream);
                    try {
                        sceneListDetail = DocParseUtil.parseJuziDetail(
                            isFrist, result);
                    } catch (Exception e) {
                        e.printStackTrace();
                    }
                }
                mListener.onSuccess(sceneListDetail);
            }
            @Override
            public void onFailure(Call<ResponseBody> call, Throwable t) {
                mListener.onError(t);
            }
        });
    }
}
```

原创句子页数据层实现类如文件14-25所示。

【文件 14-25】 OrignalModelImpl.java。

```
public class OrignalModelImpl implements IOrignalModel {
    private SentenceService mSentenceService;
    private OnOrinalListener mListener;
    private Context mContext;
    @Override
    public void loadOriginal(Context context, String type, String page,
        OnOrinalListener listener) {
        this.mContext = context;
        this.mListener = listener;
        this.mSentenceService = ServiceFactory.getInstance()
            .createService(SentenceService.class, Api.BASE_URL_ORIGINAL);
        loadOriginal(type, page);
    }
    private void loadOriginal(String type, String page) {
        Call<ResponseBody> call =mSentenceService.loadOrignal(type, page);
        call.enqueue(new Callback<ResponseBody>() {
            @Override
            public void onResponse(Call<ResponseBody> call,
                Response<ResponseBody> response) {
                InputStream inputStream = response.body().byteStream();
                String result = StringUtil.inToString(inputStream);
                List<SentenceDetail> sentenceDetails = null;
                try {
                    sentenceDetails = DocParseUtil.parseOrignal(result);
```

```
            } catch (Exception e) {
                e.printStackTrace();
            }
            mListener.onSuccess(sentenceDetails);
        }
        @Override
        public void onFailure(Call<ResponseBody> call, Throwable t) {
            mListener.onError(t);
        }
    });
  }
}
```

至此本项目中 Model 层的开发就已经完成，希望大家亲自动手编写，并能深刻理解该模块的含义。

14.6 MVP 之 Presenter 层开发

MVP 架构中 Presenter 层起着承上启下的作用，它是连接 Model 层与 View 层的桥梁，Presenter 层持有 Model 层与 View 层的引用，负责两者之间的通信。本项目中 Presenter 层的代码结构如图 14.8 所示。

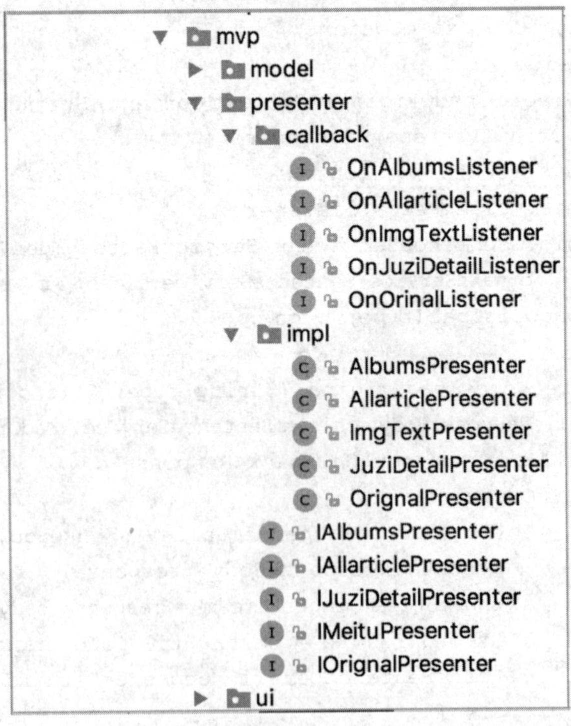

图 14.8 Presenter 层代码结构

14.6.1 监听接口开发

监听接口如图 14.8 中 callback 文件夹中的几个接口文件所示，该接口在 Model 层中的 IModel 接口中被当作参数传递给 Model，其作用是将获取到的数据回调给 Presenter。监听接口的代码很简单，几乎都包括 onSuccess()与 onError()方法，如以下几个文件所示。

【文件 14-26】 OnAlbumsListener.java。

```
public interface OnAlbumsListener {
    void onSuccess(List<SentenceCollection> sentenceCollections);
    void onError(Throwable e);
}
```

【文件 14-27】 OnAllarticleListener.java。

```
public interface OnAllarticleListener {
    void onSuccess(List<SentenceSimple> sentenceSimples);
    void onError(Throwable e);
}
```

【文件 14-28】 OnImgTextListener.java。

```
public interface OnImgTextListener {
    void onSuccess(SceneListDetail sceneListDetail);
    void onError(Throwable e);
}
```

【文件 14-29】 OnJuziDetailListener.java。

```
public interface OnJuziDetailListener {
    void onSuccess(SceneListDetail sceneListDetail);
    void onError(Throwable e);
}
```

【文件 14-30】 OnOrinalListener.java。

```
public interface OnOrinalListener {
    void onSuccess(List<SentenceDetail> sentenceDetails);
    void onError(Throwable e);
}
```

监听接口的作用是监听 View 层中的数据请求，并将请求操作交给 Presenter 层处理，再由 Presenter 层中持有的 Model 层引用传递给 Model，最后将 Model 中得到的数据再经过 Presenter 层传递给 View 层。Presenter 层将数据传递给 View 层时，需要 IPresenter 接口的支持。

14.6.2 IPresenter 接口的开发

IPresenter 接口的代码也很简单，其主要作用是传递数据到 View 层。图 14.8 中的几个 IPresenter 接口代码如以下文件所示。

【文件 14-31】 IAlbumsPresenter.java。

```
public interface IAlbumsPresenter {
    void loadAlbums(Context context, String type, String page);
}
```

【文件 14-32】 IAllarticlePresenter.java。

```
public interface IAllarticlePresenter {
    void loadAllarticle(Context context, String type, String page);
}
```

【文件 14-33】 IJuziDetailPresenter.java。

```
public interface IJuziDetailPresenter {
    void loadJuziDetail(Context context, boolean isFrist, String url);
}
```

【文件 14-34】 IMeituPresenter.java。

```
public interface IMeituPresenter {
    void loadImgText(Context context, boolean isFirst, String type,
         String page);
    void loadImgText(Context context, boolean isFirst, String page);
}
```

【文件 14-35】 IOrignalPresenter.java。

```
public interface IOrignalPresenter {
    void loadOriginal(Context context, String type,  String page);
}
```

14.6.3 Presenter 实现类的开发

前面已经提过，Presenter 负责 Model 层与 View 层的数据交互，它持有 Model 与 View 的引用，以下几个文件中展示了 Presenter 实现类的代码。其中句集模块的 Presenter 实现类如文件 14-35 所示。

【文件 14-36】 AlbumsPresenter.java。

```
public class AlbumsPresenter implements IAlbumsPresenter,
    OnAlbumsListener {
```

```
    private IAlbumsView iAlbumsView;
    private IAlbumsModel iAlbumsModel;
    public AlbumsPresenter(IAlbumsView iAlbumsView) {
        this.iAlbumsView = iAlbumsView;
        this.iAlbumsModel = new AlbumsModelImpl();
    }
    @Override
    public void onSuccess(List<SentenceCollection> sentenceCollections) {
        iAlbumsView.onSuccess(sentenceCollections);
    }
    @Override
    public void onError(Throwable e) {
        iAlbumsView.onError(e);
    }
    @Override
    public void loadAlbums(Context context, String type, String page) {
        iAlbumsModel.loadAlbums(context, type, page, this);
    }
}
```

文件 14-36 代码释义：

在 AlbumsPresenter 类的构造方法中持有 Model 与 View 的引用，该类继承了 IAlbumsPresenter 与 OnAlbumsListener 接口，并重写了 onSuccess()、onError()与 loadAlbums()方法，其中 onSuccess()、onError()用于处理数据请求，loadAlbums()用于将数据交给 View 层显示。

剩余的 Presenter 实现类与文件 14-36 中代码很相似，以下就直接给出代码，不做解释。名人名句模块如文件 14-37 所示。

【文件 14-37】 AllarticlePresenter.java。

```
public class AllarticlePresenter implements IAllarticlePresenter,
    OnAllarticleListener {
    private IAllarticleView iAllarticleView;
    private IAllarticleModel iAllarticleModel;
    public AllarticlePresenter(IAllarticleView iAllarticleView) {
        this.iAllarticleView = iAllarticleView;
        this.iAllarticleModel = new AllarticleModelImpl();
    }
    @Override
    public void loadAllarticle(Context context,String type,String page) {
        iAllarticleModel.loadArticle(context, type, page, this);
    }
    @Override
    public void onSuccess(List<SentenceSimple> sentenceSimples) {
        iAllarticleView.onSuccess(sentenceSimples);
```

```
    }
    @Override
    public void onError(Throwable e) {
        iAllarticleView.onError(e);
    }
}
```

美图美文界面的 Presenter 实现类如文件 14-38 所示。

【文件 14-38】 ImgTextPresenter.java。

```
public class ImgTextPresenter implements IMeituPresenter,
    OnImgTextListener {
    private IMeituMeijuView iMeituMeijuView;
    private IImgTextModel iImgTextModel;
    public ImgTextPresenter(IMeituMeijuView iMeituMeijuView) {
        this.iMeituMeijuView = iMeituMeijuView;
        this.iImgTextModel = new ImgTextModelImpl();
    }
    @Override
    public void loadImgText(Context context,boolean isFirst, String type,
        String page) {
        iImgTextModel.loadMeiju(context, isFirst, type, page, this);
    }
    @Override
    public void loadImgText(Context context, boolean isFirst,
        String page){
        iImgTextModel.loadMeiju(context, isFirst, page, this);
    }
    @Override
    public void onSuccess(SceneListDetail sceneListDetail) {
        iMeituMeijuView.onSuccess(sceneListDetail);
    }
    @Override
    public void onError(Throwable e) {
        iMeituMeijuView.onError(e);
    }
}
```

句子详情页的 Presenter 实现类如文件 14-39 所示。

【文件 14-39】 JuziDetailPresenter.java。

```
public class JuziDetailPresenter implements IJuziDetailPresenter,
    OnJuziDetailListener {
    private IJuziDetailView mIJuziDetailView;
    private IJuziDetailModel mIJuziDetailModel;
```

```
    public JuziDetailPresenter(IJuziDetailView mIJuziDetailView) {
        this.mIJuziDetailView = mIJuziDetailView;
        this.mIJuziDetailModel = new JuziDetailModelImpl();
    }
    @Override
    public void onSuccess(SceneListDetail sceneListDetail) {
        mIJuziDetailView.onSuccess(sceneListDetail);
    }
    @Override
    public void onError(Throwable e) {
        mIJuziDetailView.onError(e);
    }
    @Override
    public void loadJuziDetail(Context context, boolean isFrist,
      String url){
        mIJuziDetailModel.loadOriginal(context, isFrist, url, this);
    }
}
```

原创句子模块的 Presenter 实现类如文件 14-40 所示。

【文件 14-40】 OrignalPresenter.java。

```
public class OrignalPresenter implements IOrignalPresenter,
    OnOrinalListener {
    private IOrignalView iOrignalView;
    private IOrignalModel iOrignalModel;
    public OrignalPresenter(IOrignalView iOrignalView) {
        this.iOrignalView = iOrignalView;
        this.iOrignalModel = new OrignalModelImpl();
    }
    @Override
    public void loadOriginal(Context context, String type, String page) {
        iOrignalModel.loadOriginal(context, type, page, this);
    }
    @Override
    public void onSuccess(List<SentenceDetail> sentenceDetails) {
        iOrignalView.onSuccess(sentenceDetails);
    }
    @Override
    public void onError(Throwable e) {
        iOrignalView.onError(e);
    }
}
```

本项目进行到现在，MVP 架构中的 M 与 P 都已经开发完成，希望大家动手实践并理解这两层的代码，为下一章学习的 View 层开发打下基础。

14.7 本章小结

本章主要介绍了 MVP 的基本概念以及文字控项目中 Model 层与 Presenter 层的具体开发，从分析本项目开始，接着介绍了启动页面的开发流程及本项目中的启动页面开发，学习完本章内容，大家需动手进行实践，为后面学习 View 层开发打好基础。

14.8 习题

1. 思考题

简述使用 Retrofit 请求网络数据的实现过程。

第 15 章 chapter 15

文字控实战项目（二）

本章学习目标

- 掌握 MVP 架构中 View 层的开发。
- 掌握本项目中页面结构的开发。
- 掌握 Jsoup 解析 HTML 页面。
- 掌握使用 Glide 加载网络图片。
- 掌握 SwipeRefreshLayout 实现下拉刷新数据。
- 掌握使用 JSONObject 解析 JSON 数据。

在第 14 章中讲解了启动页、获取网络数据工具类、Model 层以及 Presenter 层的开发，本章将为大家继续讲解本项目中 View 层以及剩余工具类的开发。

15.1 MVP 之 View 层开发

15.1.1 IView 接口开发

IView 接口的作用是将请求到的网络数据回调给 View 层显示，一般与 Presenter 层中的监听接口配合使用，在讲解 Presenter 实现类时已经给出配合使用的代码，IView 接口的具体代码也很简单，只有 onSuccess ()、onError()方法，这里直接给出代码。

“句集”模块的 IView 接口如文件 15-1 所示。

【文件 15-1】 IAlbumsView.java。

```
public interface IAlbumsView {
    void onSuccess(List<SentenceCollection> sentenceCollections);
    void onError(Throwable e);
}
```

“经典”模块的 IView 如文件 15-2 所示。

【文件 15-2】 IAllarticleView.java。

```
public interface IAllarticleView {
    void onSuccess(List<SentenceSimple> sentenceSimples);
```

```
    void onError(Throwable e);
}
```

句子详情页的IView如文件15-3所示。

【文件15-3】 IJuziDetailView.java。

```
public interface IJuziDetailView {
    void onSuccess(SceneListDetail sceneListDetail);
    void onError(Throwable e);
}
```

“原创”模块的IView如文件15-4所示。

【文件15-4】 IOrignalView.java。

```
public interface IOrignalView {
    void onSuccess(List<SentenceDetail> sentenceDetails);
    void onError(Throwable e);
}
```

“灵感”模块的IView如文件15-5所示。

【文件15-5】 ITextImgView.java。

```
public interface ITextImgView {
    void onSuccess(SceneListDetail sceneListDetail);
    void onError(Throwable e);
}
```

IView接口起着回调数据的作用，注意在编写此类代码时参数的正确性。

15.1.2 项目界面开发

在图14.2与图14.3中展示了本项目的全部界面，开发此类界面的常用方式是采用Activity+Fragment+ViewPager的组合形式。在第5章讲解Fragment时已经知道，Fragment是Activity界面的一部分或一种行为，所以本项目的界面适合在一个Activity中创建多个Fragment来实现，此外本项目界面中多个Fragment还可以滑动，所以应该将Fragment放在ViewPager中。

项目界面的底部导航栏包含4个部分，采用BottomNavigationBar比较合适，该组件是谷歌官方提供的导航栏，使用方式也是通过添加依赖，在项目的build.gradle文件中添加如例15-1所示代码。

【例15-1】 BottomNavigationBar依赖。

```
compile 'com.ashokvarma.android:bottom-navigation-bar:1.3.0'
```

添加好BottomNavigationBar依赖后，开始本项目的界面开发。首先新建一个

Activity，命名为 MainActivity，具体代码如文件 15-6 所示。

【文件 15-6】 MainActivity.java。

```
public class MainActivity extends BaseActivity implements
        BottomNavigationBar.OnTabSelectedListener {
    private BottomNavigationBar bottom_navigation_bar_container;
    private FragmentInspiration fragmentInspiration;
    private FragmentClassical fragmentClassical;
    private FragmentAlbums fragmentAlbums;
    private FragmentOriginal fragmentOriginal;
    // 定义一个变量，来标识是否退出
    private static boolean enableExit = false;
    // 处理请求返回信息
    private MyHandler mHandler;
    private static class MyHandler extends Handler {
        //弱引用，防止内存泄露
        WeakReference<MainActivity> weakReference;
        public MyHandler(MainActivity activity) {
            weakReference = new WeakReference<>(activity);
        }
        public void handleMessage(android.os.Message msg) {
            MainActivity mainActivity = weakReference.get();
            if (mainActivity != null) {
                switch (msg.what) {
                    case 0:
                        enableExit = false;
                        break;
                }
            }
        }
    }
    @Override
    protected void onCreate(Bundle savedInstanceState) {
        super.onCreate(savedInstanceState);
        setContentView(R.layout.activity_main);
        bottom_navigation_bar_container =
            findViewById(R.id.bottom_navigation_bar_container);
        mHandler = new MyHandler(this);
        //隐藏整个 ActionBar，包括下面的 Tabs
        getSupportActionBar().hide();
        initBottomNavBar();
    }
    /*初始化底部导航栏*/
    private void initBottomNavBar() {
```

```
        //自动隐藏
        bottom_navigation_bar_container.setAutoHideEnabled(true);
        //设置导航栏模式为FIXED
        bottom_navigation_bar_container.setMode(
            BottomNavigationBar.MODE_FIXED);
        //设置导航栏背景模式
        bottom_navigation_bar_container.setBackgroundStyle(
            BottomNavigationBar.BACKGROUND_STYLE_STATIC);
        bottom_navigation_bar_container.setBarBackgroundColor(
            R.color.white); //背景颜色
        bottom_navigation_bar_container.setInActiveColor(
            R.color.bottom_nav_normal); //未选中时的颜色
        bottom_navigation_bar_container.setActiveColor(
            R.color.bottom_nav_selected);//选中时的颜色
        BottomNavigationItem inspirationItem =
            new BottomNavigationItem(R.mipmap.icon_linggan, "灵感");
        BottomNavigationItem classicalItem =
            new BottomNavigationItem(R.mipmap.icon_jingdian, "经典");
        BottomNavigationItem albumsItem =
            new BottomNavigationItem(R.mipmap.icon_juji, "句集");
        BottomNavigationItem originalItem =
            new BottomNavigationItem(R.mipmap.icon_yuanchuang,"原创");
        bottom_navigation_bar_container.addItem(inspirationItem)
            .addItem(classicalItem).addItem(albumsItem)
                .addItem(originalItem);
        bottom_navigation_bar_container.setFirstSelectedPosition(0);
        bottom_navigation_bar_container.initialise();
        bottom_navigation_bar_container.setTabSelectedListener(this);
        setDefaultFrag();
    }
    /*设置默认显示的Fragment*/
    private void setDefaultFrag() {
        if (fragmentInspiration == null) {
            fragmentInspiration = new FragmentInspiration();
        }
        addFrag(fragmentInspiration);
        getSupportFragmentManager().beginTransaction()
            .show(fragmentInspiration).commit();
    }
    /*添加Fragment*/
    private void addFrag(Fragment frag) {
        FragmentTransaction ft = getSupportFragmentManager()
            .beginTransaction();
        if (frag != null && !frag.isAdded()) {
```

```
            ft.add(R.id.bottom_nav_content, frag);
        }
    ft.commit();
  }
  /*隐藏所有 Fragment*/
private void hideAllFrag() {
     hideFrag(fragmentInspiration);
     hideFrag(fragmentClassical);
     hideFrag(fragmentAlbums);
     hideFrag(fragmentOriginal);
  }
  /*隐藏 Fragment*/
 private void hideFrag(Fragment frag) {
      FragmentTransaction ft = getSupportFragmentManager()
          .beginTransaction();
       if (frag != null && frag.isAdded()) {
           ft.hide(frag);
       }
       ft.commit();
  }
   /*底部 BottomNavigationBar 监听*/
   @Override
   public void onTabSelected(int position) {
       //先隐藏所有 fragment
       hideAllFrag();
       switch (position) {
           case 0:
               if (fragmentInspiration == null) {
                   fragmentInspiration = new FragmentInspiration();
               }
               addFrag(fragmentInspiration);
               getSupportFragmentManager().beginTransaction()
                   .show(fragmentInspiration).commit();
               break;
           case 1:
               if (fragmentClassical == null) {
                   fragmentClassical = new FragmentClassical();
               }
               addFrag(fragmentClassical);
               getSupportFragmentManager().beginTransaction()
                   .show(fragmentClassical).commit();
               break;
           case 2:
               if (fragmentAlbums == null) {
```

```
                    fragmentAlbums = new FragmentAlbums();
                }
                addFrag(fragmentAlbums);
                getSupportFragmentManager().beginTransaction()
                    .show(fragmentAlbums).commit();
                break;
            case 3:
                if (fragmentOriginal == null) {
                    fragmentOriginal = new FragmentOriginal();
                }
                addFrag(fragmentOriginal);
                getSupportFragmentManager().beginTransaction()
                    .show(fragmentOriginal).commit();
                break;
        }
    }
    @Override
    public void onTabUnselected(int position) {}
    @Override
    public void onTabReselected(int position) {}
    @Override
    protected void onDestroy() {
        super.onDestroy();
    }
    @Override
    public boolean onKeyDown(int keyCode, KeyEvent event) {
        if (keyCode == KeyEvent.KEYCODE_BACK) {
            if (!enableExit) {
                enableExit = true;
                Toast.makeText(MainActivity.this, "再按一次退出程序",
                    Toast.LENGTH_SHORT).show();
                // 利用 handler 延迟发送更改状态信息
                mHandler.sendEmptyMessageDelayed(0, 3000);
            } else {
                ActivityController.exitApp();
            }
            return true;
        }
        return super.onKeyDown(keyCode, event);
    }
}
```

文件 15-6 代码释义：

- 继承 BaseActivity 并实现 BottomNavigationBar 的 OnTabSelectedListener 接口。

- initBottomNavBar()方法用于初始化底部导航栏，其中第 56～63 行是在 BottomNavigationBar 中添加 4 个 Item，将来会对应 4 个 Fragment 模块，第 64～66 行是将实例化好的 Fragment 添加进 BottomNavigationBar 中。
- onTabSelected(int position)、onTabUnselected(int position)与 onTabReselected(int position) 方法是实现 OnTabSelectedListener 接口后重写的方法，其中在 onTabSelected(int position)方法中实例化 4 个 Fragment 并实现单击不同的 Item 切换不同的 Fragment。
- 第 43 行调用了 setAutoHideEnabled()方法，自动隐藏和显示 BottomNavigationBar。该方法只适用于 CoordinatorLayout 布局中，关于 CoordinatorLayout 布局的使用将在文件 15-7 中讲解。
- onKeyDown()方法中实现了双击返回键退出本应用的功能。

MainActivity 对应的布局文件 activity_main.xml 如文件 15-7 所示。

【文件 15-7】 activity_main.xml。

```
<?xml version="1.0" encoding="utf-8"?>
<android.support.design.widget.CoordinatorLayout
    xmlns:android="http://schemas.android.com/apk/res/android"
    xmlns:app="http://schemas.android.com/apk/res-auto"
    android:layout_width="match_parent"
    android:layout_height="match_parent">
    <!--内容区域-->
    <LinearLayout
        android:id="@+id/bottom_nav_content"
        android:layout_width="match_parent"
        android:layout_height="match_parent"
        android:orientation="vertical"
        app:layout_behavior="@string/appbar_scrolling_view_behavior" />
    <!--BottomNavigationBar-->
    <com.ashokvarma.bottomnavigation.BottomNavigationBar
        android:id="@+id/bottom_navigation_bar_container"
        android:layout_width="match_parent"
        android:layout_height="wrap_content"
        android:layout_gravity="bottom">
    </com.ashokvarma.bottomnavigation.BottomNavigationBar>
</android.support.design.widget.CoordinatorLayout>
```

文件 15-7 代码释义：

本布局文件采用 CoordinatorLayout 作为根布局，CoordinatorLayout 是随着 Android M 的发布而出现的新布局方式，其作用主要是为了更好地协调调度子布局。在使用 CoordinatorLayout 时需要在项目的 build.gradle 文件中添加如例 15-2 所示的依赖。

【例 15-2】 Support Design 依赖。

```
compile 'com.android.support:design:24.2.0'
```

添加完成 Support Design 依赖后就可使用 CoordinatorLayout，注意 CoordinatorLayout 必须作为根布局文件来使用。

在开发本项目的启动页面时，首先开发了 BaseActivity.java 文件，便于以后拓展功能时直接在 BaseActivity 中拓展即可，不必每个 Activity 都写一遍拓展功能的代码。开发 Fragment 时一样，首先开发 BaseFragment.java 文件，本项目中 BaseFragment 代码并没有实现任何方法，只是继承了 v4 包下的 Fragment，如文件 15-8 所示。

【文件 15-8】 FragmentInspiration.java。

```
public class BaseFragment extends Fragment {}
```

在文件 15-6 中实例化了 4 个 Fragment，接下来只给出“灵感”模块的具体代码。其他三个模块“灵感”模块的代码很相似。在 MainActivity 中默认显示“灵感”模块的 Fragment，其代码文件 15-9 所示。

【文件 15-9】 FragmentInspiration.java。

```
public class FragmentInspiration extends BaseFragment {
    private static final String TYPE1 = null;
    private static final String TYPE2 = "shouxiemeiju";
    private static final String TYPE3 = "jingdianduibai";
    private TabLayout tabLayout;
    private ViewPager viewPager;
    private View view;
    @Override
    public View onCreateView(LayoutInflater inflater,
        ViewGroup container, Bundle savedInstanceState) {
        if (view == null) {
            view = inflater.inflate(R.layout. fragment_inspiration,
                container, false);
        }
        tabLayout = (TabLayout) view.findViewById(R.id.tabLayout);
        viewPager = (ViewPager) view.findViewById(R.id.viewPager);
        initControls();
        return view;
    }
    private void initControls() {
        //初始化各 fragment
        FragmentInspirDetail fragmentInspirDetail1 =
            FragmentInspirDetail.newInstance(TYPE1);
        FragmentInspirDetail fragmentInspirDetail2 =
            FragmentInspirDetail.newInstance(TYPE2);
        FragmentInspirDetail fragmentInspirDetail3 =
            FragmentInspirDetail.newInstance(TYPE3);
        //将 fragment 装进列表中
```

```
29          List<Fragment> list_fragment = new ArrayList<>();
30          list_fragment.add(fragmentInspirDetail1);
31          list_fragment.add(fragmentInspirDetail2);
32          list_fragment.add(fragmentInspirDetail3);
33          //获取 array.xml 中定义的数组资源
34          String[] itemTitle = getResources().getStringArray(
35             R.array.item_title_inspiration);
36          //设置 TabLayout 的模式
37          tabLayout.setTabMode(TabLayout.MODE_FIXED);
38          //为 TabLayout 添加 tab 名称
39          tabLayout.addTab(tabLayout.newTab().setText(itemTitle[0]));
40          tabLayout.addTab(tabLayout.newTab().setText(itemTitle[1]));
41          tabLayout.addTab(tabLayout.newTab().setText(itemTitle[2]));
42          TitleTabAdapter titleTabAdapter = new TitleTabAdapter(
43             getChildFragmentManager(), list_fragment, itemTitle);
44          //viewpager 加载 adapter
45          viewPager.setAdapter(titleTabAdapter);
46          tabLayout.setupWithViewPager(viewPager);
47       }
48       @Override
49       public void onDestroyView() {
50          super.onDestroyView();
51       }
52    }
```

文件 15-9 代码释义：

initControls()方法中实例化了三个 FragmentInspirDetail，分别对应“美图美句”“手写句子”“经典对白”页面，并将实例化的三个 Fragment 加入到新建的 list_fragment 列表中。第 34 行和第 35 行获取到 array.xml 中定义的 item_title_inspiration 数组，具体代码如文件 15-10 所示。获取到 list_fragment 和 itemTitle 后，将其作为参数传递给自定义适配器 TitleTabAdapter，关于本项目中的自定义适配器会单独列出一节内容讲解。第 2～4 行定义的三个常量是访问服务器的接口地址。

【文件 15-10】 item_title_inspiration 数组。

```
<string-array name="item_title_inspiration">
    <item>美图美句</item>
    <item>手写句子</item>
    <item>经典对白</item>
</string-array>
```

文件 15-9 中对应的布局文件 fragment_inspiration.xml 如文件 15-11 所示。

【文件 15-11】 fragment_inspiration.xml。

```
<LinearLayout
```

```
    xmlns:android="http://schemas.android.com/apk/res/android"
    xmlns:app="http://schemas.android.com/apk/res-auto"
    android:layout_width="match_parent"
    android:layout_height="match_parent"
    android:orientation="vertical">
      <android.support.design.widget.TabLayout
          android:id="@+id/tabLayout"
          android:layout_width="match_parent"
          android:layout_height="wrap_content"
          android:background="@color/top_nav_bg"
          app:tabIndicatorColor="@color/white"
          app:tabSelectedTextColor="@color/white"
          app:tabTextColor="@color/top_tab_textcolor_normal"/>
      <android.support.v4.view.ViewPager
          android:id="@+id/viewPager"
          android:layout_width="match_parent"
          android:layout_height="0dp"
          android:layout_weight="1"/>
</LinearLayout>
```

文件 15-11 释义：

使用 TabLayout 存放各个 Fragment 对应的 title，ViewPager 则用于存放 Fragment。

下面介绍在各个模块中具体页面的实现，也就是与客户直接交互的 View 实现类。

15.1.3 View 实现类开发

View 层负责显示数据并提供友好界面与用户进行交互，View 实现类一般用于加载 UI 视图、设置监听后再交由 Presenter 层处理相应操作，所以 View 实现类中需要持有 Presenter 层的引用。下面介绍“灵感”模块 Fragment 中的三个页面，这三个页面的数据展示形式是一致的，所以用一个 Fragment 作为容器来填充不同的数据即可。具体代码如文件 15-12 所示。

【文件 15-12】 FragmentInspirDetail.java。

```
public class FragmentInspirDetail extends BaseFragment
    implements ITextImgView {
    private static final String ARG_TYPE = "type";
    public SwipeRefreshLayout layoutSwipeRefresh;
    public RecyclerView listJuzi;
    public RotateLoading rotateloading;
    private String type;
    private ImgTextPresenter imgTextPresenter;
    private View view;
    private List<SentenceImageText> mDatas;
```

```
    private HeaderAndFooterRecyclerViewAdapter mAdapter;
    private String page;
    private String totalpage;
    private boolean mHasMore = true;
    private boolean isRefresh = true;
    public FragmentInspirDetail(){}
    public static FragmentInspirDetail newInstance(String type) {
        FragmentInspirDetail fragment = new FragmentInspirDetail();
        Bundle args = new Bundle();
        args.putString(ARG_TYPE, type);
        fragment.setArguments(args);
        return fragment;
    }
    @Override
    public void onCreate(Bundle savedInstanceState) {
        super.onCreate(savedInstanceState);
        if (getArguments() != null) {
            type = getArguments().getString(ARG_TYPE);
        }
    }
    @Override
    public View onCreateView(LayoutInflater inflater,
        ViewGroup container, Bundle savedInstanceState) {
        if (view == null) {
            view = inflater.inflate(R.layout.fragment_inspir_detail,
                container, false);
        }
        initView();
        imgTextPresenter = new ImgTextPresenter(this);
        rotateloading.start();
        queryDatas();
        return view;
    }
    private void initView() {
        layoutSwipeRefresh = (SwipeRefreshLayout) view.findViewById(
            R.id.layoutSwipeRefresh);
        rotateloading = (RotateLoading) view.findViewById(
            R.id.rotateloading);
        listJuzi = (RecyclerView) view.findViewById(R.id.listJuzi);
        mDatas = new ArrayList<>();
        TextImgAdapter textImgAdapter = new TextImgAdapter(
            getActivity(), mDatas, onClickListener);
        mAdapter = new HeaderAndFooterRecyclerViewAdapter(textImgAdapter);
```

```
        listJuzi.setAdapter(mAdapter);
        listJuzi.setLayoutManager(new LinearLayoutManager(getActivity()));
        listJuzi.addItemDecoration(
                new HorizontalDividerItemDecoration.Builder(getActivity())
                        .colorResId(R.color.divider_color)
                        .size(4)
                        .build());
        listJuzi.addOnScrollListener(mOnScrollListener);
        layoutSwipeRefresh.setColorSchemeColors(getResources().getColor(
            R.color.refresh_color));
        layoutSwipeRefresh.setOnRefreshListener(onRefreshListener);
    }
    SwipeRefreshLayout.OnRefreshListener onRefreshListener =
        new SwipeRefreshLayout.OnRefreshListener() {
        @Override
        public void onRefresh() {
            page = null;
            isRefresh = true;
            queryDatas();
        }
    };
    private EndlessRecyclerOnScrollListener mOnScrollListener =
        new EndlessRecyclerOnScrollListener() {
        @Override
        public void onLoadNextPage(View view) {
            super.onLoadNextPage(view);
            RecyclerViewLoadingFooter.State state =
                RecyclerViewStateUtils.getFooterViewState(listJuzi);
            if (state == RecyclerViewLoadingFooter.State.Loading) {
                return;
            }
        if (mHasMore) {
              RecyclerViewStateUtils.setFooterViewState(
                    getActivity(), listJuzi, mHasMore,
                    RecyclerViewLoadingFooter.State.Loading, null);
              queryDatas();
          } else {
              RecyclerViewStateUtils.setFooterViewState(
                    getActivity(), listJuzi, mHasMore,
                    RecyclerViewLoadingFooter.State.TheEnd, null);
          }
        }
    };
```

```
private View.OnClickListener mFooterClick =
    new View.OnClickListener() {
    @Override
    public void onClick(View v) {
        RecyclerViewStateUtils.setFooterViewState(
            getActivity(), listJuzi, mHasMore,
            RecyclerViewLoadingFooter.State.Loading, null);
        queryDatas();
    }
};
//交给presenter层处理数据请求
private void queryDatas() {
    if (TextUtils.isEmpty(type)) {
        imgTextPresenter.loadImgText(getActivity(), isRefresh,
            page);
    } else {
        imgTextPresenter.loadImgText(getActivity(),
            isRefresh, type, page);
    }
}
@Override
public void onDestroyView() {
    super.onDestroyView();
    if (null != view) {
        ((ViewGroup) view.getParent()).removeView(view);
    }
}
@Override
public void onSuccess(SceneListDetail sceneListDetail) {
    List<SentenceImageText> sentenceImageTexts =
        sceneListDetail.mImageTexts;
    if (page == null) {
        page = "1";
    } else {
        int i_page = Integer.parseInt(page);
        i_page = i_page + 1;
        page = "" + i_page;
    }
    if (isRefresh) {
        mDatas.clear();
        isRefresh = false;
        totalpage = sceneListDetail.page;
    }
```

```
140         if (page.equals(totalpage)) {
141             mHasMore = false;
142         }
143         if (sentenceImageTexts != null) {
144             mDatas.addAll(sentenceImageTexts);
145             mAdapter.notifyDataSetChanged();
146         }
147         rotateloading.stop();
148         layoutSwipeRefresh.setRefreshing(false);
149         RecyclerViewStateUtils.setFooterViewState(listJuzi,
150             RecyclerViewLoadingFooter.State.Normal);
151     }
152     @Override
153     public void onError(Throwable e) {
154         layoutSwipeRefresh.setRefreshing(false);
155         rotateloading.stop();
156         RecyclerViewStateUtils.setFooterViewState(getActivity(),
157             listJuzi, mHasMore,
158             RecyclerViewLoadingFooter.State.NetWorkError,mFooterClick);
159     }
160 }
```

文件第 15-12 代码释义：

- 第 17～23 行：静态工厂方法，避免每次被调用时都创建新对象。
- 第 39 行：持有 ImgTextPresenter 的引用对象，用于传递数据请求操作。
- 第 51 行和第 52 行：TextImgAdapter 自定义适配器。
- 第 66～74 行：SwipeRefreshLayout 的下拉刷新数据方法，在该方法中需要重新请求数据。
- queryDatas()方法：用于将请求数据的操作交给 Presenter 层处理。
- onSuccess()方法与 onError()方法：实现 ITextImgView 接口中的方法，用于数据回调。

【文件 15-13】 fragment_inspir_detail.xml 布局文件。

```
<FrameLayout
    xmlns:android="http://schemas.android.com/apk/res/android"
    xmlns:app="http://schemas.android.com/apk/res-auto"
    android:layout_width="match_parent"
    android:layout_height="match_parent"
    android:background="@color/activity_bg">
    <android.support.v4.widget.SwipeRefreshLayout
        android:id="@+id/layoutSwipeRefresh"
        android:layout_width="match_parent"
        android:layout_height="wrap_content">
```

```
        <android.support.v7.widget.RecyclerView
            android:id="@+id/listJuzi"
            android:layout_width="match_parent"
            android:layout_height="match_parent"/>
    </android.support.v4.widget.SwipeRefreshLayout>
    <com.victor.loading.rotate.RotateLoading
        android:id="@+id/rotateloading"
        android:layout_width="@dimen/dimen_loading_size"
        android:layout_height="@dimen/dimen_loading_size"
        android:layout_gravity="center"
        app:loading_color="@color/loading_color"
        app:loading_speed="6"
        app:loading_width="2dp"/>
</FrameLayout>
```

文件 15-13 代码释义：

采用 FrameLayout 作为根布局，使用 SwipeRefreshLayout 实现下拉刷新功能，使用 RecyclerView 显示数据，RecyclerView 的功能与 ListView 类似，但需要添加依赖才可以使用，添加方式如例 15-3 所示。使用开源框架 Loading 作为数据加载动画，使用方式依旧是通过添加依赖，添加方式如例 15-4 所示。

【例 15-3】 RecyclerView 依赖。

```
compile 'com.android.support:recyclerview-v7:24.2.0'
```

【例 15-4】 Loading 依赖。

```
compile 'com.victor:lib:1.0.4'
```

项目进行到这里已经完成了绝大部分内容，项目主页面创建完成，MVP 架构也介绍完毕。在该项目中还有一些内容没有给出代码，比如自定义适配器的开发以及数据转换工具的开发。

15.2 自定义适配器

在项目开发中，经常会需要自定义适配器来将数据以合理的方式展示到 View 上。本节内容就来讲解本项目中这些自定义适配器的开发。

在文件 15-12 中使用到自定义适配器 AlbumsAdapter，其作用是为 RecyclerView 设置好要填充的数据格式，具体代码如文件 15-14 所示。

【文件 15-14】 AlbumsAdapter.java。

```
public class TextImgAdapter extends
    RecyclerView.Adapter<RecyclerView.ViewHolder> {
```

```
    private LayoutInflater mInflater;
    private Activity mContext;
    private List<SentenceImageText> mDatas;
    private View.OnClickListener onItemClick;
    public TextImgAdapter(Activity context,
        List<SentenceImageText> datas,
        View.OnClickListener onItemClick) {
        this.mContext = context;
        this.mDatas = datas;
        this.onItemClick = onItemClick;
        mInflater = LayoutInflater.from(context);
        DisplayMetrics metric = new DisplayMetrics();
        context.getWindowManager().getDefaultDisplay().getMetrics(metric);
    }
    @Override
    public RecyclerView.ViewHolder onCreateViewHolder(ViewGroup parent,
        int viewType) {
        View view = mInflater.inflate(R.layout.list_item_scene_imgtext,
            parent, false);
        return new ViewHolder(view);
    }
    @Override
    public void onBindViewHolder(RecyclerView.ViewHolder holder,
        int position) {
        ViewHolder viewHolder = (ViewHolder) holder;
        SentenceImageText sentenceImageText = mDatas.get(position);
        if (sentenceImageText != null) {
            Glide.with(mContext)
                    .load(sentenceImageText.getPic())
                    .asBitmap()
                    .placeholder(R.drawable.load_default_img)
                    .diskCacheStrategy(DiskCacheStrategy.SOURCE)
                    .skipMemoryCache(true)
                    .into(viewHolder.imgView);
            if (StringUtil.isEmpty(sentenceImageText.getDesc())) {
                viewHolder.textDesc.setVisibility(View.GONE);
            } else {
                viewHolder.textDesc.setVisibility(View.VISIBLE);
                viewHolder.textDesc.setText(sentenceImageText.getDesc());
            }
            viewHolder.itemView.setTag(position);
            viewHolder.itemView.setOnClickListener(onItemClick);
```

```
45          } else {
46              Glide.clear(viewHolder.imgView);
47              // remove the placeholder (optional)
48              viewHolder.imgView.setImageDrawable(null);
49          }
50      }
51      @Override
52      public int getItemCount() {
53          return mDatas != null ? mDatas.size() : 0;
54      }
55      class ViewHolder extends RecyclerView.ViewHolder {
56          public ShowMaxImageView imgView;
57          public TextView textDesc;
58          public ViewHolder(View itemView) {
59              super(itemView);
60              imgView = (ShowMaxImageView)itemView
61                      .findViewById(R.id.imgView);
62              textDesc = (TextView)itemView.findViewById(R.id.textDesc);
63          }
64      }
65  }
```

文件 15-14 代码释义：

- 第 29～35 行：使用 Glide 加载数据中的图片并设置居中显示以及缓存到磁盘。
- 第 52 行：设置显示的数据总条数，若为空则显示为 0。
- 第 54～61 行：继承 RecyclerView.ViewHolder 并初始化 item 中各个控件。
- 第 19 行：加载的 list_item_scene_imgtext 布局如文件 15-15 所示。

【文件 15-15】 list_item_scene_imgtext.xml 布局文件。

```
<android.support.v7.widget.CardView
    xmlns:android="http://schemas.android.com/apk/res/android"
    xmlns:card_view="http://schemas.android.com/apk/res-auto"
    android:id="@+id/card_view"
    android:layout_width="match_parent"
    android:layout_height="wrap_content"
    android:layout_marginLeft="4dp"
    android:layout_marginRight="4dp"
    android:layout_marginTop="4dp"
    android:foreground="?android:attr/selectableItemBackground"
    card_view:cardBackgroundColor="#CCFFFFFF"
    card_view:cardCornerRadius="4dp"
    card_view:cardElevation="4dp">
    <LinearLayout
```

```
        android:layout_width="match_parent"
        android:layout_height="wrap_content"
        android:background="#B2FFFFFF"
        android:orientation="vertical">
        <com.qfedu.sentence.widget.ShowMaxImageView
            android:id="@+id/imgView"
            android:layout_width="match_parent"
            android:layout_height="wrap_content"/>
        <TextView
            android:id="@+id/textDesc"
            android:layout_width="match_parent"
            android:layout_height="wrap_content"
            android:lineSpacingExtra="4dp"
            android:padding="10dp"
            android:text="描述"
            android:textColor="#333333"
            android:textSize="16sp"/>
    </LinearLayout>
</android.support.v7.widget.CardView>
```

文件 15-15 代码释义：

该布局文件采用 CardView 作为根布局，CardView 是 Android M 系统引进的控件，经常与 RecyclerView 配合使用，自带圆角和阴影效果。使用 CardView 时需要添加依赖，添加方式如例 15-5 所示。另外该布局中还使用到自定义控件 ShowMaxImageView。

【例 15-5】 CardView 依赖。

```
compile 'com.android.support:cardview-v7:24.2.0'
```

接下来讲解数据转换工具类的实现。

15.3 数据转换工具

在开始讲解本项目时就已经指出，本项目中的数据是通过 Retrofit 框架获取网页输入流后，再通过 Jsoup 解析器解析出该输入流而获得。本节内容就来讲解如何通过 Jsoup 解析器解析出网页数据。

在第 14 章讲解 Model 实现类的开发中，使用 Retrofit 框架中 call 接口的异步请求获取到网络数据的输入流后（参考文件 14-21 第 27～30 行所示），先通过 StringUtil 工具类将输入流转换成 String 类型，最后通过 DocParseUtil 工具类转换成 List 集合。首先来看 StringUtil 工具类的实现，如文件 15-16 所示。

【文件 15-16】 StringUtil.java。

```
public class StringUtil {
```

```
2      public static boolean isEmpty(String value) {
3          return isEmpty(value, null);
4      }
5      public static boolean isNotEmpty(String value) {
6          return !isEmpty(value);
7      }
8      public static boolean isEmpty(String value, String ignore) {
9          if (value == null || value.trim().length() == 0) {
10             return true;
11         } else {
12             if (ignore != null && value.equalsIgnoreCase(ignore)) {
13                 return true;
14             }
15         }
16         return false;
17     }
18     public static String inToString(InputStream inputStream) {
19         String result = "";
20         BufferedReader in = new BufferedReader(new InputStreamReader(
21             inputStream));
22         String line;
23         try {
24             while ((line = in.readLine()) != null) {
25                 result += line;
26             }
27         } catch (IOException e) {
28             e.printStackTrace();
29         }
30         return result;
31     }
32 }
```

文件 15-16 代码释义：

第 20 行：使用 BufferedReader 创建字符流缓冲区，从字符输入流中读取文本，实现字符、数组和行的高效读取。

将获取到的字节流转换成 String 类型后，仍旧需要转换成 List 集合才可以使用，转换工具 DocParseUtil 中解析“经典”模块内容的方法如文件 15-17 所示，其余几个解析方法与文件 15-17 中类似。

【文件 15-17】 parseClassical 转换数据方法。

```
public static List<SentenceSimple> parseClassical(String result) {
        Log.d("result ==", result);
        //将字符串解析成 Document 格式
```

```
        Document doc = Jsoup.parse(result);
        Elements rowElements = doc.getElementsByClass("views-row");
        List<SentenceSimple> sentenceSimples = new ArrayList<>();
        if (rowElements != null) {
            for (int i = 0; i < rowElements.size(); i++) {
                SentenceSimple sentenceSimple = new SentenceSimple();
                Element rowElement = rowElements.get(i);
                // 图片
                Elements views_field_tids = rowElement
                    .getElementsByClass("views-field-tid");
                if (views_field_tids != null && views_field_tids.size() > 0)
                 {
                    Element views_field_tid = views_field_tids.get(0);
                    if (views_field_tid != null
                        && views_field_tid.select("img") != null
                        && views_field_tid.select("img").size() > 0) {
                        String imgUrl="http:" + views_field_tid.select("img")
                            .get(0).attr("src");
                        sentenceSimple.setImgUrl(imgUrl);
                    }
                    if (views_field_tid != null
                        && views_field_tid.select("a") != null
                        && views_field_tid.select("a").size() > 0) {
                        String detailUrl = "http://www.juzimi.com"
                            +views_field_tid.select("a").get(0).attr("href");
                        sentenceSimple.setDetailUrl(detailUrl);
                    }
                }
                Elements views_field_phpcodes = rowElement
                    .getElementsByClass("views-field-phpcode");
                Element views_field_phpcode=views_field_phpcodes.get(0);
                // 标题
                Elements xqallarticletilelinkspans = views_field_phpcode
                    .getElementsByClass("xqallarticletilelinkspan");
                if (xqallarticletilelinkspans != null
                    && xqallarticletilelinkspans.size() > 0) {
                    Element xqallarticletilelinkspan =
                        xqallarticletilelinkspans.get(0);
                    if (xqallarticletilelinkspan != null) {
                        String title = xqallarticletilelinkspan.text();
                        sentenceSimple.setTitle(title);
                    }
                }
```

```
                // 内容
                Elements xqagepawirdescs = views_field_phpcode
                    .getElementsByClass("xqagepawirdesc");
                if (xqagepawirdescs != null && xqagepawirdescs.size() > 0) {
                    Element xqagepawirdesc = xqagepawirdescs.get(0);
                    if (xqagepawirdesc != null) {
                        String content = xqagepawirdesc.text();
                        sentenceSimple.setContent(content);
                    }
                }
                Elements xqagepawirdesclinks = views_field_phpcode
                    .getElementsByClass("xqagepawirdesclink");
                if (xqagepawirdesclinks != null && xqagepawirdesclinks
                    .size() > 0) {
                    Element xqagepawirdesclink = xqagepawirdesclinks.get(0);
                    if (xqagepawirdesclink != null) {
                        // 来源、个数
                        String source_num = xqagepawirdesclink.text();
                        sentenceSimple.setSource_num(source_num);
                    }
                }
                sentenceSimples.add(sentenceSimple);
            }
        }
        return sentenceSimples;
    }
```

项目介绍到这里就基本结束了，其余转换数据的方法可扫码获取，最后介绍一下本项目中使用到的权限。

15.4 权限控制

在本项目中用到的权限很少，只有联网权限以及获取网络状态两个权限。

```
<uses-permission android:name="android.permission.INTERNET"/>
<uses-permission
    android:name="android.permission.ACCESS_NETWORK_STATE"/>
```

15.5 本章小结

本章主要介绍文字控项目中 View 层的实现，以及完成项目界面的开发，接着讲解了自定义适配器的开发以及工具类的开发，最后讲解项目中使用到的权限，学习完本章内容，读者需动手进行实践，争取完全掌握本项目中的开发重点和难点。

15.6 习　题

1. 思考题

简述 MVP 结构以及每层的作用。